JN137934

世界の駄っ作機

The Special Issue of The Infamous Airplanes of The World "JANOME GARDENS 3"

番外編 蛇の目の花園3

◆第2次大戦のイギリス空軍訓練読本「ティー・エム」の漫画の人物、プルーン少尉（模写）

大日本絵画

コーラス「おのおの、イギリスの使神(マーキュリー)の如く、翼ある蹄を飛ばせて」

――シェイクスピア『ヘンリー五世』第2幕（坪内逍遥訳）

序

岡部さんの「蛇の目の花園」は、英国の航空機技術のみならず
英国人が育んできた文化的な側面までも感じることができる——小倉茂徳

一般的には英国というと伝統、保守的、古いものを大事にするという印象が先行し、ハリー・ポッターやシャーロック・ホームズやダウントンアビーなどが想起されることが多い。だが、この本を読む皆さんには釈迦に説法だが、実際の英国と英国の人たちの気質はとても多様だ。そのなかには進取の気風あるいはあたらしいもの好きな部分もある。テレビドラマの「サンダーバード」などジェリー・アンダーソンの作品に登場する乗り物とテクノロジーや、007シリーズでQが繰り出す各種のガジェットやボンドカーなどにそんなところがよく現れている。

さらに英国の人たちのなかには「まずはやってみよう」、「やってみなければわからないじゃないか」という、まるでホンダの創業者本田宗一郎氏のような実践を大事にするところもある。「やってみよう」という気風は、英国の科学や産業界にも脈々と息づいてきた。そのことは、ロンドンの科学博物館でもうかがえる。なかでも世界をリードした産業革命以降の科学技術の進化には目をみはるものがあるし、スーパーマリンS6Bやホーカーシドレー・ケストレル、ロールスロイスRB211などの航空関連の展示も、英国の科学技術の独創性、先進性が示されている。ヘン

ドンとコスフォードにある空軍博物館にも飛行と技術の未知の領域に挑んだ英国の航空機たちが多数展示されていて、英国の科学者や技術者たちの強い探究心がモノとしてカタチとしてあらわされている。世界最古の常設サーキットでのちにヴィッカースの施設に接収されたブルックランズサーキットには、コンコルドやウェリントンやハリアーなどの歴史的な航空機のなかに、サー・バーンズ・ウォリスの設計室や彼が設計したユニークな兵器であるダムバスターのアップキープに関する開発と運用までの詳しい展示もあったりする。

あたらしい技術や未知なものに積極的な面もある英国だが、そのなかで昔からのものも上手く利用した例もある。伝統的な木工技術とノウハウを利用した例として、全木製の高性能多用途機のモスキートや空挺用グライダーのホルサなどもある。だが、そこにも接着剤などあらたな科学技術が盛り込まれていた。余談として付け加えると、英国は第二次大戦中に合成樹脂で繊維を固めたもので航空機の外皮にすることも研究しており、これがのちのＦＲＰやカーボンファイバーといった繊維複合素材の技術発展への筋道のひとつになっていた。

第二次大戦後、英国の航空産業は企業統合が行われ、優秀な技術者が余剰となった。だが、そうした技術者たちの多くが自動車レースにやってきた。１９６０年代からＦ１での車体側の技術革新の大部分を英国のチームが実現してきたのも、１９９７年に英国のスラストＳＳＣが人類初の陸上車両による音速突破を実現したのも、英国の航空宇宙産業からの技術と人材と英国独特なあたらしいもの好きな進取の気風のたまものだった。

一方で、英国には、良いとか理があると信じたことに固執してしまい、方向転換に時間がかかってしまう傾向もあった。遠心式のジェットエンジンにこだわってしまったことなどもそれだった。また、社会や組織で上層の人に見られるのだが、失敗を認めずに、辻褄合わせか正当化するような言動をとる例もあった。それは、岡部さんの「世界の駄っ作機」シリーズのなかの英国機のお話しにもよく現れている。

ちょっとかいつまんだだけでも、英国とその航空機はあたらしいことをすべてあらたな発想から実現したり、旧来の技術も上手く利用しながら実現したり、時代遅れと思えるようなものでも運用側の知恵と工夫と粘り強さで上手く実用化したり、良いとなればさっさと利用するなど、ほんとうに多彩で面白い。

じつはこうしたことを岡部さんと以前から話し合っていた。実際には岡部さん、「未完の計画機」など多くの書籍を出されている作家、翻訳家、航空評論家の浜田一穂さん、岡部さんのコラムにF1が好きな「さる人妻」として登場した浜田さんの奥様裕子さんと集まってよく話し合っていた。これは裕子さんの尽力のおかげで実現したのだった。その会合での話題は、航空宇宙からF1などのレーシングカーや文化まで多岐にわたった。みなさん豊富な知識をお持ちなので、毎回お昼時から始まり、夕食後までずっと続くという、とても楽しい時間だった。

岡部さんの「蛇の目の花園」は、英国の文化的な側面までも感じられて、「そうそう!」と思いながら読んでしまう。同時に、あの仲間内での楽しい会話も思い出す。今回「蛇の目の花園3」が出版される。とても喜ばしい。多彩な英国と英国の航空機とその周辺事情はネタの宝庫であり、この「蛇の目の花園」が末永く続くことを確信し、これからにも多いに期待している。そして、また皆で集まれることも期待しつつ。

小倉茂徳●おぐらしげのり
1962年6月生まれ。早稲田大学卒。モータースポーツを中心としたジャーナリスト。アメリカの自動車と航空宇宙分野の技術学会SAEの会員。ホンダF1チームや日野パリ・ダカール・ラリーチームの広報も経験。科学、機械工学、空気力学の分野が得意で、モータースポーツでのテクニカル解説や、子供向けにレーシングカーや航空機のしくみの講演もしている。

目次 CONTENTS

COLUMN 花園ひとくちメモ

JM 001

複葉戦闘機の集大成なんだぞ！

グロスター・ガーントレット

GAUNTLET I / II, Gloster

ガーントレットⅡの場合
全幅：10.0m（32ft 9 1/2in）
全長：8.0m（26ft 5in）
自重：1,255kg（2,770lb）
全備重量：1,800kg（3,970lb）
エンジン：ブリストル マーキュリーⅥS2
空冷星型9気筒過給式（640HP）
最大速度：370㎞ /h（230mph）
実用上昇限度：10,210m（33,500ft）
武装：ヴィッカース Mk.V 0.303-in.（7.7㎜）機関銃×2（機首に固定）
乗員：1名

まっ黒なガーントレットMk.IIは、No.79スコードロンのK7880。1938年のミュンヘン危機のときに、夜間迎撃任務のガーントレットは、こんな風に黒く塗られてた。機体コードとシリアルは白、垂直尾翼とスピナ先端はフライトのカラーのライトブルーだったようだ。

昼間迎撃の部隊のちは、ダークアースとダークグリーンの迷彩にしてたけど、やっぱりガーントレットは銀色が似合うと思います。

複葉戦闘機の傑作、グロスター・ガーントレット。これは最初に配備を受けた、ダックスフォード基地No.19スコードロンのガーントレットMk.I。マーキングは白とライトブルーのチェッカーを胴体側面と主翼上面に描く。フライト（小隊）の隊長機は、垂直尾翼と主輪のカバーを、フライトのカラーに塗ってたようだ。

こうして見ると、グラジエーターとガーントレットの距離ってわずかなもんだな。翼間と脚の支柱を整理して、コクピットを密閉式にして、機銃を増やしたのが主な変化だもんな。外国じゃエアフィックスの1/72グラジエーターを改造してガーントレットを作った人もいるようだし。

エンジンが第2次大戦後のアルヴィス・レオナイズ空冷星型9気筒に換装されちゃってるんで、機首はだいぶ面変りしてる。

ガーントレットって、武装が7.7mm機銃2門、っていうところも、第1次大戦以来の戦闘機の定石をきっちり受け継いでる。

フィンランド空軍のガーントレットMk.II……っていうか、これは"元空軍機"で、レストアされて民間登録記号OH-XGTをつけて、今も飛んでる機体。「冬戦争」当時の機体で飛行可能な現存機って、他にあるか？塗装は例の緑と黒の迷彩で下面ライトブルー、機首と胴体帯、下翼下面が黄色。

じゃあ、ガーントレットの要目を。( )内はMk.II。全幅10.0m、全長8.0m（厳密にはMk.Iが7.97mでMk.IIは8.00mらしい）、全高3.1m、自重1,248kg（1,255kg）、総重量1,791kg（1,800kg）、エンジン：ブリストル・マーキュリーVIS2空冷星型9気筒（640hp）×1基、最大速度370km/h、高度6,096mまでの上昇時間9分、実用上昇限度10,210m、武装：7.7mm機関銃×2門、乗員1名。ガーントレットのシリアルは、Mk.IがK4081～4104、Mk.IIがK5264～5367とK7792～7891。

世の中には傑作機って呼ばれる飛行機があって、戦争で目覚ましい働きをしたり、新しい技術でひとつの時代を切り開いたり、航空輸送のあり方を変えたりすると、そういって褒めたたえてもらえることがある。あるいはただひたすら地道に働いた飛行機でも、性格が良くてみんなに好かれると傑作機に数えてもらえたりするもんだ。

でも飛行機のそれぞれの時代の到達点を印すような機体は、ともすると次の時代の到来の前にかすんじゃって、傑作機にしてもらえるどころか、外国からはほとんど忘れられかけてる損な飛行機もいる。複葉戦闘機の最終世代なんかがそうだ。いや、本当の最後の複葉戦闘機だと、グロスター・グラジエーターとかフィアットCR42とか、それなりに記憶してもらえるんだけど、そのひとつ前の世代、いわば複葉戦闘機の集大成にあたる機体っていうと、注目されることがあんまりない。考えてみれば気の毒な話かも。

そんな割りを食っちゃった戦闘機が、グロスター・ガーントレット。「イギリス空軍最後のオープンコクピット戦闘機」だ。このガーントレットの開発はかなり長い、まがりくねった道を進んできた。

そもそもの始まりは、１９２６年にイギリス航空省が求めた、金属構造を用いた戦闘機仕様Ｆ９／26だった。これにグロスター社は試作戦闘機ゴールドフィンチで応えて、速度や運動性は申し分なかったんだが、航続性能と弾薬搭載量が足りなくて不採用に終わった。このＦ９／26で採用されたのはブリストル社のブルドッグだったけど、ゴールドフィンチも惜しいところまでいったのだった。

グロスター社の主任設計者ヘンリー・フォーランドは、１９２０年代にキレた運動性の戦闘機グリーブやゲームコックを作ってきた人で、すぐに次の設計案を考え始めた。ちょうど航空省がF9／26の候補機を見て新たな仕様F20／27を提示して、これに合わせてフォーランドはSS18という機体を作った。

SS18は主翼と後部胴体が金属骨組みに羽布張り、胴体前部が金属外皮という構造で、エンジンには出力500HPという触れ込みの新型、ブリストル・マーキュリーⅡAを使うことにした。でも翼間支柱は片側2組ずつ、いわゆる「2張間」で、速度性能を考えると抵抗が大きくて保守的なんだけど、そのかわり構造が強くなって補助翼もしっかり効くんで、運動性を良くすることができた。その分、フォーランドは抵抗を減らすために細かいところまで入念に設計することにした。

SS18の試作機、シリアルJ9125は1929年1月に、ハワード・セイントの操縦で初飛行した。SS18はフォーランドの設計が良かったおかげで、最大速度は295km／h出たし、上昇力もなかなか良かった。でもエンジンのマーキュリーがまだできたばっかりで熟成が足りなくて、出力がちゃんと出ない。仕方ないんで、実証ずみの480HPのブリストル・ジュピターⅦFエンジンをつけてみた。これで機体の名前もSS18Aに変わった。

とはいえやっぱりもっと馬力が欲しい。そこで今度は560HPのアームストロング・シドレー・パンサーⅢを試してみた。ついでにエンジンにタウネンド・リングをつけたり、主輪にスパッツをつけたりして、機体名称もSS18Bになった。さすがに最大速度は330km／hに向上したけど、このエンジンはけっこう重いんで、上昇時や下降時の操縦性が悪くなって、とくに着陸は難しかった。フォーランドはまたエンジンをジュピター

ⅦFに戻して、J9125の機体名は1930年夏にはSS19に変更されたのだった。

ちょうどこのころ、イギリス空軍じゃフェアリー・フォックス軽爆の出現で、戦闘機より爆撃機のほうが速くなっちゃった。そんなわけで航空省は新時代の強力な戦闘機を求めて、いろいろな仕様を出すこととなった。そのひとつが重武装の高高度戦闘機を求めるF10/27で、グロスター社はこれに応えてSS19の武装を強化して提案してみた。本来のヴィッカース7・7㎜機関銃2挺に加えて、上下の翼にルイス7・7㎜機関銃各2挺、合計6挺を装備して、銃弾は合計1600発を搭載して、このSS19「マルチガン」は、重量や抵抗の増加で最大速度は302㎞/hに低下したけど、当時としては世界で最も長く射撃を続けられる戦闘機ではあった。

ところがイギリス空軍はそれには興味を示さず、むしろ翼のルイス機関銃を外して、その分夜間飛行用の装備をつけてほしいと言ってきた。そこでフォーランドはまたもJ9125を改造して、尾翼を改めて安定性を良くしたり、いったん外した主輪スパッツを復活させたり、尾脚にまでスパッツをつけたり、いろいろ洗練を加えた。これでJ9125はSS19Aになって、1931年11月から航空省の評価試験を受けたが、当時の新鋭戦闘機ブリストル・ブルドッグより50㎞/h近く速い、328㎞/hの最大速度を示した。

そこでまたイギリス航空省は、空冷エンジンを使う高高度迎撃機で7・7㎜機銃2挺装備の要求仕様F20/27を出した。もちろんグロスター社はSS19Aの改良型を提案、J9125の機体には、ついに熟成されて出力も536㏋になったブリストル・マーキュリーⅥSエンジンが装備されて、SS19Bと呼ばれるようになった。やっとふさわしいエンジンを手に入れたJ9125は、マートルシャム・ヒースでの評価試験で最大速度

341km／hなど目覚ましい性能を見せ、唯一の欠点は草地の滑走路だとスパッツに草がからまる、といったくらいだった。

かくしてSS18から18A、SS19、19A、19Bと名を変えてきた試作機J9125は、さらに強力な570HPのマーキュリーⅥSにエンジンを換装して、1933年8月、とうとう制式戦闘機として「ガーントレット」という名前をもらったのだった。ふう、ご苦労さまでした。

量産型ガーントレットはさらに強力なマーキュリーⅥS2エンジン（640HP）を装備、エンジンカウリングや脚オレオが改良されて、24機発注されたうちの1号機は1934年12月に初飛行した。テストでは最大速度は370km／hに達し、フォーランドの考えでは、2張間複葉機でありながらのこの高性能は薄い翼型の主翼を使ったことと、張線付け根や操縦レバーを翼内におさめたこと、主翼と胴体、支柱の接合部の抵抗減に気を使ったことの賜物だそうだ。

ガーントレットは1935年6月から№19スコードロンに配備されて、すぐに空軍の戦技競技会や航空ショーで高性能と運動性を見せつけることになった。単葉引っ込み脚のホーカー・ハリケーンが初飛行する5か月ほど前のことだ。

一方、グロスター社は1934年にホーカー社の傘下に入っていた。ハート爆撃機シリーズなどで受注好調のホーカー社は生産能力を増やしたかったし、グロスター社はまとまった発注がなかったんで、両社にとってはいい話ではあった。しかし機体の構造について、ホーカー社はワーレン型の胴体骨組みや、鋼板八角断面の主翼桁とか、新しい技法を作りだしていた。そこにガーントレット104機の2次発注が来ると、新経営のグロスター社は安くて手のかからないホーカー式構造を採り入れることにした。

こうして作られたのがガーントレットMk.Ⅱで、さらに100機が追加発注された。ガーントレットMk.Ⅱは1936年5月に№56と№111スコードロンに配備が開始された。さらに№17、№46、№54、№80と多くのスコードロンがガーントレットを装備して、銀色ドープ塗り（と胴体前半は無塗装ベアメタル）の機体に、ハデなスコードロンカラーのストライプとかのマーキングを主翼上面や胴体側面に描いて、まだ戦争の気配も薄い時代の航空ショーで、イギリス人たちの飛行機好き心を大いに喜ばせたのだった。いわばイギリス空軍の最後の呑気な黄金時代ってとこかな。

そんな中、実は1936年11月に№32スコードロンのガーントレットは極秘任務に就いていた。当時実験段階だったレーダーに誘導されて、何も知らずに飛んでいる民間旅客機を標的に想定して、迎撃誘導のテストを行なったのだ。これが世界初のレーダーによる戦闘機誘導で、このときの成功を基にレーダーを使った迎撃戦術はさらに発展して、3年半あまり後のバトル・オブ・ブリテンでイギリスを守り抜くことになる。だからってガーントレットの働きが英国を救ったのだ、というのは明らかに言い過ぎだがな。

ガーントレットを最後に受領したのは、トラの顔のバッジで有名な№74スコードロンで、1937年5月には全部で14個のスコードロンがガーントレットを装備していた。でもそれから半年後の11月にはガーントレット部隊もハリケーンへの機種転換を開始して、ガーントレットは予備空軍や中東方面の部隊にまわされるようになっていった。

そんな外地の飛行隊では、原住民の反乱の抑止や奴隷商人の取り締まりといった任務に使われたほか、連絡機としても働き、グラジエーターが配備されてくると、貴重なグラジエーターの飛行時間を抑えるために、訓練機としてガーントレットが使われたりもした。

ガーントレットが最後にイギリス空軍で働いたのは、第二次大戦も半ばの1943年5月で、ケニヤのナイロビに配置されていた№1414気象観測フライトが、グラジエーターの機材やりくりがつかなくなって、一時的にガーントレット4機を引っ張り出して使ったことだった。これで第一次大戦以来の〝古典的〟な複葉戦闘機はイギリス空軍から完全に姿を消したのだった。

イギリス空軍が手放したガーントレットのうち、1939~1940年に南アフリカ空軍が4機、ローデシア空軍が3機手に入れて使っていたともいう。それから1940年8月に、北アフリカに展開したオーストラリア空軍№3スコードロンが、イギリス空軍が置いていったガーントレット6機を手に入れ、4機で1個フライトを編成、カサルバ基地のイギリス空軍№208スコードロンに付属して、イタリア軍に対する急降下爆撃や機銃掃射を行なった。でも予備部品がなくなったんで、11月にはガーントレットは飛ばせなくなって、乗員たちはグラジエーターに転換した。

これらはみんなイギリス空軍の中古機なんだけど、デンマーク空軍は1936年にガーントレットMk.Ⅱを採用して1機を輸入、17機を1937~1938年にライセンス生産した。このうち5機が第二次大戦前に事

J-9125、ガーントレットへの道

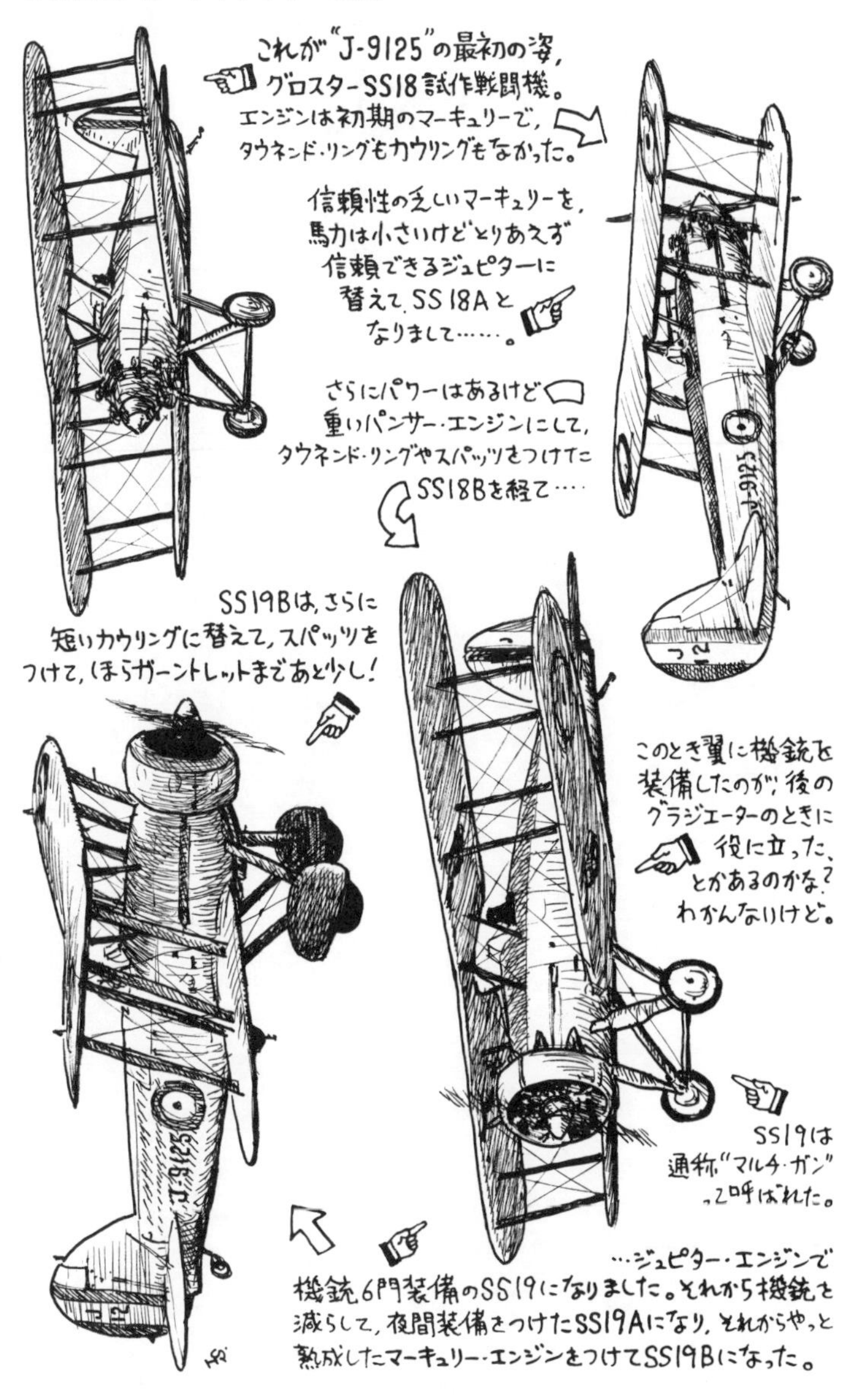

故で失われて、１９４０年4月のドイツ軍侵攻の際に地上で1機が破壊された。あとの12機はドイツ占領下で保管されてたけど、結局どうなったかは不明だ。

それからもう1か国、ガーントレットを使ったのがフィンランド。１９３９~１９４０年の冬戦争のときに、イギリスが南アフリカ政府を通じてMk.Ⅱを25機提供した。フィンランドじゃそのうちの24機を組み立てたんだけど、さすがにガーントレットだから、フィンランド空軍でも第一線では使わず、戦闘訓練機として使ったんだそうだ。フィンランドじゃ1機が復元されて、エンジンはオリジナルじゃなくて、アルヴィス・レオナイズで代用してるんだけど、ちゃんと飛んでる。

JM 002

ビンチョウマグロは砂漠の夜を飛ぶ

フェアリー・アルバコア

ALBACORE, Fairey

アルバコア雷撃型の場合
全幅：15.2m（50ft）
全長：12.1m（39ft 10in）
自重：3,292kg（7,250lb）
全備重量：4,749kg（10,460lb）
エンジン：ブリストル トーラスⅡ（後にトーラスⅫ）
空冷星型複列14気筒（トーラスⅡ：1060HP。トーラスⅫ：985HP）
最大速度：257km/h（161mph）
実用上昇限度：6,310m（20,700ft）
航続距離：1,143km（710miles）
武装：ブリティッシュ・ブローニング 0.303-in.（7.7mm）機関銃×1（上左翼）、
ヴィッカースK 0.303-in.（7.7mm）機関銃×1または2（後席後方）、
46cm（18-in）・727kg（1,600lb）魚雷×1 または 227kg（500lb）爆弾×4
乗員：2名

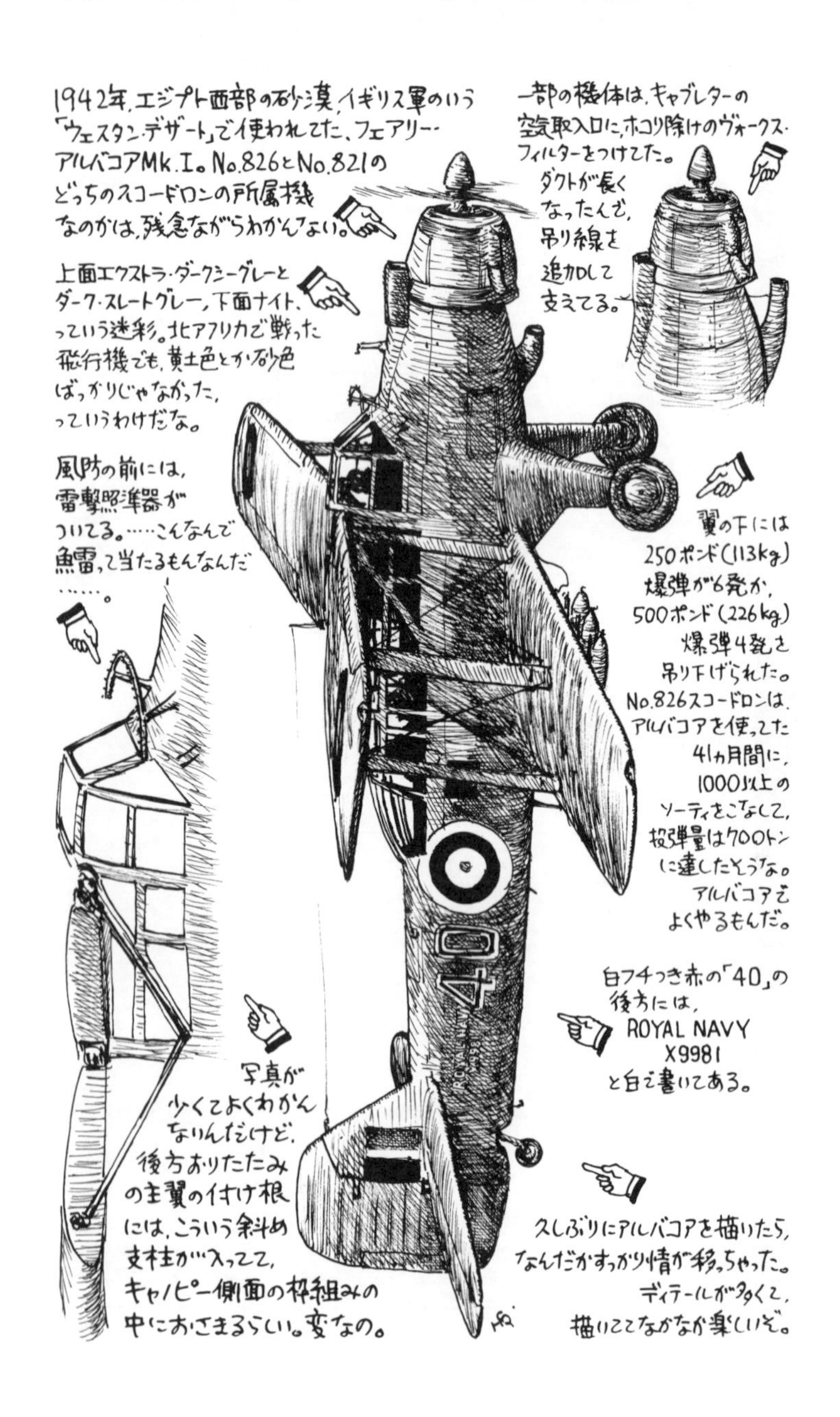
1942年、エジプト西部の砂漠、イギリス軍のいう「ウェスタン・デザート」で使われてた、フェアリー・アルバコアMk.I。No.826とNo.821のどっちのスコードロンの所属機なのかは、残念ながらわかんない。

一部の機体は、キャブレターの空気取入口に、ホコリ除けのヴォークス・フィルターをつけてた。

ダクトが長くなったんで、吊り線を追加して支えてる。

上面エクストラ・ダークシーグレーとダーク・スレートグレー、下面ナイト、っていう迷彩。北アフリカで戦った飛行機でも、黄土色とか砂色ばっかりじゃなかった、っていうわけだな。

風防の前には、雷撃照準器がついてる。……こんなんで魚雷って当たるもんなんだ……。

翼の下には250ポンド(113kg)爆弾が6発か、500ポンド(226kg)爆弾4発さ吊り下げられた。No.826スコードロンは、アルバコアを使ってた41ヵ月間に、1000以上のソーティをこなして、投弾量は700トンに達したそうな。アルバコアでよくやるもんだ。

白フチつき赤の「40」の後方には、ROYAL NAVY X9981と白で書いてある。

写真が少くてよくわかんないんだけど、後方おりたたみの主翼の付け根には、こういう斜め支柱が入ってて、キャノピー側面の枠組みの中におさまるらしい。変なの。

久しぶりにアルバコアを描いたら、なんだかすっかり情が移っちゃった。ディテールが多くて、描いててなかなか楽しいぞ。

艦上雷撃機っていう機種は、だいたいが空母に載っていて、海の上で戦うもんだと思うんだが、第二次大戦の北アフリカの戦いじゃ、そんな雷撃機まで砂漠の上空で戦ってる。イギリス海軍航空隊（フリート・エアアームズ、FAAだな）のフェアリー・アルバコアだ。

そもそも北アフリカでの戦いが始まったのはイタリア軍が1940年6月に参戦したせいなんだが、エジプト方面のイギリス軍の航空兵力は手薄で、しかもギリシアや地中海、とくにマルタ島の防衛もしなくちゃならないんで、とにかく手に入る飛行機はなんでも使おうとした。ちょうど1941年5月、イギリス海軍の空母フォーミダブルがエジプトにやってきたんで、イギリス空軍は海軍にフォーミダブル搭載の№826スコードロンをちょっと貸してくれ、と頼んだのだった。

イギリス海軍航空隊もそんなに潤沢に兵力があるわけじゃなかったけど、いろいろと断りきれない事情もあったんだろう、とにかくアルバコアはエジプトのデケイラにやってきた。アルバコアはイギリス中東空軍の指揮下に置かれて、6機がメルサ・マトルーの東の分散飛行場フカに展開、そのまんまいきなり実戦に投入された。

といったって、もちろん砂漠のイタリア軍に魚雷を打ち込むわけじゃなくて、敵の飛行場や物資集積所とかに夜間爆撃に行くのだ。さすがのイギリス軍も複葉固定脚のアルバコアを昼間に出撃させる気にはなれなかったんだな。№826スコードロンは7月にちょっと本業に戻って、地中海東部のキプロス島に出張って、ベイルート沖のヴィシー政権フランス軍の輸送船舶の攻撃にあたったりしたけど、8月にはまた砂漠の夜間対地攻撃に従事して、ほとんど毎夜のように飛行場やら港湾やら、弾薬庫やらを爆撃した。

11月には地上のイギリス陸軍第8軍がイタリア軍を追ってリビアへ侵攻したのに伴って、アルバコアも西へと移動、前進飛行場を転々としながら作戦した。その間にもなにしろ本籍が海軍航空隊なもんだから、1942年1月には雷撃技量維持訓練のために前線を離れてたりする。それなら海軍航空隊も№826スコードロンを空軍から取り戻せばいいのに、とも思うんだが、よっぽどこの部隊が前線で重宝されたのか、また砂漠に再展開している。さらに1942年3月には、別のアルバコア部隊、№821スコードロンもデケイラに到着して、№826と同様の任務に就いた。

でもイギリス軍がベンガジまで進出すると、アルバコアはその近くのベルカ飛行場に展開して、イタリア軍輸送船団の攻撃にあたったりもしていて、砂漠のアルバコアは夜間対地爆撃と対艦船攻撃の二足の草鞋……いや、イギリス軍のことだから二足のデザートブーツを履いていた、ってことのようだ。

そうはいっても、北アフリカの戦いはドイツ軍アフリカ軍団のおかげで形勢逆転、イギリス軍は東に押し返されて、それどころかドイツ軍がスエズ運河へと迫りそうな勢いになってきた。アルバコアも下手に昼間飛んでいたりすると、ドイツ軍のBf109に捕まって損害も出したりもした。性能からすると、まあ当然だな。

アルバコアは水平爆撃だけじゃなくて、急降下爆撃したり、さらには後のパスファインダー部隊みたいに、夜間爆撃の先導役まで務めるようになった。つまり敵陣地とかの目標に対して照明弾を投下して、その光をめがけて後からやってくるウェリントン爆撃機が爆弾を投下していく、というわけだ。ハリケーン部隊の№73スコードロンも、夜間の地上掃射作戦のためにアルバコアの照明弾投下を頼んできたりもした。

夜間の照明弾投下作戦も決して楽なもんじゃなくて、航法は正確でなくちゃならなかったし、投下位置も正しくなくちゃならなくて、しかもしばしば激しい対空砲火に見舞われたりもした。だから防御の厳重な港湾が目標のときは、アルバコアは滑空して爆音を消したまま目標上空に侵入、爆弾や照明弾を落したら、対空砲火が撃ち始める前に一目散に逃げる、といった戦術を採っていたそうだ。

1942年7月、ドイツ・アフリカ軍団がイギリス軍のエル・アラメインの防衛線の突破を試みると、アルバコアは敵の後方補給線の攻撃に連夜出撃した。ある夜は敵飛行場への爆撃のために照明弾を投下し、またある夜には敵補給所に急降下爆撃、別の夜には戦車修理所を爆撃して、敵戦車12～15両を破壊、また他の夜にはトブルク沖の輸送船団に急降下爆撃と、ほとんど絶え間なく出撃を続けて、アメリカ軍のB−25部隊のためにも夜間照明弾投下を行なうようになった。7月中のアルバコアの出撃は91回を数えたそうな。そんなこんなでドイツ軍の攻勢を頓挫させるのに、アルバコアも貢献したのだ、という風にイギリス人の本には書いてある。

もちろんドイツ軍の戦闘機や対空砲火による損失もあったんだが、このころには補充のアルバコアもエジプトに届いていて、№821と826の両スコードロンとも、機体に不足するようなこともなくなった。

とくに№821スコードロンは、1942年7月9日にトブルク沖に敵の輸送船団が接近したときには、敵の前線背後250㎞のところに極秘に着陸場を設けて、ブリストル・ボンベイ輸送機で燃料を運びこんで、そこにアルバコアを進出させて燃料を補給、船団攻撃を行なったりもしている。また8月には、№821スコードロンのアルバコアが敵の支配下のメルサ・マトルーの港に照明弾を落としたら、思いもかけず敵戦車が夜間移動してるのが見つかって、急いでウェリントン爆撃機に目標を指示、爆撃が終わるまで照明弾の投下を続けた、なんてこともあった。しかしNo.821スコードロンは11月には休養のために前線から退き、その後はマルタ島に移動して、船団攻撃に従事するようになったんで、砂漠のアルバコアはまたNo.826スコードロンだけになった。

No.826スコードロンのアルバコアは、1942年10月には後半だけで89ソーティをこなして、エル・アラメインの反攻の準備攻撃を支援した。ドイツ・イタリア軍がエル・アラメインから退却すると、アルバコアもその後を追って爆撃や照明弾投下を行なったが、以後は次第にアルバコアの対地攻撃は下火になり、対潜哨戒や船団攻撃のほうが主な任務になっていった。北アフリカから枢軸軍が一掃された後の1943年7月には、No.826スコードロンもマルタ島に移動した。

この1943年の2月には、またもうひとつのアルバコア部隊、No.815スコードロンがエジプトのデケイラに展開、艦砲射撃の観測などの任務に就いたが、1943年7月には部隊は解散している。こうして2年2か月に及ぶアルバコアの砂漠の戦いはひとまず終わることになったのだった。No.826スコードロンもマルタ島で船団対潜護衛任務にあたったが、シシリー島上陸作戦の後に解散している。

そもそもアルバコアは、フェアリー・ソードフィッシュに代わる艦上雷撃機として、1936年のS41/36仕様で採用されたもので、イギリス航空省ときたら試作機ができる前に早々と量産発注を出してしまった。アルバコアはいちおう全金属製だけど、この期に及んでまだ複葉で固定脚だった。さすがに密閉コクピットにはなって、居住性がよさそうではあったものの、じつは操縦席は夏だと暑くてしょうがないし、後席は逆に寒くて隙間風が入るっていう苦情が出た。

しかも操縦性は重いし、失速特性は悪いし、なによりエンジンのブリストル・トーラスの信頼性が低かった。前作のソードフィッシュが性能はともかく、無類の安定性・操縦性と信頼性で乗員たちから絶賛されてたのに比べると、アルバコアはすこぶる評判が悪かった。

しかも性能もソードフィッシュよりは向上してたものの、所詮は複葉機だったんで、結局1943年11月には第一線部隊からは退役してしまった。ソードフィッシュは対潜哨戒とかになおも飛び続けてて、後継機のはずのアルバコアのほうが先に退役したわけだ。

だからアルバコアは『世界の駄っ作機』の第1巻にも書かれちゃったりするんだけど、それでもこうして北アフリカ～地中海の戦いじゃそれなりに一所懸命働いたのだ。てゆーか、こんな機体でも使いどころを見つけて働かせなくちゃならない、っていうのが北アフリカの航空戦だったんだろうな。

ちなみに『駄っ作機』じゃアルバコアは現存してないように書いたけど、じつはイギリスのＦＡＡ博物館には何機かの残骸から復元した機体、Ｎ４３８９が展示されてる。

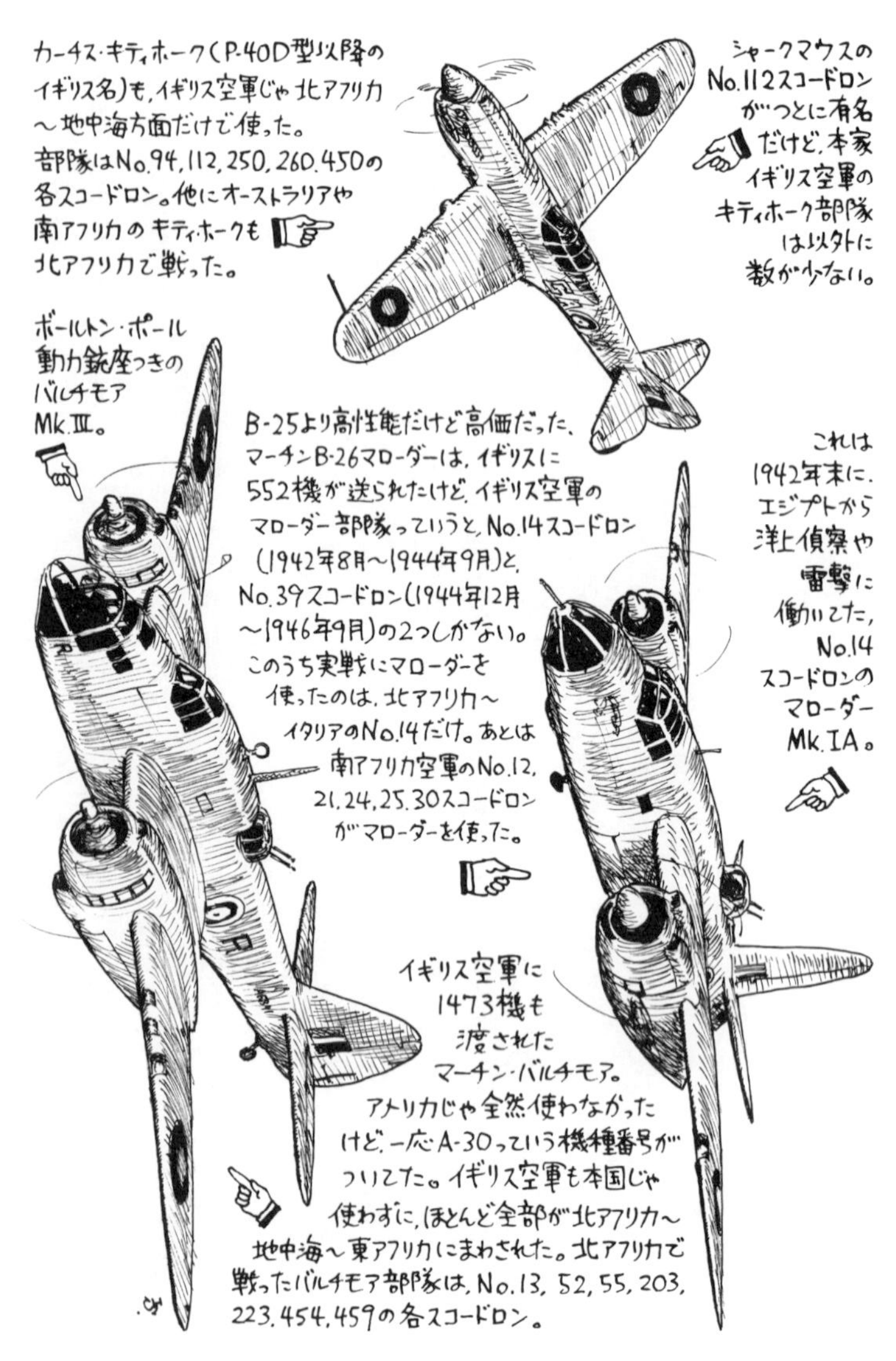

カーチス・キティホーク(P-40D型以降のイギリス名)も、イギリス空軍じゃ北アフリカ〜地中海方面だけで使った。

部隊はNo.94, 112, 250, 260, 450の各スコードロン。他にオーストラリアや南アフリカのキティホークも北アフリカで戦った。

シャークマウスのNo.112スコードロンがつとに有名だけど、本家イギリス空軍のキティホーク部隊は以外に数が少ない。

ボールトン・ポール動力銃座つきのバルチモアMk.III。

B-25より高性能だけど高価だった、マーチンB-26マローダーは、イギリスに552機が送られたけど、イギリス空軍のマローダー部隊っていうと、No.14スコードロン(1942年8月〜1944年9月)と、No.39スコードロン(1944年12月〜1946年9月)の2つしかない。

このうち実戦にマローダーを使ったのは、北アフリカ〜イタリアのNo.14だけ。あとは南アフリカ空軍のNo.12, 21, 24, 25, 30スコードロンがマローダーを使った。

これは1942年末に、エジプトから洋上偵察や雷撃に働いてた、No.14スコードロンのマローダーMk.IA。

イギリス空軍に1473機も渡されたマーチン・バルチモア。

アメリカじゃ全然使わなかったけど、一応A-30っていう機種番号がついてた。イギリス空軍も本国じゃ使わずに、ほとんど全部が北アフリカ〜地中海〜東アフリカにまわされた。北アフリカで戦ったバルチモア部隊は、No.13, 52, 55, 203, 223, 454, 459の各スコードロン。


北アフリカ〜地中海の戦いに、イギリス軍は海軍航空隊のマートレットまで砂漠迷彩にして陸上で使ったり、とにかくいろんな機種を投入してる。空軍機のなかには北アフリカ〜地中海方面だけでしか使われなかった機種もありまして、主なところだとマーチン・バルチモアにマーチン・マローダー、それにカーチス・キティホークっていうあたりかな。

JM 003

え、目見当で爆弾投下って本気(マジ)ですか？

フェアリー・シーフォックス

SEAFOX, Fairey Two-Seat Spotter-Reconnaissance Floatplane

シーフォックスⅠの場合
全幅：12.2m（40ft）
全長：10.2m（33ft 5in）
自重：1,726kg（3,805lb）
全備重量：2,559kg（5,420lb）
エンジン：ネイピア レイピアⅥ
空冷H型16気筒(395HP)
最大速度：200㎞/h（124mph）
実用上昇限度：2,957m
航続距離：708㎞（440miles）
武装：ルイス 0.303-in.（7.7㎜）機関銃×1（後席旋回）
乗員：2名

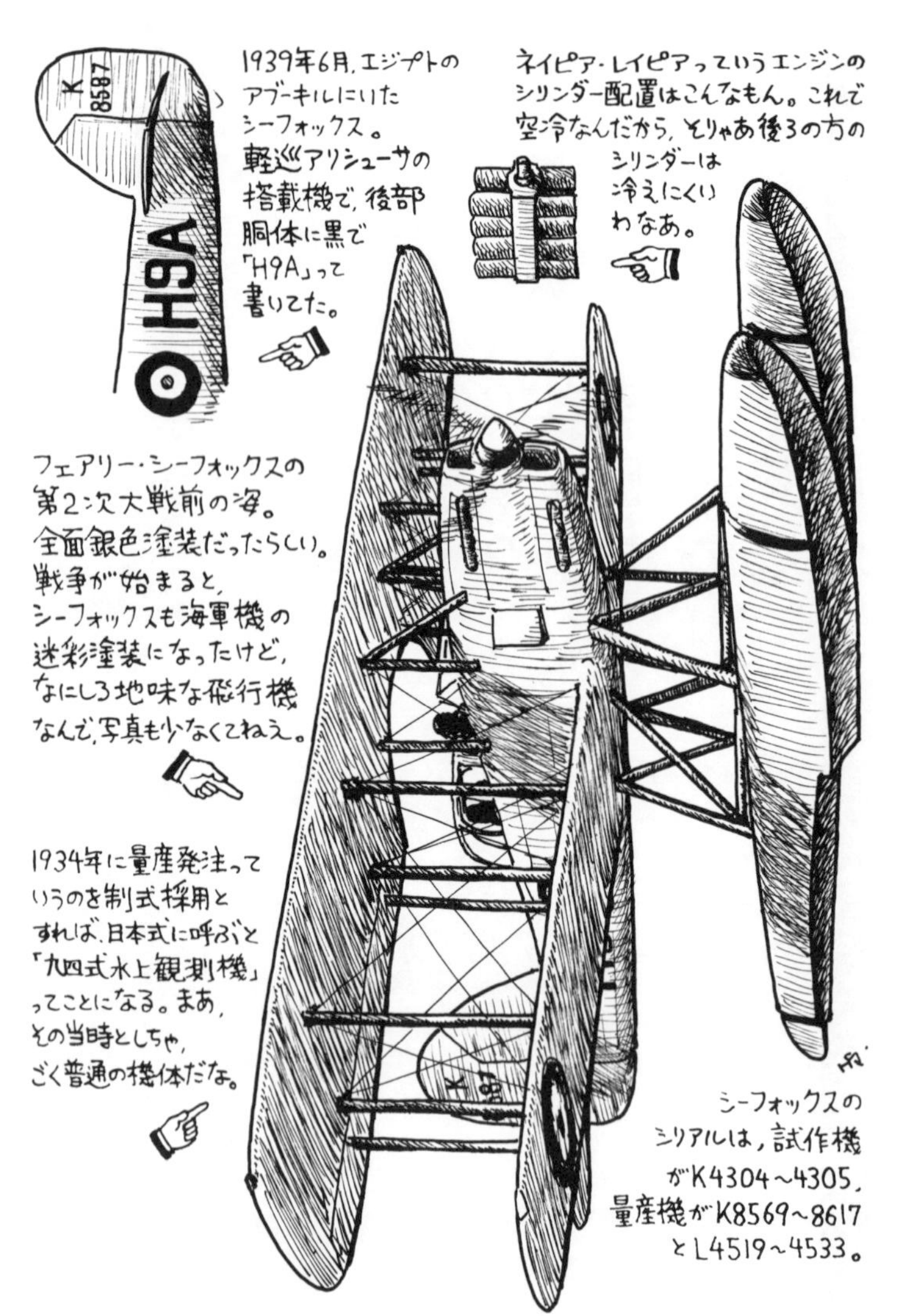
1939年6月,エジプトのアブーキルにいたシーフォックス。軽巡アリシューサの搭載機で,後部胴体に黒で「H9A」って書いてた。
K
8587
H9A
ネイピア・レイピアっていうエンジンのシリンダー配置はこんなもん。これで空冷なんだから,そりゃあ後ろの方のシリンダーは冷えにくいわなあ。
フェアリー・シーフォックスの第2次大戦前の姿。全面銀色塗装だったらしい。戦争が始まると,シーフォックスも海軍機の迷彩塗装になったけど,なにしろ地味な飛行機なんで,写真も少なくてねえ。
1934年に量産発注っていうのを制式採用とすれば,日本式に呼ぶと「九四式水上観測機」ってことになる。まあ,その当時としちゃ,ごく普通の機体だな。
シーフォックスのシリアルは,試作機がK4304~4305,量産機がK8569~8617とL4519~4533。
ではシーフォックスの要目。全幅12.2m,全長10.2m,全高3.7m,自重1726kg,総重量2559kg。エンジン:ネイピア・レイピアMk.Ⅵ空冷H型16気筒(395hp)×1基,最大速度200km/h,実用上昇限度2957m,航続時間4時間15分,航続距離708km,武装:7.7mmルイス機関銃×1門,乗員2名。

第二次大戦のイギリス海軍艦載機っていうと、スーパーマリンの小型飛行艇、〝シャグバット〟ことウォーラスが、戦艦や巡洋艦に積まれて観測や偵察に使われて、空軍の救難部隊での働きも含めてつとに有名だし、あるいは稀代の傑作時代錯誤機、フェアリー・ソードフィッシュもフロートをつけて艦載偵察・観測機に使われた。

でもソードフィッシュにしてもウォーラスにしても単発機とはいえ大きな機体で、ソードフィッシュは翼を伸ばせば全幅は約14m、ウォーラスも14mで、日本でいえば零式三座水偵と同じくらい。だから戦艦や重巡洋艦でしか使えなかった。そこでイギリス海軍としては、それより一回り小さくて、軽巡洋艦に載せられるような水上偵察観測機が欲しくなって、1932年にイギリス航空省は海軍の要望に沿って、S11／32仕様を提示した。

その提示相手はフェアリー社ただ1社。どうせ生産数は多くないし、大した性能を求めてるわけでもないし、こういう艦載機に慣れてる会社は限られるし、とかそういった事情で最初からフェアリー社だけに絞って要求を出したんだろうな。フェアリー社もこのころ、空軍の単葉引っ込み脚の軽爆、バトルの計画が始まろうとしてたから、忙しくなかったのかしら。

この仕様、具体的にはよくわからないんだけど、とにかく小さくて軽くて、難しいところのない機体が求められたことは想像できるし、実際にできた機体もそのとおりだから、たぶんそういう要求だったんだろう。フェアリー社の設計も、複葉で片側に支柱2組（「2張間」っていうんだっけ?）で、上下翼ともほぼ翼長が同じで複座の、当たり前な姿の機体だった。

ただエンジンは2種類を考えてて、空冷星型9気筒スリーヴバルブ方式のブリストル・アキラ５００HPか、あるいは空冷H型16気筒のネイピア・レイピア３９５HPかのどちらかを装備するつもりでいた。

アキラの方は、結局実用機に装備されることなく終わったエンジンだけど、とにかく空冷星型でスリーヴバルブなんで、ブリストルのエンジンとして特に変わった方じゃなかった。一方のネイピア・レイピアは、直列４気筒と倒立４気筒の組み合わせ、つまり垂直対向８気筒が左右に二つ並んでるっていうシリンダー配置の16気筒で、後のネイピア・ダガーやさらには横置き24気筒のセイバーにもつながるH型シリーズだ。

馬力の点で選べば当然アキラの方だったんだろうけど、航空省はたぶんエンジンの将来性を考えたんだろう、レイピアの方を選んじゃった。このおかげで後で馬力不足がつきまとうことになるんだけど、そこはほら、戦闘機とか爆撃機じゃないんで、まあそれでダメ飛行機になるっていうわけじゃなかった。ただしネイピア・レイピアなるエンジンを採用した飛行機も、この機体だけだったけどな。

とにかくフェアリー社が提出した設計案は採用されて、１９３４年6月に2機の試作発注が与えられて、試作1号機（シリアルＫ４３０４）は１９３６年5月に初飛行した。この1号機は双フロートつきの水上機形態で飛んで、半年後の11月は2号機（Ｋ４３０５）が固定脚の陸上機形態で初飛行した。とくに設計に問題がなかったらしく、試作機の初飛行より先の、この１９３６年の1月には早くも49機の量産発注までもらっちゃった。

シーフォックスという名前がついた、このフェアリー社の水上偵察観測機、当たり前の機体とはいいながら、それなりの工夫もあった。主翼は金属骨組みに羽布張りだったけど、上翼の前縁にはスラットがついて、補助翼も上下の翼についてた。胴体の方は金属骨組みにアルクラッド（腐食しにくいように、アルミ合金の表面に純アルミか別のアルミ合金を貼り合わせた材料）外皮で、一応の全金属製になってて、つまり不時着水したときにすぐに沈んじゃわないよう、水密構造になってた。

コクピットは前席の操縦席は、視界を良くするのと、クレーンでの揚収作業のときにパイロットが動きやすいようにするのと、両方のために開放式になってた。後席の航法／観測手の席には密閉式のキャノピーがついてて、その後ろの胴体上部に7・7㎜ルイス機関銃が格納されてた。射撃のときは、航法／観測手が機関銃を引っ張り出して、キャノピーを前方にはね上げるようになってた。

他の武装は、下翼の爆弾架に100ポンド（45・6kg）対潜爆弾2発か、20ポンド（9kg）爆弾8発を吊り下げることになってたけど、爆撃照準器はついてないから、パイロットが目見当で投下する。命中したらよっぽど運がいいと思うべきだろうな。

シーフォックスはテストしてみると、まずエンジンの冷却が足りないっていう問題が起きてきた。シリンダーヘッドの温度も、オイルの温度も上がりすぎちゃうのだ。この問題は何とか手当してかなり改善されたけど、それでもエンジンの使い方に制限が多くて、ただでさえ馬力不足で冴えない性能が、さらに鈍くなっちゃった。

それと着水速度が高いっていうのも困ったところだった。要求じゃ最小着水速度は72㎞／hとされてたんだけど、エンジンを切って降りても90㎞／hの速度になっちゃうんだった。実験部隊の腕の良いパイロットが操縦して、フラップをフルに下げても、着水速度は80㎞／hを下回れなかったんだと。

もう一つ、せっかくの後席の密閉式キャノピーがまたしょうもないもんで、開けると気流を巻き込んで機銃の照準がつけにくくなるし、閉めると密閉が不十分なせいですきま風が吹き込んで、航法／観測手の居住性が悪い。後席はむしろキャノピーを開けっぱなしにしてる方が、よっぽど居心地が良かったそうだ。

そんなこんな、文句のつけどころはいくつかあったものの、テストではシーフォックスの飛行中の操縦性は軽くて効きが良くて絶賛された。さすがはソードフィッシュを作った会社だけあって、操縦性について何か良い勘どころをつかんでたのかな。ダイヴに入れても限界速度の240㎞／hまでフラッターも振動も起きなかったし、操縦性も安定性も崩れなかった。失速特性も悪くなかったけど、さすがにスピンに入ると回復が難しいことが風洞テストで確認されたけど、水上偵察観測機が自発的にスピンに入ることなんてほとんどないから、まあいいか。

水上での走行性も良好だったけど、なにしろ馬力が足りないから、重量が大きいと離水にえらく時間がかかる、つまり長々滑水しなくちゃならなかった。着水もフラップをフルダウンにすると、降下角が急になって、エンジンのパワーに頼らなくちゃならなくて、しかも妙に機首上げ姿勢になっちゃうのだった。

シーフォックスは地上でのカタパルト射出試験に続いて、1937年3月には軽巡ネプチューンで実艦搭載試験を受けた。生産の方も、1936年9月には15機の追加発注が行われて、合計64機の量産型の1号機（K8569）は1937年4月に引き渡され、1機（L4523）を除いて、全機が水上機として完成した。

シーフォックスの部隊配備は、１９３７年8月に№７１８カタパルト・フライト（「小隊」って感じ？）から始まって、それまでのホーカー・オスプレイと交替して、№７１３、７１４、７１６のカタパルト・フライトに配備されていった。

これらのフライトは１９４０年1月にまとめられて、№７００スコードロンに編成されて、このスコードロンはシーフォックス11機、ソードフィッシュ水上機型12機、ウォーラス42機を保有して、戦艦から重巡、軽巡に各機を派遣してた。それだけじゃなくて、客船改装の特設巡洋艦のカントン、プレトリア・カースル、カーナヴォン・カースルなどにも機体を乗せてた。

っていうと「あー、そうかい」で済んじゃう話なんだけど、そんな地味なシーフォックスでも実は見せ場があった。第二次大戦開戦から間もない１９３９年12月、大西洋でイギリスの海上通商路を荒らしまわったドイツのポケット戦艦、アドミラル・グラーフ・フォン・シュペーを、イギリス巡洋艦部隊がついに捉えて、南米ウルグアイのラプラタ川河口沖合で戦闘になった。世に言うラプラタ海戦だ。イギリス側はシュペーに損傷を与え、中立国ウルグアイのモンテヴィデオに修理のために入港を余儀なくさせたが、重巡エクゼターも軽巡アキリーズ、エイジャックスも大きな損傷を被った。イギリス側はウルグアイに外交的圧力をかけて、シュペーに出港を強いるとともに、強力な艦隊が付近に集結中との偽情報を流した。これにシュペーは万策尽きたと考え、モンテヴィデオを出港して、ラプラタ川河口で自爆、自沈した。

モンテヴィデオ港内のシュペーの様子を連日上空から観察、最期の自沈を報告したのが軽巡エイジャックス搭載の№.718フライトのシーフォックスだった。エクゼター搭載のウォーラスも、エイジャックスのもう1機のシーフォックスも砲撃で破壊されて、この1機（K8581か8582のどっちか）しか飛べる観測機がなかったのだ。パイロットのルーウィン大尉と観測手のキアニー少尉は、戦功十字章を授与された。海軍航空隊では最初の授章だったそうだ。

　でも第二次大戦の戦史にシーフォックスが名を残したのは、このラプラタ海戦だけ。艦載偵察観測機の出番はだんだん少なくなって、シーフォックスを最後まで使っていた№.702スコードロンは1943年7月に解隊、シーフォックスも退役していった。

海ギツネとは何なのよ？

J7941
フェアリー社は1925年に、イギリス空軍のフォックスっていう、
当時としては、それはもうすごくかっこいい軽爆を作ってる。
でもシーフォックスは、これの海軍型じゃなくて、つまり無関係。
じゃあシーフォックスって何？「海ギツネ」とは
そも何なのか？ってことになるわけだが……
……どうやらイギリスじゃSea Foxっていうと、オナガザメ
Thrasher Sharkの類のことらしい。
つまりシーフォックスは、
ソードフィッシュや
アルバコア、バラクーダ、
スピアフィッシュと並んで、
フェアリー社の魚類シリーズの一つ、ってわけだ。

JM 004

眠り覚ましたばっかりに航空省に嫌われて

フェアリー・ファイアフライ（複葉）

Biplane FIREFLY, Fairey

ファイアフライⅡの場合
全幅：9.6m（31ft 6in）
全長：7.5m（24ft 7 1/4in）
自重：1083kg（2,387lb）
全備重量：1490kg（3,285lb）
エンジン：ロールスロイスF.XIS
　液冷V型12気筒（480HP）
最大速度：359km /h
実用上昇限度：9,400m
航続距離：386km（240miles）
武装：ヴィッカース 0.303-in.（7.7mm）機関銃×2
乗員：1名

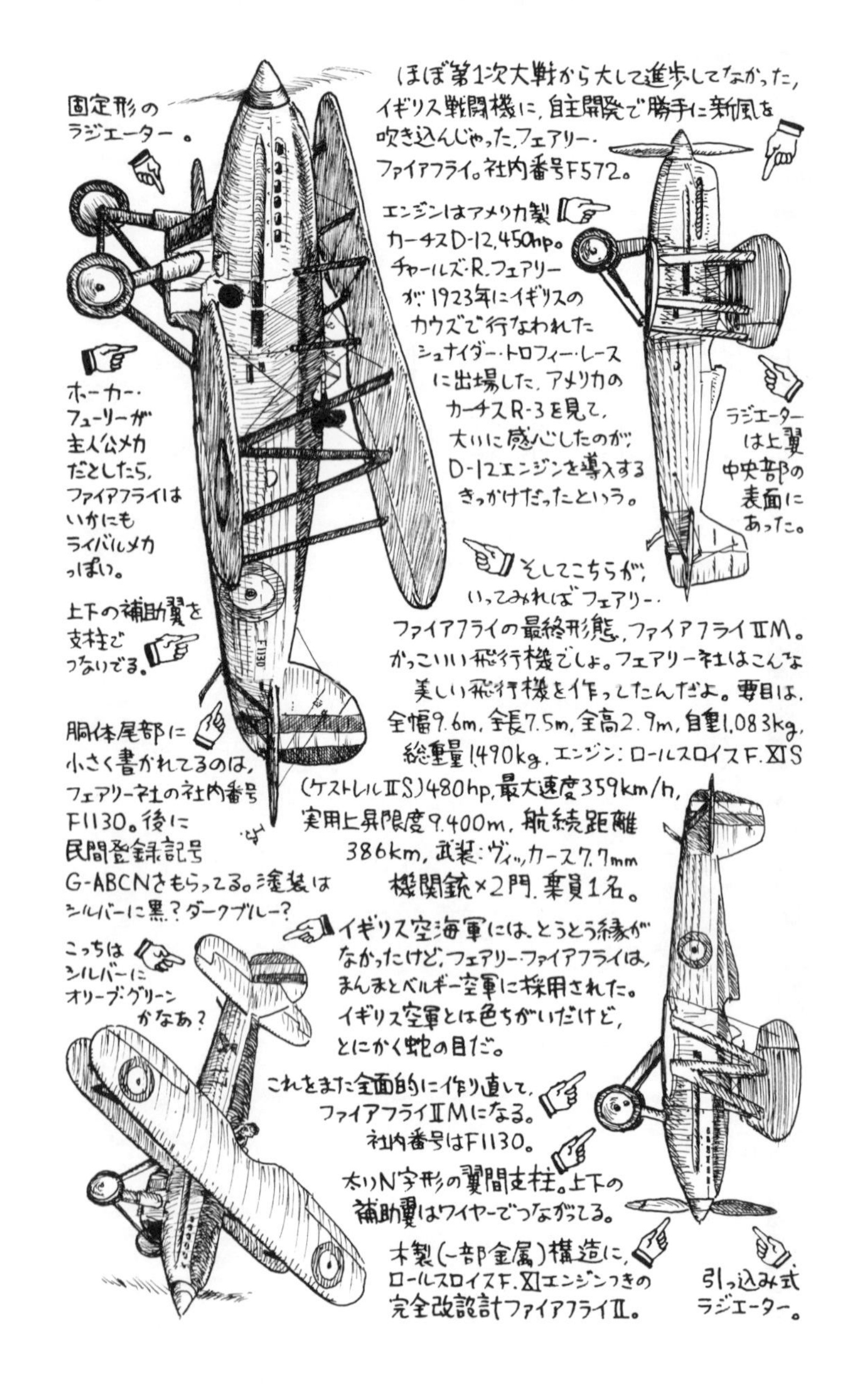

ほぼ第1次大戦から大して進歩してなかった、
イギリス戦闘機に、自主開発で勝手に新風を
吹き込んじゃった、フェアリー・
ファイアフライ。社内番号F572。
固定形の
ラジエーター。
エンジンはアメリカ製
カーチスD-12, 450hp。
チャールズ・R.フェアリー
が、1923年にイギリスの
カウズで行なわれた
シュナイダー・トロフィー・レース
に出場した、アメリカの
カーチスR-3を見て、
大いに感心したのが、
D-12エンジンを導入する
きっかけだったという。
ホーカー・
フューリーが
主人公メカ
だとしたら、
ファイアフライは
いかにも
ライバルメカ
っぽい。
ラジエーター
は上翼
中央部の
表面に
あった。
そしてこちらが、
いってみれば フェアリー・
ファイアフライの最終形態、ファイアフライⅡM。
かっこいい飛行機でしょ。フェアリー社はこんな
美しい飛行機を作ってたんだよ。要目は、
全幅9.6m、全長7.5m、全高2.9m、自重1,083kg、
総重量1,490kg、エンジン：ロールスロイスF.ⅪS
(ケストレルⅡS)480hp、最大速度359km/h、
実用上昇限度9,400m、航続距離
386km、武装：ヴィッカース7.7mm
機関銃×2門、乗員1名。
上下の補助翼を
支柱で
つないでる。
胴体尾部に
小さく書かれてるのは、
フェアリー社の社内番号
F1130。後に
民間登録記号
G-ABCNをもらってる。塗装は
シルバーに黒？ダークブルー？
イギリス空海軍には、とうとう縁が
なかったけど、フェアリー・ファイアフライは、
まんまとベルギー空軍に採用された。
イギリス空軍とは色ちがいだけど、
とにかく蛇の目だ。
こっちは
シルバーに
オリーブ・グリーン
かなあ？
これをまた全面的に作り直して、
ファイアフライⅡMになる。
社内番号はF1130。
太いN字形の翼間支柱。上下の
補助翼はワイヤーでつながってる。
木製(一部金属)構造に、
ロールスロイスF.Ⅺエンジンつきの
完全改設計ファイアフライⅡ。
引っ込み式
ラジエーター。
F1130

飛行機の歴史って複葉機で始まったんだね。ライト兄弟のフライヤーが複葉機だったし。それから第一次大戦で飛行機が戦争に使われるようになったときも、複葉機が主流だった。1930年代に戦闘機も爆撃機も旅客機も飛行艇も単葉機になってからも、練習機とか観測機とかにはまだまだ複葉機が使われてた。今でもスポーツ機やホームビルト機には複葉機があるし、複葉機時代っていうのがあったとしたら、過ぎ去ってはいるけれど終わってはいない、ってところかしら。

そんな複葉機時代は第一次大戦が絶頂みたいに思えるけど、実は第一次大戦が終わってからも、複葉機は進化を続けてた。

第一次大戦後のヨーロッパじゃ次の大きな戦争の可能性はほとんどなくなってたし、戦勝国イギリスもフランスも、大戦で疲れ果てて軍備にお金をかけたくなくなってた。もちろん敗戦国ドイツは飛行機を作るのをヴェルサイユ条約で禁じられてた。アメリカは陸軍の軍備もごく小さくなって、軍用機の開発も低調だったし、第一次大戦後の飛行機の進歩は全般的にかなりゆっくりしたものだった。

そんなわけで、例えばイギリス空軍じゃ第一次大戦最末期に部隊配備したソッピース・スナイプ戦闘機を1924年まで使ってたし、その年に配備になった新型戦闘機、アームストロング・ホイットワース・シスキンⅢやグロスター・グリーブなんて、木製骨組みに羽布張りっていう構造も、7・7㎜機関銃2挺の武装も、第一次大戦当時とたいして変わってなかった。さすがに空冷星型エンジンは回転式じゃなくなってたけど。

そんな1920年代イギリス軍用機の状況を揺さぶって、泰平の眠りを覚まさせたのが、フェアリー社が1

925年に自主開発したフォックス単発軽爆撃機だった。

それまでイギリス空軍の戦闘機や軽爆撃機は正面面積が大きくて抵抗も大きい空冷星型エンジンを使ってたり、水冷エンジンでもW型のネイピア・ライオンや大きくて重いV型のロールスロイス・コンドルを使ってたんだけど、フェアリー・フォックスはアメリカ製のカーチスD–12エンジンを採用、機首を細くして、機体各部の重量と抵抗を減らして、なんと1924年に実戦配備開始のフェアリー・フォーン単発軽爆より80km／hも速かったのだ。それどころかシスキンⅢ戦闘機よりも速かった。

しかもフォックスは、フォーンの基になったイギリス航空省の仕様に準拠して作られた機体だった。つまりイギリス航空省は、自分のところの仕様にほぼ合わせて、要求性能よりはるかに高性能な機体をメーカーに勝手に作られて、すっかり面目をつぶされちゃったわけだ。おまけにエンジンはイギリス製じゃなくてアメリカ製。

そんなわけで航空省にとっちゃフェアリー・フォックスは可愛くないことこのうえない飛行機だったんだろうけど、空軍総司令官のトレンチャード将軍は、デモンストレーションでフォックスの高性能にほれ込んで、その場で採用を決めちゃった。さすがに軍事予算乏しきご時世だけに、フォックスは№12スコードロン1個に配備されただけだったけど、№12スコードロンはこのフォックス装備にちなんで、部隊のバッジのモチーフをキツネの顔にした。バッカニアとトーネイドもキツネのマークで飛んでたぞ。

フェアリー社は、フォックスと同じ木製骨組みに羽布張りの構造、水冷V型12気筒のカーチスD–12エンジン装備で、戦闘機も作ってみた。設計はフォックスと同じく、フェアリー社の主任設計者マーセル・ロベルだった。この機体はファイアフライと名付けられて、1925年11月に初飛行した。視察に来た航空省は、空冷星型エンジンのシスキンやグリーブよりパイロットの視界がよいとはいってくれたけど、構造が木製骨組みじゃもう古いし、アメリカ製のエンジンだし、イギリス製エンジンにしなくちゃ採用の見込みはないよ、とあしらわれちゃった。

そのとき航空省が、ロールスロイス社が開発してる水冷V型12気筒のF10エンジン（後のケストレルだね）を推奨してきたんで、フェアリー社はファイアフライを改設計したF10装備型を1927年に検討してみたけど、元のD-12エンジン型より大きく重くなるんで、こりゃ駄目だってことでいったん中止しちゃった。

しかしさすがのイギリス航空省も、このころには第一次大戦のまんまの戦闘機でぷかぷか飛びながら警戒するんじゃなくて、高速で上昇力に優れた迎撃戦闘機が必要だろうと考えるようになって、1927年にF20／27仕様を提示した。この仕様じゃ伝統の空冷星型エンジンが推奨されてたんだけど、1928年にロールスロイスのF.XI（F10のときはアラビア数字表記のだったのがローマ数字表記に変わったんだそうだ）エンジンも使えるように改まった。

そこでフェアリー社は、一部金属骨組み構造にした新設計の戦闘機を自社資金で試作した。これがファイアフライIIで、1929年2月に初飛行した。ファイアフライIIはテストではめざましい性能を示して、5月に行われた比較テストでは、同じ仕様で試作されたホーカー社のホーネットを上回る最大速度を出してみせたりした。でもファイアフライⅡはホーネットより操縦性が重いと指摘されて、それに構造がまだ木製だったことも難点とされちゃった。

これに対してマーセル・ロベルは、ファイアフライⅡの機体構造を全面的に金属骨組みにして、引っ込み式ラジエーターを固定式にしたり、翼間支柱を改めたり、垂直尾翼の形を変えたり、さらに改良を加えた。この改良型はファイアフライⅡMになって、1930年1月に飛行した。Mはメタルの頭文字で、つまり金属製構造ってことだな。

でもこのとき、すでにホーカー社のシドニー・カムが設計したホーネットが空軍の新戦闘機として、名前をフューリーに改めて採用が決定してた。フェアリー・ファイアフライは性能はよかったのに、結局負けちゃったのだった。

フェアリー社はファイアフライⅡMをもう1機作ってて、これの主翼幅を延長、垂直尾翼を拡大したり、海軍向けの装備を施して、艦上戦闘機ファイアフライⅢに仕立てた。やっぱり自主試作だったんで、民間登録G-ABFHがついたけど、航空省が買い上げて、シリアルS1592をもらった。ファイアフライでイギリス軍のシリアルナンバーをもらったのは、このファイアフライⅢただ1機だ。ファイアフライⅢは1929年5月に初飛行して、空母フューリアス艦上で、運用テストを受けたが、こっちでもホーカー社の艦上戦闘機ノーン（採用になったときにニムロッドに改名した）に敗れて、採用してもらえなかった。

ファイアフライⅢは1931年には双フロートつきに改造されて、シュナイダー・トロフィー・レースのための練習機として使われた。この年のレースで、スーパーマリンS６Bが優勝して、イギリスがシュナイダー・トロフィーを永久保持する栄誉を手にするんだが、その栄光の陰にフェアリー・ファイアフライⅢあり、というのはやっぱり言い過ぎだろうな。

さて、フェアリー社が航空省に嫌われてたせいだとか、噂はいろいろあったみたいだけど、とにかくフェアリー・ファイアフライ戦闘機はイギリスじゃとうとう軍に採用されることなく終わっちゃった。でも、そのおかげでファイアフライは外国に売ってもいいことになった。

フェアリー社は１９３０年にベルギー空軍にファイアフライⅡMを売り込み、チェコ製アヴィアBH33やフランス製ドヴォワティーヌD27を相手に審査を受けることになった。このときファイアフライⅡMはベルギー空軍パイロット16人に試乗させ、しかもライバル機と違って、パワーダイブをやってもいいことにしてたんで、ベルギー空軍から好感をもたれて、見事採用を勝ち取った。

フェアリー社はベルギーに子会社アヴィオン・フェアリー社を設立、ファイアフライⅡMをライセンス生産させた。ベルギー空軍はイギリス製のファイアフライを25機、ライセンス生産機を63機の合計88機を調達したけど、イギリス製は25機よりもっと多かったんじゃないかとか、こまごました異説がいろいろあるようだ。ベルギー製ファイアフライのうち２機は、エンジンをフランス製イスパノスイザ12Xbrs水冷V型12気筒に換装して、ファイアフライⅣになったけど、性能は普通のファイアフライⅡとさほど変わらなかったんで、試験換装だけで終わった。

ベルギー空軍のファイアフライは1931年から部隊配備が始められて、№1～4の4個スコードロンで使われた。ベルギー空軍の国籍マークは、外から赤・黄・黒のラウンデルだから、一応ベルギーのファイアフライも蛇の目だな。複葉のファイアフライは第二次大戦中の1940年5月、ドイツ軍がベルギーに侵攻したときも、まだ50機ほどが空軍に残っていて、一部はベルギー陥落後にフランスに逃れたそうだ。そのなかには北アフリカのオランに送られた機もあって、分解されて木箱に入った状態で1942年までその地に残っていたっていう話だ。

　フェアリー社はベルギー空軍のファイアフライの後継を目指して、1935年

フォックスほか、今回出てくる飛行機の数々

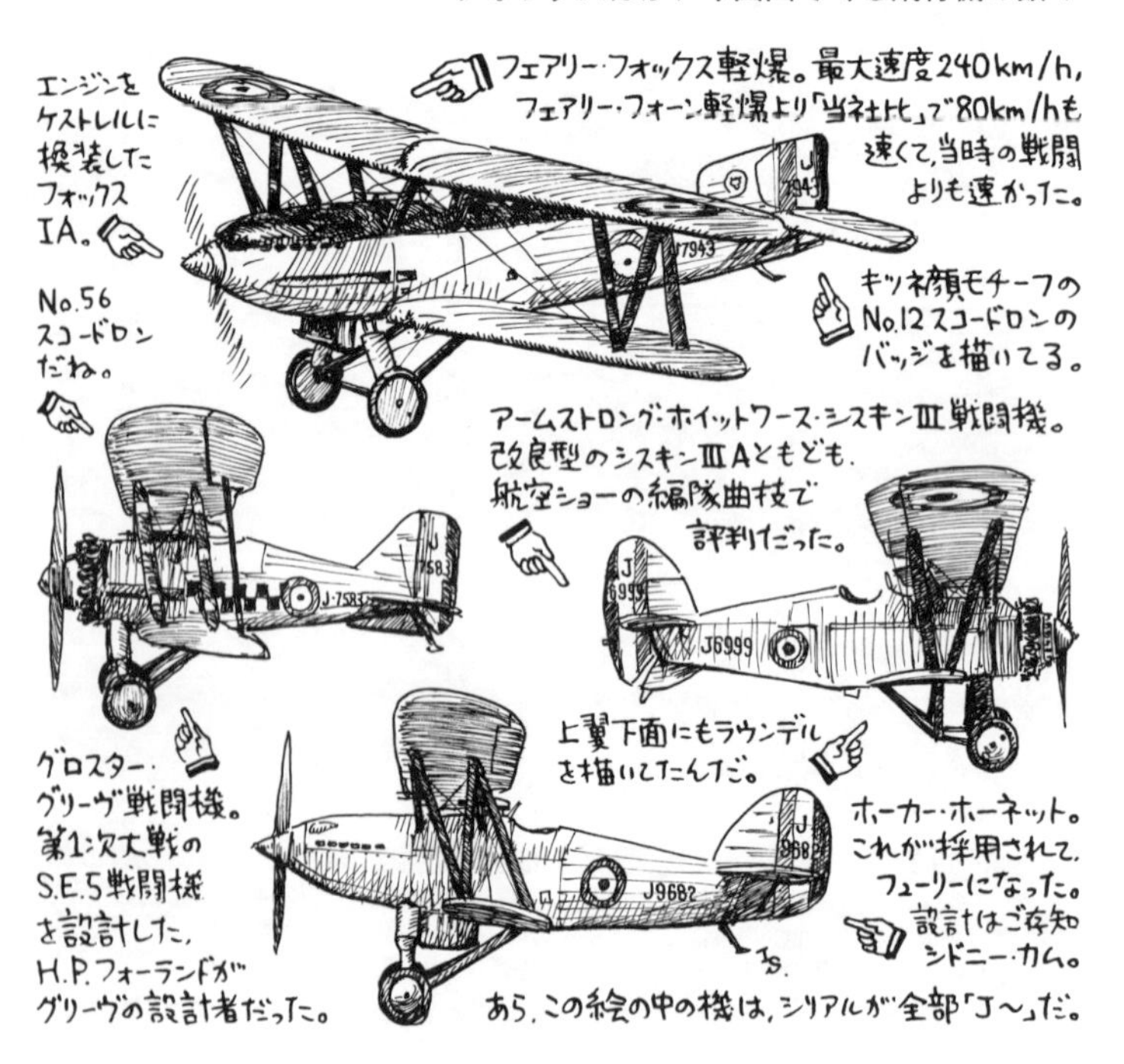

にファントムという複葉戦闘機を試作してる。複葉戦闘機最終世代のひとつだな。でもファントム1号機はベルギーで墜落、その後ベルギーで組み立てられた3機のうち2機はソ連に売られ、1機は1937年にイギリス航空省が買い上げて、テストに使った。

じつはフェアリー・ファイアフライもソ連に売り込みが図られて、1932年にソ連でデモンストレーションが行なわれた。なかなか好評だったようだけど、やっぱり採用にはならずに終わった。

フェアリー・ファイアフライは、ちょうどイギリスで複葉戦闘機が第一次大戦当時の水準から大きく進歩する、その扉を開ける役目を果たしたようなもんかもしれない。それをいうならフォックスの方が功績は大だな。ただファイアフライは、当初の機体構造が木製から脱却しきれなかったのが足を引っ張って、戦闘機としては成功できなかったのが残念なところだ。かっこいいのに。

ちなみに第二次大戦後期の複座艦上戦闘機フェアリー・ファイアフライは、この複葉ファイアフライの機名の使い回しだな。

COLUMN 花園ひとくちメモ

スピットファイア愛 01

スーパーマリン・スピットファイアは戦闘機にして戦闘機以上の存在、っていうことになるんじゃないかしら。

イギリス人にとっては、1940年にドイツ軍の侵攻が迫って危急存亡の瀬戸際に立たされたときに、ドイツ空軍の爆撃からイギリスを守った戦闘機として、実際に主力だったホーカー・ハリケーンを差し置いて、スピットファイアのほうが記憶されてて、なんていうかイギリスの不屈の勇気のアイコンになっているのだ。

スピットファイアは第二次大戦じゃ1939年の開戦から1945年の日本の降伏まで、全期間を通じてちゃんと第一線戦闘機として働いた。ドイツのメッサーシュミットBf109やFw190はもちろん、イタリアのいろんな戦闘機、日本の零戦、隼とも戦って、ドイツのV-1ミサイルも撃墜してるし、最後の方じゃドイツMe262ジェット戦闘機とも戦った。

スピットファイアが戦った場所も、イギリスと北西ヨーロッパだけじゃなくて、北アフリカに地中海、東南アジア、南太平洋とほぼ第二次大戦の全戦域にわたってる。日本にも終戦後に進駐軍として岩国や三保に展開してたこともある。第二次大戦後も使われて、艦上戦闘機のシーファイアは1950年からの朝鮮戦争にも参加してる。

総生産数は約23,000機、生産期間は1937年からシーファイア最終号機引き渡しの1948年まで10年以上にわたったのでありました。

JM 005

早世の天才が残したもの

レジナルド・J.ミッチェル

MITCHELL, Reginald Joseph, CBE, FRAeS

出生：1895年5月20日
出生地：バット・レイン（英国スタッフォードシア、キッズグローヴ近郊）
死亡：1943年6月11日（享年42）

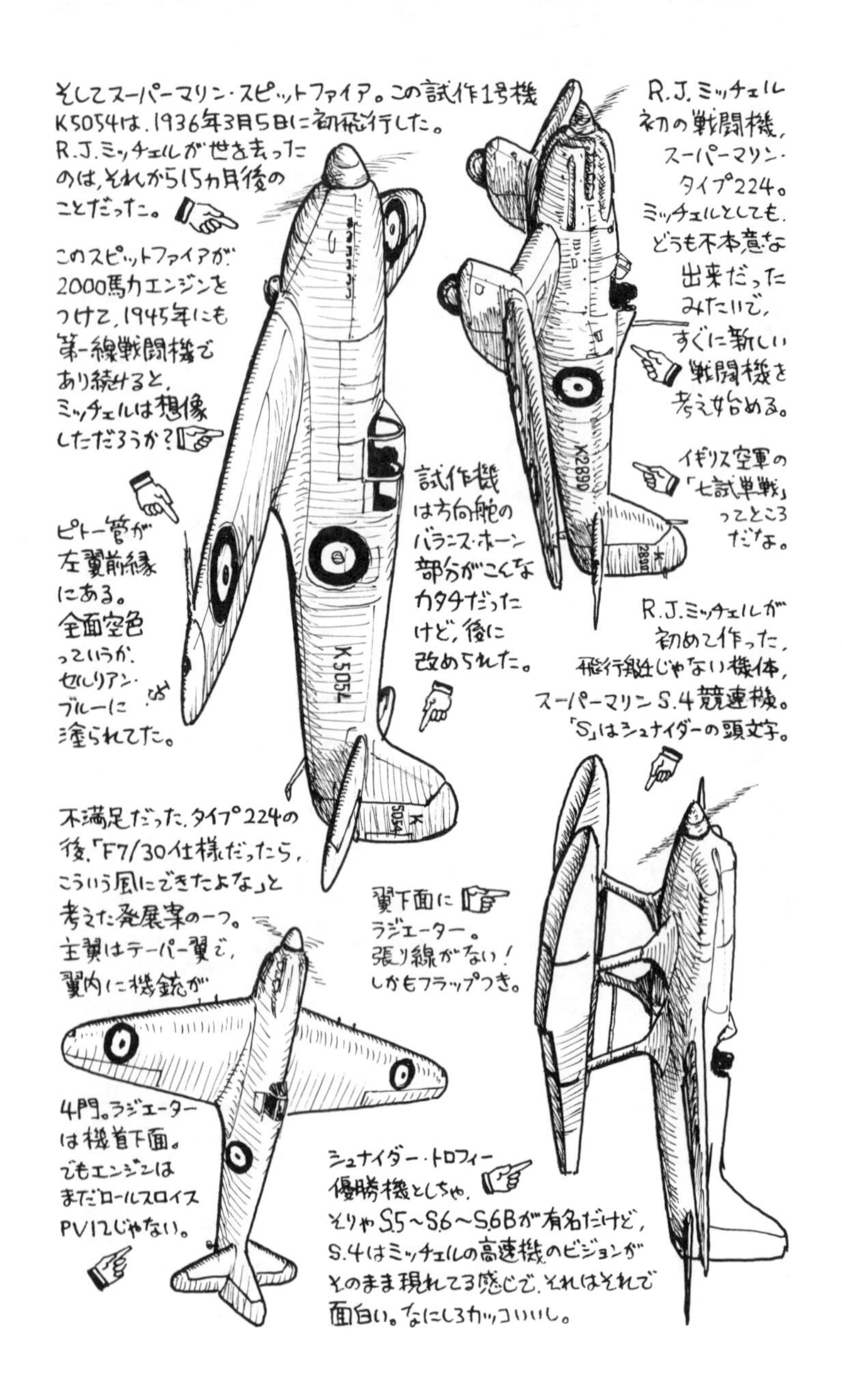
そしてスーパーマリン・スピットファイア。この試作1号機
K5054は、1936年3月5日に初飛行した。
R.J.ミッチェルが世を去ったのは、それから15ヵ月後のことだった。
このスピットファイアが、2000馬力エンジンをつけて、1945年にも第一線戦闘機であり続けると、ミッチェルは想像しただろうか？

ピトー管が左翼前縁にある。

全面空色っていうか、セルリアン・ブルーに塗られてた。

K5054
試作機は方向舵のバランス・ホーンの部分がこんなカタチだったけど、後に改められた。
R.J.ミッチェル初の戦闘機、スーパーマリン・タイプ224。
ミッチェルとしても、どうも不本意な出来だったみたいで、すぐに新しい戦闘機を考え始める。

イギリス空軍の「七試単戦」ってところだな。

K2890
R.J.ミッチェルが初めて作った、飛行艇じゃない機体、スーパーマリンS.4競速機。
「S」はシュナイダーの頭文字。

不満足だった、タイプ224の後、「F7/30仕様だったら、こういう風にできたよな」と考えた発展案の一つ。

主翼はテーパー翼で、翼内に機銃が4門。ラジエーターは機首下面。

でもエンジンはまだロールスロイスPV12じゃない。

翼下面にラジエーター。

張り線がない！

しかもフラップつき。

シュナイダー・トロフィー優勝機としちゃ、そりゃS.5〜S.6〜S.6Bが有名だけど、S.4はミッチェルの高速機のビジョンがそのまま現れてる感じで、それはそれで面白い。なにしろカッコいいし。

第二次大戦の戦闘機は、たいていその設計者の名前が強く結び付いてる。日本じゃ零戦の堀越二郎だし、ドイツじゃBf109のウィリー・メッサーシュミット、Fw190のクルト・タンク。アメリカだとP-51のエド・シュミード、P-47のアレクサンダー・カートヴェリ、P-38のケリー・ジョンソンが有名だけど、グラマンF4FとF6Fの設計者がウィリアム・シュウェンドラーって人だってことは比較的知られてないよね。ヴォートF4Uコルセアの特徴満載の機体を設計したレックス・ヴェイゼルは、若いころは鉱山労働者として働きながら学資を稼いだり苦労した人で、この人の生涯とF4Uの誕生なんか、けっこうおもしろい物語になるんじゃないのかなあ。

その点イタリアの戦闘機は、フィアットCR42の「R」は設計者のチェレスティーノ・ロサテッリの頭文字だし、マッキMC200の「C」はマリオ・カストルディの頭文字だから、ちゃんと設計者の名前がわかるようになってるのな。

でも、蛇の目の花園としてはやはりここはイギリスの設計家の話をしなくちゃ。イギリスの飛行機の本はたくさん出てるんで、アヴロ・ランカスターのロイ・チャドウィックや、デハヴィランド・モスキートのジェフリー・デハヴィランドとか、ヴィッカース・ウェリントンの〝大圏構造〟のバーンズ・ウォリスとか、いろいろ設計者の名前が伝わってる。そのなかでも、やっぱり名高いのは、ハリケーン〜タイフーン〜テンペストとホーカー社の戦闘機を作り続けたシドニー・カムと、そしてもちろんスーパーマリン社の主任設計者、スピットファイアを作ったレジナルド・J・ミッチェルだ。

レジナルド・ジョセフ・ミッチェルって人は1895年5月20日に、イングランド中部のストーク・オン・トレント近くのバット・レインで第1子として生まれてる。堀越二郎が1903年6月生まれだから、堀越二郎より8歳年上ってことになるな。

ミッチェルの父親は校長先生を歴任して、印刷会社を起こした人だから、比較的豊かな家庭だったんだろうな。でも名門パブリック・スクールに息子を入れるような階級じゃなくて、レジナルドは地元の学校で学んだ。日本でいうならば中学生ぐらいのときに飛行機に夢中になって、自分で設計した模型飛行機を飛ばしたりして、同級生からも「飛行機狂い」と思われてたそうだ。

で、レジナルドは16歳のとき、1911年だとすると第一次大戦の前だ。地元の機関車製造会社カー・スチュアート&Co.に見習工として入社、工員から設計室のほうに昇進して、夜学に通って機械工学や製図、数学を勉強したんだそうだ。エリートとして高度な教育を受けたんじゃなくて、むしろ現場からの叩きあげ、といった方が近いな。

機関車会社での見習期間が終わると、レジナルドは念願だった飛行機設計に職を求めて、1917年、22歳のときに、イングランド南部サザンプトンにあった新興の飛行機会社（まあ、この時期はたいていの飛行機会社が新興だったな）、スーパーマリン社の社主にして設計者のヒューバート・スコット・ペインの助手として採用される。堀越二郎が中学に入った年だな。第一次大戦が始まった1914年には、レジナルド・ミッチェルは19歳ぐらいだったわけで、よくまあ徴兵されてフランスやベルギーの塹壕戦に送り込まれたりしなかったもんだ、と思うけど、彼みたいな技術者は徴兵されずに済んだのかな。

ともあれ、ミッチェルはスーパーマリン社に入社1年後の1918年には工場長補佐に昇進する。この年に第一次大戦は終わって、イギリスじゃ軍用機の生産も大幅に削減されるんだけど、ミッチェルは翌1919年に設計主任に、さらに技術主任へと昇進する。

当時のスーパーマリン社は、その名のとおり飛行艇を作る会社だった。そもそも第一次大戦中に、航空省の設計を基に飛行艇を作ったり、改良したりしてたのが、大戦後にはそれを民間向けに発展させた水陸両用機を作るようになった。軍用機のほうじゃ、第一次大戦中に試作したスーパーマリン・ベイビー単座戦闘飛行艇を基に、1920年にシーキング戦闘飛行艇を試作したりしてた。

ちょうどそのころ、1919年に大戦で中断していた水上機による速度競争シュナイダー・トロフィーが復活して、1922年のナポリでのレースで、イギリスのスーパーマリン社のシーライオンⅡ飛行艇が優勝した。シーライオンⅡは、ベイビーやシーキングの流れを汲む単座飛行艇で、これを設計したのがレジナルド・J.ミッ

ミッチェルの飛行艇01

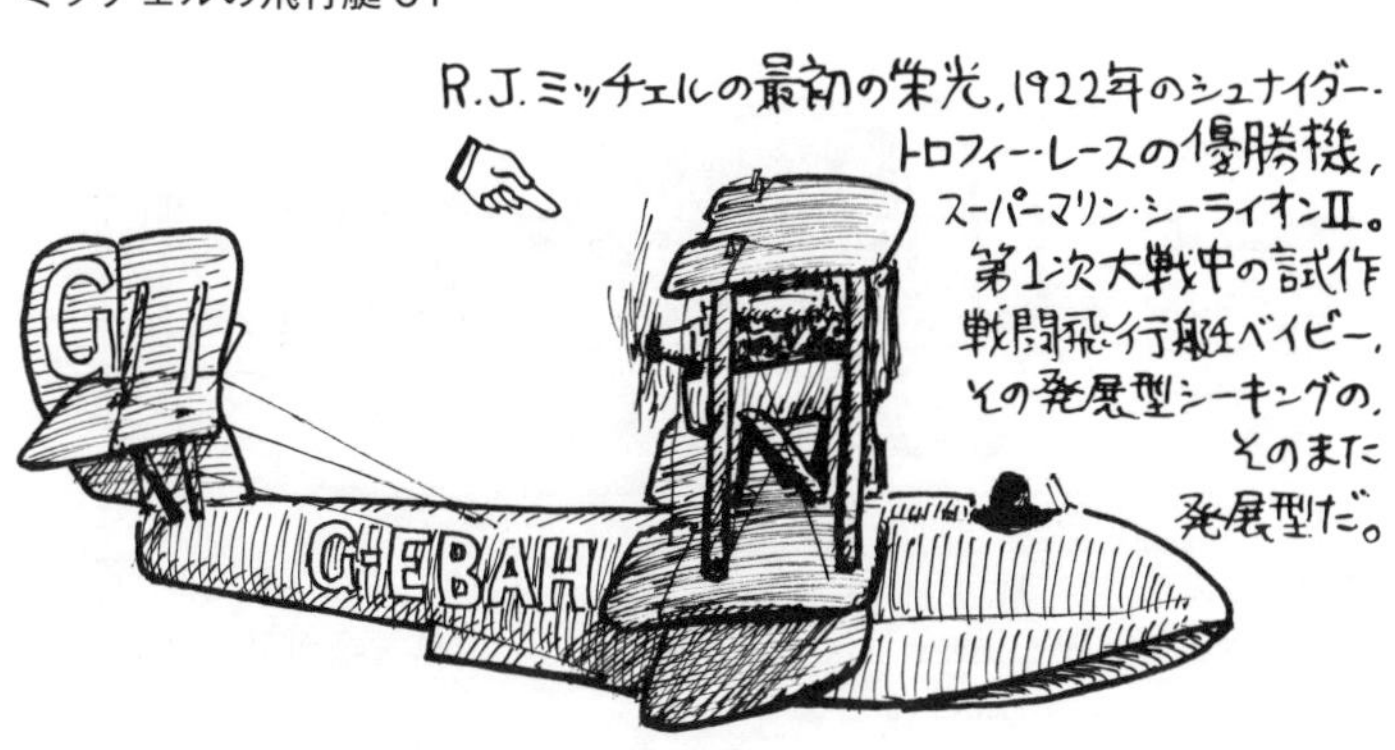

チェルだった。しかし栄光もつかの間、翌年イギリスのカウズで開催されたレースじゃ、改良型シーライオンⅢはアメリカの複葉水上機カーティスＣＲ－３に惨敗、第一次大戦当時の配置の飛行艇じゃ、もはや勝ち目はなくなってたんだな。

１９２４年はレースは開催されず、ミッチェルは単葉片持ち翼中翼の水上機Ｓ４を作って１９２５年のレースに臨むが、主翼の強度不足で墜落する。ミッチェルは１９２７年のレースに新型Ｓ５を送りこむ。Ｓ５は低翼で、主翼に張線があったけど、胴体はエンジンと操縦士の幅ぎりぎりにまで細くして、抵抗を減らした機体だった。Ｓ５は見事に優勝する。堀越二郎が三菱内燃機に入社するのがこの年のことだ。

次の１９２９年と、翌１９３０年のレースには、ミッチェルはいよいよ旧式化してきたネイピア・ライオンＷ型12気筒エンジンに換えて、ロールスロイス社のＶ型12気筒〝Ｒ〟エンジンを装備したＳ６で連勝する。堀越二郎は欧米に視察旅行してるから、このころのヨーロッパの航空界の空気に触れてたはずだな。

ミッチェルの飛行艇02

そして次の１９３１年のレースでは、フランスとイタリアの出場が間に合わず（っていうか主催国イギリスは延期を求められたけど断った）、Ｓ６の改良型Ｓ６Ｂの１機のみが飛んで、当然イギリスの優勝、規約によってイギリスがシュナイダー・トロフィーを永久保持することになる。この勝利にイギリス国民は大いに喜び、ミッチェルはＣＢＥ勲章を授与され、高速機の設計者として知られるようになったのだった。

スーパーマリン社は１９２８年に巨大なヴィッカース社に買収されるんだけど、そのときの条件が、レジナルド・ミッチェルが技術主任の座にあることだった、というくらいミッチェルの能力は高く評価されてた。

スーパーマリン社の本業の飛行艇のほうでも、ミッチェルは軍用・民間飛行艇サザンプトンや軍用のスカパ、ストランレア、艦上飛行艇ウォーラスを設計する。サザンプトンは日本にも輸入されたから、ひょっとすると堀越二郎もサザンプトンを見てるかもしれないな。

その一方、イギリス航空省は１９３０年に、７・７㎜機関銃４挺

ミッチェルの飛行艇03

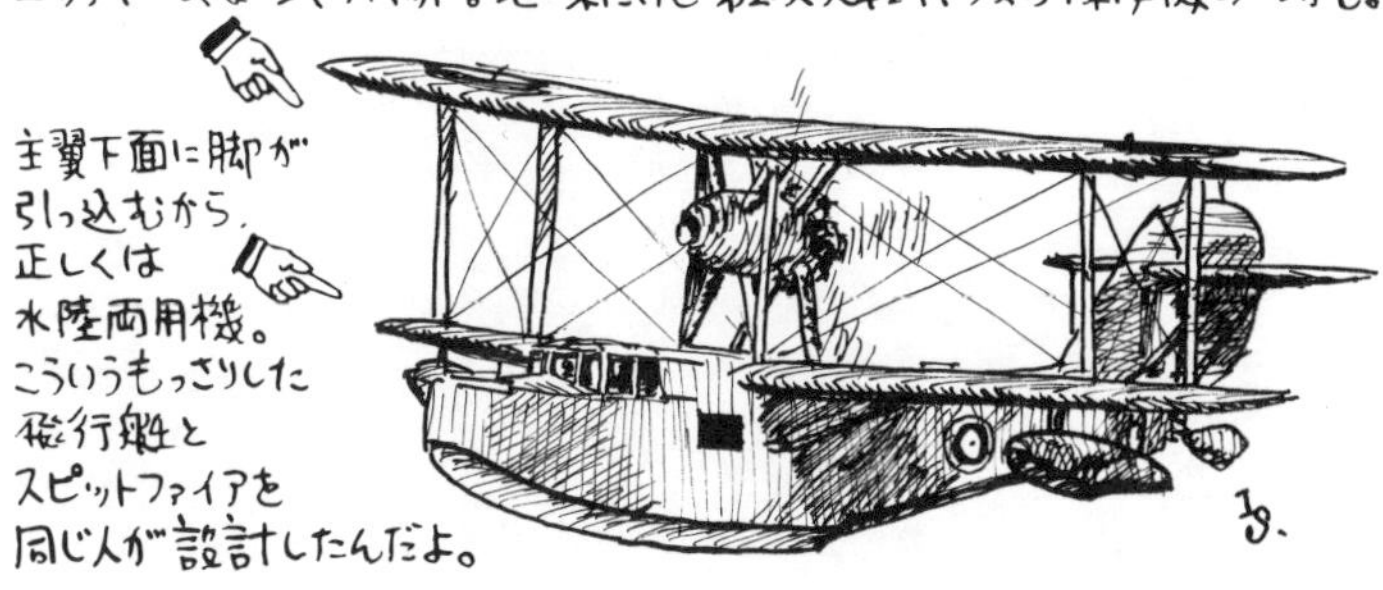

艦載機として、また救難機として重宝された、スーパーマリン・ウォーラス。
ニックネームは"シャグバット"。地味だけど第2次大戦イギリスの傑作機の一つかも。
主翼下面に脚が引っ込むから、正しくは水陸両用機。こういうもっさりした飛行艇とスピットファイアを同じ人が設計したんだよ。

装備の新戦闘機の要求仕様、F7／30を発する。日本海軍式にいうなら「五試単戦」だな。これに応えて、ミッチェルが1932年に提示したのがスーパーマリン・タイプ224だ。1932年っていえば、堀越二郎が七試艦戦の設計主務になった年だ。

タイプ224は水冷（蒸気冷却）12気筒のロールスロイス・ゴスホーク・エンジンを装備、逆ガル翼にスパッツ付きの固定脚、蒸発してエンジンを冷却した蒸気を、また冷やして水に戻すコンデンサーは主翼前縁に配置した。逆ガル翼で横安定が不安だったり、方向安定が足りなかったり、ミッチェルはタイプ224の設計にいろいろ苦労した末に、1934年に初飛行にこぎつけるが、抵抗が大きくて予定の速度が出ないとか、離着陸性能が悪いとか、とにかく不満足な結果に終わっちゃった。日本の七試艦戦の1年後に飛んで、同じく失敗したわけだ。

しかしタイプ224の設計中に、すでにミッチェルの頭の中には次の戦闘機が姿を現しつつあった。逆ガルじゃなくて屈曲のない主翼に引き込み脚、薄い主翼にして高速を狙い、エンジンはロールスロイス社が〝R〟を基に開発中の〝PV12〟を用いる。このミッチェルの構想に、航空省は1934年にF37／34仕様を作製して、試作を発注する。日本海軍式だと「九試単戦」ってことになる。

このF37／34には「スピットファイア」の名が与えられる。ミッチェルはあまりこの名前が気に入ってなかったようで、「またつまらない名前をつけたものだ」とこぼしていたという話がある。

しかしじつはミッチェルは1933年に癌を患い、スピットファイアの設計は病をおして進められた。スピットファイアの試作1号機（シリアルナンバーK５０５４）は１９３６年3月に初飛行する。離陸時に機首がわずかに振られる以外、飛行特性は極めて良好、パイロットのマット・サマーズは着陸後、「どこもいじるな！」と技術者たちにいったそうだ。

スピットファイアの量産発注はこの年の6月に下った。これを制式採用とするなら、スピットファイアは「九六式戦闘機」だな。堀越二郎の九試単戦が発展して制式採用になったのと同じ年、零戦の４年前だ。

ミッチェルは１９３７年6月11日、42歳の若さで世を去る。スピットファイアの量産機を自分の目で見ることはできなかったのだ。堀越二郎は１９４５年に42歳、飛行機設計者としてのひとつの終りを迎えてる。

ミッチェルが最後に設計した４発爆撃機タイプ３１７は、１９４０年にモックアップができたところで、スーパーマリン社工場がドイツ軍の爆撃を受けて焼失、開発も中止になってしまった。ミッチェルが設計した陸上戦闘機はタイプ２２４とスピットファイアの２機種のみ、飛行艇と戦闘機の二つの異なる機種を設計して、それぞれ成功を収めてるのは、飛行機設計家としては珍しい部類だろうな。

COLUMN 花園ひとくちメモ

スピットファイア愛 02

スピットファイアを設計した レジナルド・ジョセフ・ミッチェル。スーパーマリン社で飛行艇を数々設計した。
第1次大戦前から、各国が水上機・飛行艇で速度を競った「シュナイダー・トロフィー」で、ミッチェル設計のスーパーマリンS5(1927年)、S6(1929年)、S6B(1931年)が3連勝して、シュナイダー・トロフィーの永久保持権をイギリスのものとしたことで、ミッチェルの高速機設計家としての名声が轟いたのだった。

1931年のスーパーマリンS6B。ミッチェルの傑作の一つにしてスピットファイアの祖先。

ロールスロイス"R"エンジンはマーリンの祖先。

これが非公式に「スピットファイア」と呼ばれたこともあった。

それまでの戦闘機からの脱却を目指して試作されたスーパーマリン・タイプ224。1934年に初飛行したけど、不満足な性能だった。

タイプ224で「これじゃない!」と思ったミッチェルが、構想を練り直した戦闘機案がこういうものだった。
これからさらに発展して、スピットファイアへとつながる。
まだ楕円翼じゃなかった。

なんともバカな名前だな
bloody silly name

と、言ったそうだ。

1936年3月5日に初飛行した、スーパーマリン・タイプ300、スピットファイアの試作1号機(K5054)。テストパイロットのマット・サマーズは初飛行を終えて着陸した時、「どこもいじるな!」と言ったくらいの完成度だった。

K5054

…しかしレジナルド・J.ミッチェルは、スピットファイアの量産機がイギリス空軍に部隊配備されるのを見る事なく、1937年6月11日に、病いのために42歳で世を去ったのでした……。

R.J.ミッチェルは「スピットファイア」っていう名前があんまり気に入ってなかった、ともいう。

スピットファイア (Spitfire)っていう名前は、ミッチェルはあんまり気に入らなかったみたいだけど、一般的な意味は「短気で喧嘩っ早い人物(とくに女性)」なんだそうだ。ハリケーンやマスタングよりもスピットファイアはヘルキャット(=鬼婆)のほうが意味的には近い、ってことになるんだろうか。古い意味では「噛みつく猫」とか「大砲」を現わすこともあったらしい。スピット=唾(を吐く)、ファイア=火だから、まあなんとなく感じはわかるな。他の名前の候補としては、シュルー (Shrew) =がみがみ女、シュライク (Shrike) =鳥のモズもあったそうだ。

JM 006

唖然、呆然、操縦性

スーパーマリン タイプ356 スピットファイアF.21

SPITFIRE F.21, Supermarine Type 356

全幅：11.22m（36ft 11in）
全長：10.0m（32ft 8in）
自重：3,175kg（6,985lb）
全備重量：4,229kg（9,305lb）
エンジン：ロールスロイス グリフォン61/62/64/65/85
液冷V型12気筒2段2速過給器付き（1,540HP）
またはグリフォン87/88（1,765HP）
最大速度：736km/h（457mph）
実用上昇限度：12,904m（42,400ft）
航続距離：933km（580miles）
武装：イスパノ 20mm機関砲×4、114kg（500lb）または227kg（1,000lb）爆弾×1。
後期機体では両翼下に114kg（500lb）各1
乗員：1名

この強そう感、この凶悪感、Mk.Iの
純粋な優美とはまた別種のカッコ
よさが、スピット最終形態にはあると
思うんだがなあ。

脚が約10cm長くなったんで、
プロペラ直径はMk.XIVより18cm
ほど増えて、約3.3mになった。
強力さみなぎる姿でありますなあ。

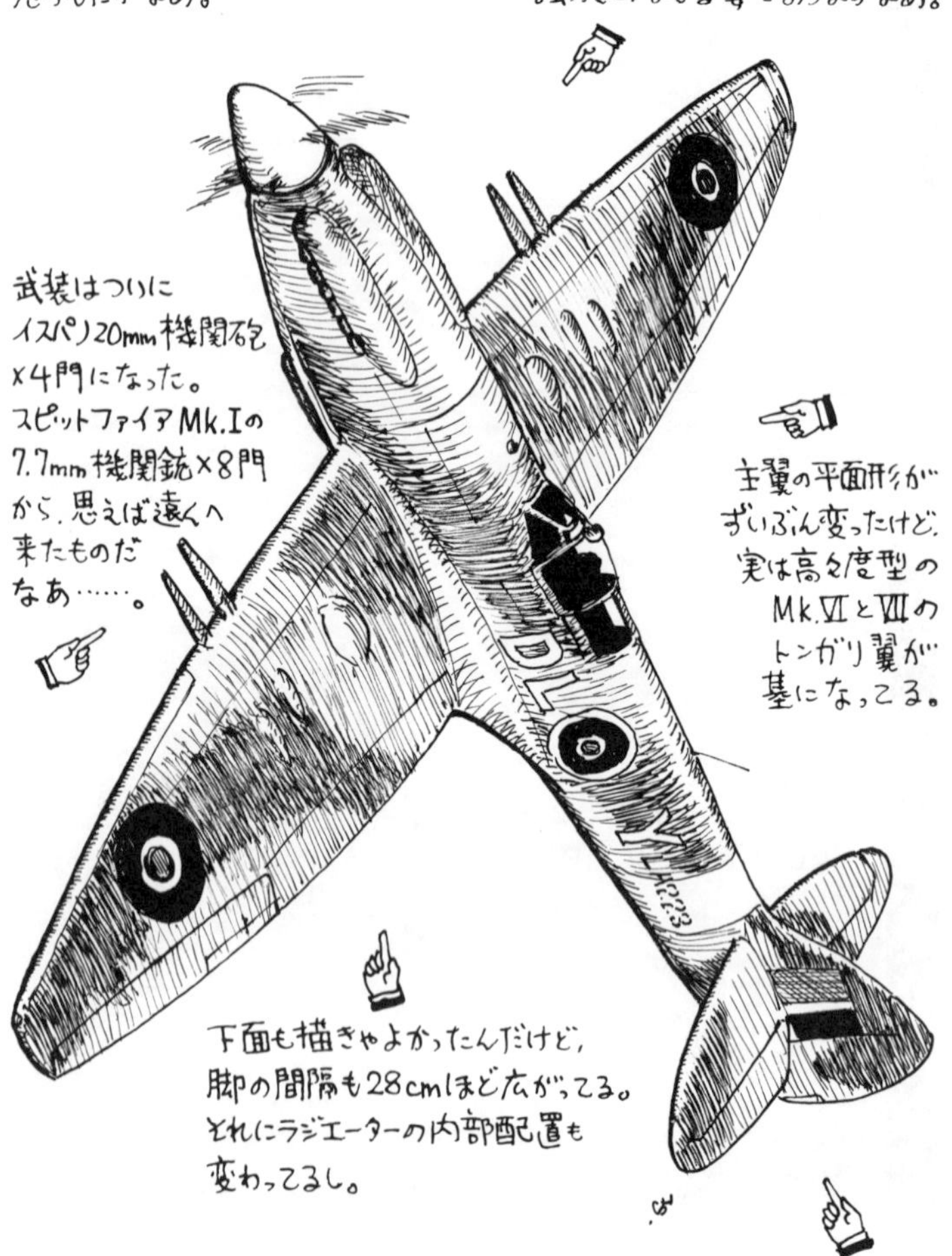

大戦中にスピットファイアMk.21を実戦で使った2つのスコードロンのうちの一つ、
No.91のDLOY/LA223。No.91スコードロンは1945年1月からMk.21を受領
したけど、あんまり空戦の機会がなくて、むしろ北海でドイツ豆潜航艇の掃討
なんかに働いた。もったいない……。

第二次大戦中、プロペラ機の性能は急激に向上していった。エンジンだって、戦争が始まったときには1000HPクラスが実用上の最強だったのに、2000HPクラスのエンジンの開発が急がれて、1943～'44年には2000HPクラスが当たり前になった。戦闘機の速力も1939年の第二次大戦開戦当時だと500～550km/hも出ればオンの字だったのが、1941～'42年には600km/h超になり、1944年には700km/h以上の機体も実戦に現れるようになった。

でもそんな高性能の戦闘機も、まったくの新型として出現した機体はじつはごく少ない。第二次大戦中に実戦化された単発戦闘機で、戦争中に初飛行したのは、アメリカじゃP-51、イギリスじゃホーカー・テンペストぐらいか。しかもテンペストって、タイフーンの洗練版だし。ドイツにはメッサーシュミットMe262っていう反則があったな。あ、Fw190の初飛行だって、開戦直前の1939年6月のことだもんな。

ていうことは、つまり第二次大戦を戦った軍隊は、ほとんどが開戦時に配備してたか、あるいはすでに開発中だった単発戦闘機で戦ったわけだ。とくにドイツはBf109を、イギリスはスピットファイアとハリケーンを戦争が終わるまで使い続けてる。どちらも大戦中に改良に改良を重ねて、最後のほうの型だと、その後に現れたプロペラ戦闘機最終世代と比肩できるような性能を示してる。

「大戦末期まで第一線機としての性能を保ち続けたのは、基本設計の優秀さを示すもの」っていう風によくいわれる。まあ、スピットファイアは最初に薄翼を選んで高速性能を狙ったのが正解で、最初のMk.Iじゃ580km/hだった最大速度も、大戦後期のMk.XIVじゃ709km/hになって、P-51D型に近い速度が出るようになった。まあ、スピットXⅣのエンジンは2000HP級、P－51Dは1700HP級のエンジンでこれだけの速度を出してるんだから、層流翼とかP－51の設計の新しさはやっぱり顕著だな。同じような速度性能を得ようとすると、大雑把にいってスピットファイアはP－51よりも18％ぐらい大きなエンジン出力が必要だったわけだもんな。

それもそうなんだけど、そもそもは1000HP級のマーリン・エンジンを前提に設計したスピットファイアの基本機体に、2000HPのグリフォンを詰め込むんだから、重心位置が変わるのはもちろん、機首が長くなって、当然いろいろ機体のバランスも変わってきちゃう。それをちゃんと実用的な戦闘機として文句のない水準に保たなくちゃいけなかったわけだ。つまりスピットファイアの発達と改良は、エンジンの強化や性能の向上と、それに見合った構造の強化、加えて安定性や操縦性のつじつま合わせの繰り返しでもあった。

グリフォンつきスピットファイアは、まず低空迎撃専用のMk.XⅡが限定生産されて、強力なエンジンに合わせて機体側に大幅な改良を加えたMk.XⅧが作られるはずだったんだけど、その前にMk.Ⅷの機体にグリフォン・エンジンを詰め込んだ応急型のMk.XⅣを作ったら、これが成功しちゃって、Mk.XⅧは後回しになった。まあ、スピットファイアじゃよくある話だな。

で、グリフォン・エンジンつきのさらなる改良型として考えられたのがMk.21で、その小改良型のMk.22と24がスピットファイアの、少なくとも空軍の陸上戦闘機型の最終世代になった。しかしMk.21の開発が、これがまた結構な苦労だったようだ。

じつはスピットファイアには昔から補助翼の効きがあんまりよくない、ロールが遅いっていう弱点があった。そりゃ旋回半径なんかは小さくて、一般的な運動性じゃヨーロッパでも最高クラスだったんだけど、ロール率がよくないのが玉にキズ。しかもロールの速さじゃ定評のあるフォッケウルフFw190を相手に戦うと、これは結構きついものがあった。だからスピットファイアも低空用の機体じゃ翼端を切り縮めたりして、ロール速度を少しでも上げようとしたわけだ。まあ、メーカーのスーパーマリンもそれはよく承知していて、スピットファイアの補助翼にいろいろ改良を施してきたけど、ロールの遅さはスピットファイアにつきまとい続けた。

それというのも、じつはスピットファイアにはエルロンリバーサルの気味があったのだ。なにしろスピットファイアは翼が薄くて、しかも翼の構造が柔らかくて、ねじれ剛性が足りなかったのだ。スピットファイアの主翼って主桁が1本で、それに厚い外板で頑丈にした前縁部分がついて、そのボックス構造で支えるようになっていた。第二次大戦末期に猛威をふるったMk.XIVだって、主翼の構造はMk.Vのを基本的に踏襲してたんだから、そろそろ性能と構造が見合わなくなってきてたのだな。

そこでMk.21じゃ、主翼の主桁の後方にさらにトルクボックスを加えて、主翼の剛性は47%も強化された。これでエルロンリバーサルが発生する理論的な速度は、それまでの933km/hから1367km/hに向上した。それって超音速じゃん、スピットって音速を超えるつもりだったんだ……って、もちろんそんなわけはなくて、つまりはスピットファイアの全速度域でエルロンリバーサルの心配をしなくてもいいぞ、っていうことなんだろう。

それで思い出したけど、映画『超音ジェット機』のオープニングで、終戦直後のドーヴァー海峡の上をスピットファイアが飛んでるんだけど、そのスピットが急降下して速度が増すと機首が上がらなくなって、万策つきて操縦桿を引くかわりに押しこんだら、引き起こしに成功する、っていうシーンがあるんだけど、これってエルロンリバーサルにヒントを得たんだろうか?

まあ、それはともかく、スピットファイアMk.21は高高度迎撃を想定していたようで、主翼の平面形は高高度型のMk.Ⅵ~Ⅶの翼端の尖ったものを基にした。試作機なんかそのトンガリ翼端型のまんまだったもんな。でも翼幅の長いトンガリ翼を基に翼端をひろげたんで、スピットファイアMk.21の主翼平面形はとうとうスピットファイア伝統の楕円翼じゃなくなっちゃった。

そのほか、翼幅が大きくなって翼の構造も変わったんで、主脚の取り付け位置も外側になって、脚の間隔が広がった。車輪の部分のカバーもついたぞ。脚柱自体も伸びて、大直径のプロペラを装備できるようになった。それからラジエーターの内部配置も改められた。

それ以上に、戦闘機として大きな改良は翼内にイスパノ20㎜機関砲が4門装備されたことだ。ホーカー・タイフーンだって20㎜×4門の強力な武装を持つ迎撃機を目指して開発されたんだったが、とうとうスピットファイアがその重武装戦闘機になっちゃったわけだ。

ところがいいことばかりじゃない。スピットファイアMk.21の暫定試作機に改造されたDP851が1942年12月にテスト飛行をはじめると、まあ、操縦性の悪いこと。方向操縦も縦方向の操縦も、テストパイロットのジェフリー・クィルに言わせると「唖然とする」ほどだったそうだ。機首が長くなって重いエンジンがついたし、プロペラは大きくなったしで機体が不安定になって、それまでの垂直尾翼じゃどうしようもなくなったのだ。もちろんスピットファイアMk.21は、頑丈な主翼と補助翼の改良のおかげで、横方向の操縦性はだいぶよくなった。でも方向安定が足りなくて、しかもそれが縦方向の安定性にも影響しちゃってたんで、横

トンガリ主翼でグリフォンつき。
Mk.21 の原型機

こちらは量産原型のシリアルPP139。主翼はまだMk.Ⅵ～Ⅶのトンガリ翼端タイプのまんま。つまりMk.21じゃ高々度性能を重視してたみたいだ。

スピットファイアMk.21の試作機。風防の前面は曲面ガラスが試された。まあ、少しでも抵抗を減らしたかったんだろうけど、結局量産機じゃ平面になった。

最初のMk.21試作機、シリアルDP851はモトをただせば初期のグリフォン搭載型案Mk.Ⅳだった。そっちの垂直尾翼はMk.Ⅷみたいなトンガリ方向舵タイプだった。

方向の操縦性の改善も全般的な操縦性の改善にはならなかったんだと。

　それでもまあ、垂直尾翼をＭｋ．ⅩⅣやⅩⅧと同じものにしたり、方向舵のバランスを変えてみたり、量産型までにいろいろ改良を加えて、やっと１９４５年初頭にはなんとか楽に操縦できるような機体になった。そうなるとさすがにスピットファイアＭｋ．21は高度７９２４ｍで最大速度７３０㎞／ｈという、スピットファイア最終発展型にふさわしい性能を発揮した。

　でも部隊配備は１９４５年１月からになったし、やっぱり方向安定は不満足だったたし、全周視界も悪かったんで、さらなる改良が求められた。それで結局、大型の垂直尾翼と水滴キャノピーのＭｋ．22が作られることになるわけだ。

　いやはや、こんなに苦労してまでスピットファイアを改良しなくちゃならない、っていうのも、戦争中だと新型戦闘機を一から開発して、量産化するよりも、やっぱりすぐに量産に進めるように、できるだけ既存の戦闘機に手を加えて、性能を向上させていくのが上策、ってことなんだろうな。だからどんなに高性能が見込めても、驚異の新型戦闘機は、よっぽど破れかぶれになったときでもないと、おいそれとは量産には踏み切れない。「非運の傑作機」が非運なのは、破れかぶれで開発するせいなんじゃないの？

JM 007

天才ミッチェル、
幻の4発重爆

スーパーマリン タイプ316/317/318

Supermarine Type 316 - 318 Heavy Bomber Project

B12/36 OR40による仕様の概略
全幅は100ft（30.5m）を超えないものとする
重爆撃機ゆえ、エンジンは4発とし、使用は現行で供給可能なものを良しとする
速度は高度15,000ft（4572m）においてエンジン出力2/3の状態で230mph（370km/h）を下回らないこと。
乗員は6名。
武装は機首動力銃座に2挺、機体上部中央と下面（収納式）に各2挺、機尾に4挺装備の動力銃座を装備。
搭載爆弾は最大14,000lb（6,356kg）。250-lb爆弾×29 または 500-lb×29 または 2,000-lb×7
搭載無線装備は、T.1083、R.1082およびDF
などなど

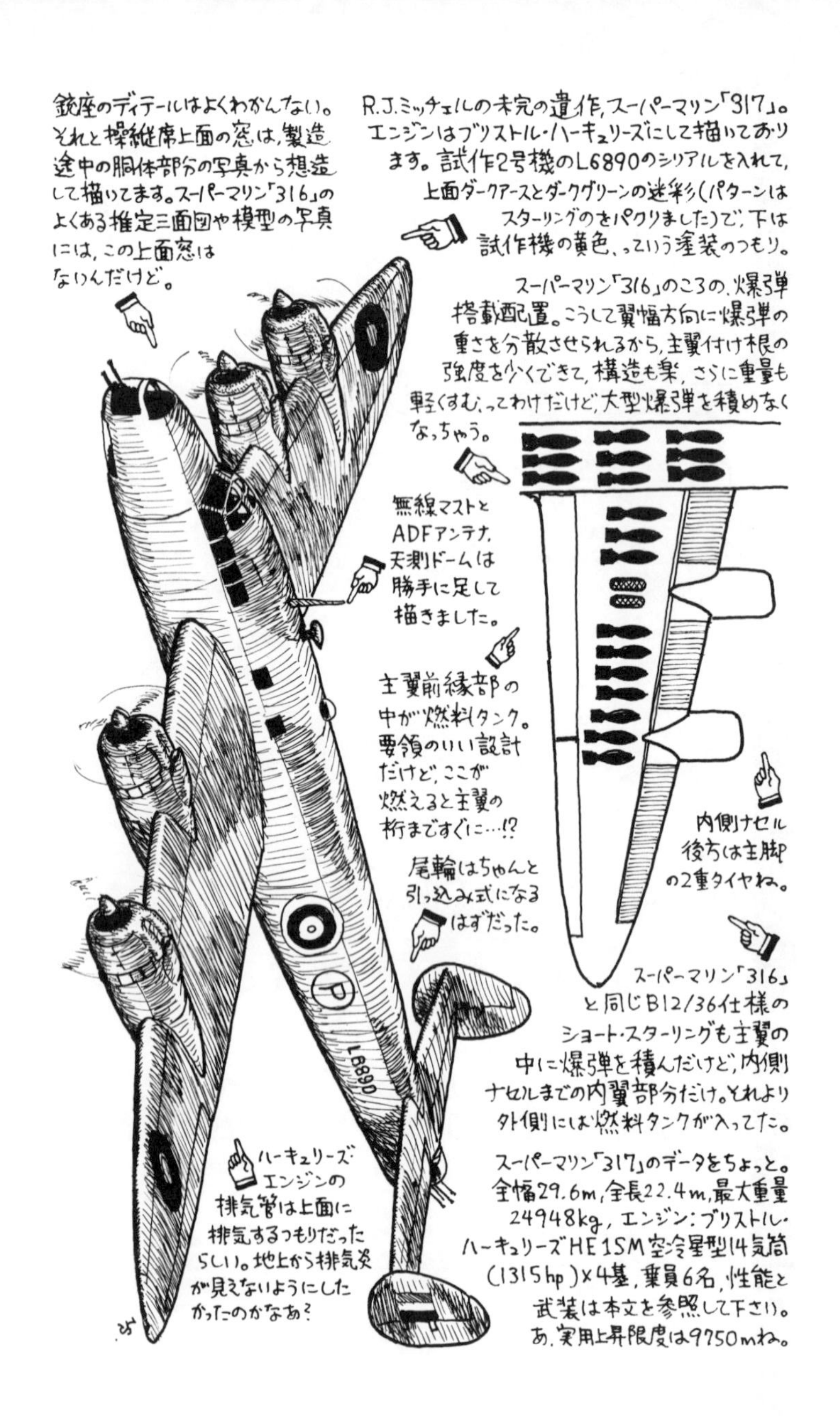

銃座のディテールはよくわかんない。それと操縦席上面の窓は、製造途中の胴体部分の写真から想像して描いてます。スーパーマリン「316」のよくある推定三面図や模型の写真には、この上面窓はないんだけど。
R.J.ミッチェルの未完の遺作、スーパーマリン「317」。エンジンはブリストル・ハーキュリーズにして描いております。試作2号機のL6890のシリアルを入れて、上面ダークアースとダークグリーンの迷彩(パターンはスターリングのをパクリました)で、下は試作機の黄色、っていう塗装のつもり。
スーパーマリン「316」のころの、爆弾搭載配置。こうして翼幅方向に爆弾の重さを分散させられるから、主翼付け根の強度を少なくできて、構造も楽、さらに重量も軽くすむ、ってわけだけど、大型爆弾を積めなくなっちゃう。

無線マストとADFアンテナ、天測ドームは勝手に足して描きました。

主翼前縁部の中が燃料タンク。要領のいい設計だけど、ここが燃えると主翼の桁まですぐに…!?

尾輪はちゃんと引っ込み式になるはずだった。

内側ナセル後方は主脚の2重タイヤね。

スーパーマリン「316」と同じB12/36仕様のショート・スターリングも主翼の中に爆弾を積んだけど、内側ナセルまでの内翼部分だけ。それより外側には燃料タンクが入ってた。

L6890
P
ハーキュリーズエンジンの排気管は上面に排気するつもりだったらしい。地上から排気炎が見えないようにしたかったのかなあ?

スーパーマリン「317」のデータをちょっと。全幅29.6m、全長22.4m、最大重量24948kg、エンジン:ブリストル・ハーキュリーズHE1SM空冷星型14気筒(1315hp)×4基、乗員6名、性能と武装は本文を参照して下さい。あ、実用上昇限度は9750mね。

第二次大戦のイギリスの4発重爆撃機、ショート・スターリングにハンドレーページ・ハリファックス、それにアヴロ・ランカスターのうち、最初に実戦配備されたのはショート・スターリングで、試作機は1939年5月に初飛行して、1940年8月に実戦部隊（№7スコードロンね）に配備が始められた。

このスターリングの基は、1936年7月に出されたB12／36仕様で、爆弾搭載量約3630kgで航続距離4827km か、爆弾を6350kg積んだら3218km、巡航速度は少なくとも370km／h、7・7mm機関銃連装か4連装の銃座を機首と尾部、それに引っ込み式に胴体中央部下面に備えることが求められた。あと当時のイギリス空軍の考え方として、地上からのカタパルト発進が可能とか、兵員24人を乗せられることとかも要求されてた。

この時期に重爆撃機の要求仕様が出されたのは、なにしろナチス・ドイツが軍備再建に乗り出して、1935年にヒットラーがドイツ空軍の攻撃力は今やイギリスにも匹敵するとか豪語したもんで、それに対抗するためにイギリスも空軍力の増強を進めようとしたためだった。このころからヨーロッパじゃ戦争の予感がだんだん強くなってきてたのだな。

4発重爆といえば、アメリカじゃこれより2年前の1934年に陸軍の大型爆撃機要求が出されて、それがボーイングB－17誕生のきっかけになる。イギリスの4発重爆計画はそれよりちょっと遅まきだけど、B－17がアメリカ本土防衛のために洋上で敵艦隊を爆撃しちゃうぞ、っていう比較的呑気なことを考えてたのに比べると、イギリスの爆撃機計画の方はずっと切迫してたわけだ。

このB12／36仕様には、はアームストロング・ホイットワース社とフェアリー社、ブリストル社、ボールトン・ポール社とそれにスーパーマリン社が設計案の提示を求められた。その中で、試作機2機ずつを作るよう発注を受けたのは、ショート社とスーパーマリン社だった。スーパーマリン社の設計案はタイプ316と呼ばれて、設計の主任はもちろんレジナルド・J．ミッチェル、スピットファイアを作ったその人だった。

スーパーマリン316は、エンジンとして液冷V型12気筒のロールスロイス・マーリン、かそれよりちょっと小さいケストレル、空冷星型14気筒のブリストル・ハーキュリーズ、それにもしかしたら空冷H型24気筒のネイピア・ダガーのどれでも装備できるよう考えてた。

ミッチェルはこの「316」で、大型機にもかかわらず主翼の桁を1本にすることにした。スピットファイアと同じだ。それで桁の前方の翼内は燃料タンクにして、後方には爆弾を並べるようにしたのだった。こうすれば爆弾を上下に重ねなくてすむし、胴体内の爆弾倉に納めなくちゃならない爆弾も少なくなって、つまり爆弾倉を小さくできて、胴体を細くすることができる。

1本の主翼の桁は主翼のいちばん厚いところに通ってて、これで曲げに耐えさせるようになってた。捩じりに対しては、前縁の一種のインテグラルタンクでもたせるという設計だった。これで燃料搭載量は総重量の30％ぐらいに達することになった。

とくにB12／36仕様で兵員輸送を求められてるもんだから、胴体内にはどうしても平らな床を設けなくちゃならないし、放っといても胴体にある程度の太さ（というか高さだな）が必要になる。主翼に爆弾を納めて爆弾倉を小さくすれば、いくらかでも抵抗の少ない細い胴体にできるわけだ。

それはそれでいいんだけど、翼内の爆弾倉には大きさに制限があるから、2000ポンド(907kg)爆弾まで、しかもそれだと7発しか搭載できなかった。もっと寸法の小さい250ポンド(113kg)爆弾や500ポンド(226kg)だと、外側ナセルの後ろの方まで、最大で29発搭載できることになってたんだけど。

脚は順当に内側エンジンナセルの後方に引っ込めるんだけど、ダブルタイヤっていうところがイギリス4発機にしちゃちょっと異色かも。あと要求に従って、機体は分解して航空省の標準木箱に納めて鉄道貨車で輸送できるとか、一部の部品は左右で交換可能だとかの工夫も盛り込まれた。

機首と尾部にはスーパーマリン独自開発か、もしくはナッシュ&トンプソン社との協同設計の新型銃座がつく。この銃座は機銃が銃手の膝の間に来る設計で、銃手の視界や居心地が良くなるようにしてあったんだそうだ。しかも機銃が銃座の下の方にあるんで銃座の直径を小さくできて、その分銃座の重量も減って、旋回時の加速も良くなる、っていうはずだった。この尾部銃座の射界を広くするために、「316」じゃ垂直尾翼は1枚とされた。

1937年1月、航空省との設計検討会が開かれて、そこでは着陸性能が心配だったんで、翼面積を9・5%ぐらい増やして126・3㎡に増やすことにした。主翼平面形も前縁に後退角がついてたのを、もっと楕円翼っぽい形にした。それと尾部銃座の視界が多少悪くなるけど、軽いし空力的にも得なんで双垂直尾翼にすることにした。

これで設計案は「317」となって、1937年の3月には2機の試作発注が下って、ちゃんとシリアルナンバーL6889とL6890をもらった。数々の飛行艇やシュナイダー・トロフィーの覇者S6Bを作り、スピットファイアを作ったレジナルド・J．ミッチェルはとうとう4発重爆も作ることになったのだ。しかし実はミッチェルはすでに癌に蝕まれていて、スーパーマリン317の試作発注から3カ月後の1937年6月に世を去ってしまった。この4発爆撃機がミッチェル最後の設計となったのだった。

スーパーマリン317は、イギリス航空省にも大いに気に入られて、「見事な設計である」みたいな評をもらった。

7月には、エンジンはブリストル・ハーキュリーズだけを使うことに絞り込まれて、この修正設計案は「318」となり、8月にはモックアップ審査にまで進んだ。それからさらに性能の詰めが行なわれて、スーパーマリン社の言い分じゃ、この4発重爆のいいところは、燃料搭載量9トンは機体の構造重量にも匹敵する大きさで、しかも燃料タンクの分の重量が節減できる、整備に手がかからない、機体が小さくできてるんで抵抗が少なく、性能も良い、ってことになってた。1938年11月の段階での性能見積もりは、最大速度531km／h（！）、最大巡航速度466km／h、航続距離は通常の総重量約20トンで高度4500mを288km／hで飛んで、3186kmだった。とくに速度性能見積もりは、B12／36に応えた各社の設計案の中でも最速で、さすがは今は亡きミッチェルの設計、っていうようなところだ。

しかしここから先がなかなか進まない。なにしろスーパーマリン社はスピットファイアの開発と生産立ち上

B12/36 仕様、幻のイギリス超重爆（"超"っていうほどでもないか）

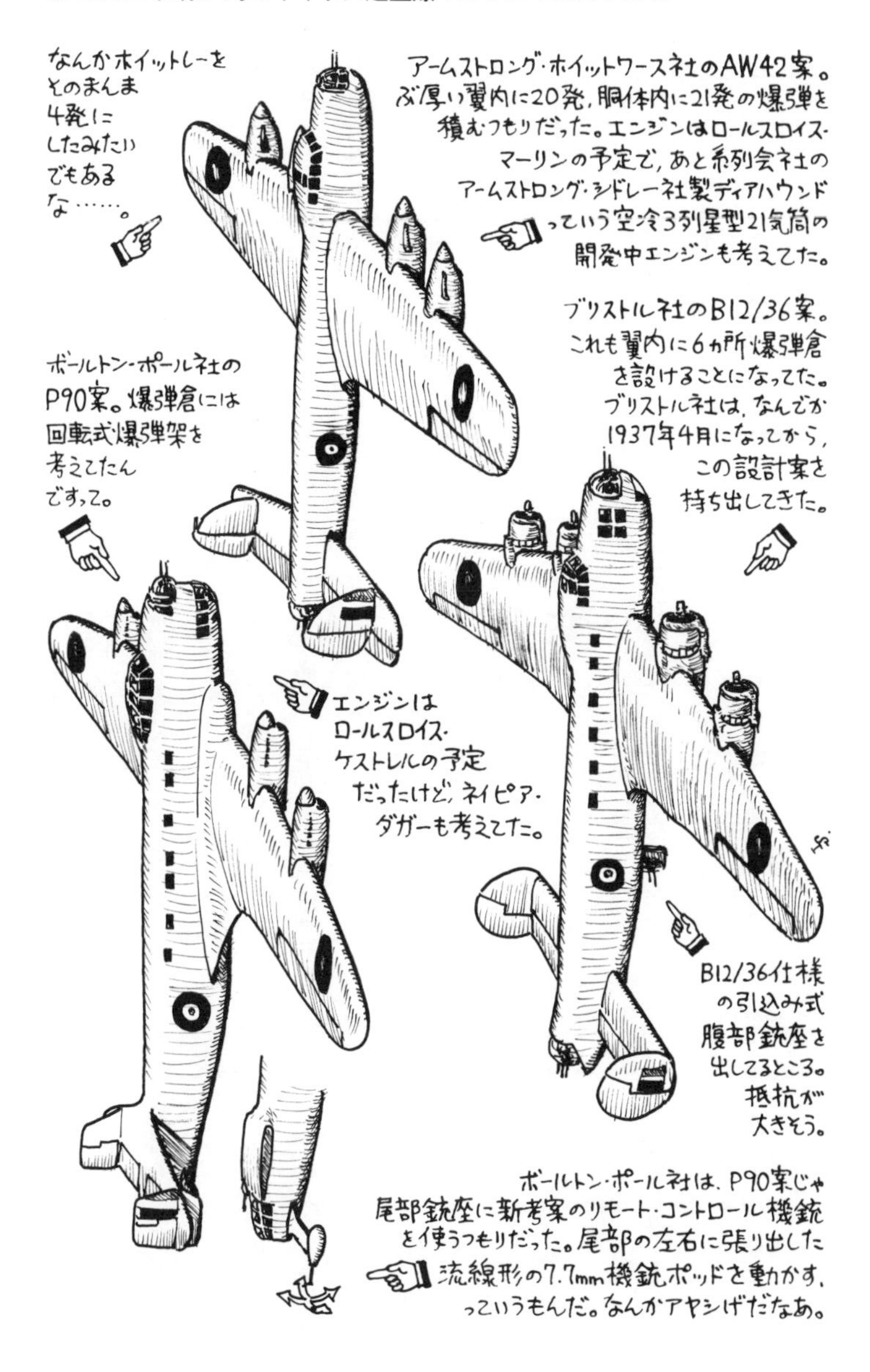

げで大忙しだったし、他にも海軍航空隊（ＦＡＡ）用の艦載飛行艇ウォーラスの生産もあるし、その発展型のシーオッターの開発もあるし、設計部門も製造部門も手が足りなかった。そんなわけで、イッチェン工場での4発重爆「３１８」の試作機製造はじわじわとしか進展しなくて、１９３９年春になっても胴体がまだ製造中っていう状態だった。

同じ仕様でスーパーマリンと一緒に試作発注をもらったショート社のＳ29、つまりスターリングの試作機はもう１９３９年年5月に初飛行してた。ただし試作1号機（Ｌ７６００）は初飛行を終えて着陸したら、ブレーキが固着して滑走路にへたりこんで全損になっちゃったんだけどな。

そうこうしてるうちにとうとう１９３９年9月に第二次世界大戦が始まった。スーパーマリン社はスピットファイアの生産でますます忙しくなって、「３１８」試作機2機の製造にまでいよいよ手が回らない。やっと胴体だけでもほぼ完成に近づいてきたのは、バトル・オブ・ブリテンのさ中の１９４０年夏だった。そして9月26日、イチェン工場はドイツ空軍の爆撃に襲われて甚大な被害を受け、完成間近の「３１８」の胴体も大破してしまった。

イギリス航空省は、こうなってはスーパーマリン社には、とりあえずスピットファイアの開発と生産に集中させた方がいいと考えた。４発重爆Ｂ12／36仕様じゃショート社のスターリングができてきたことだし、Ｂ12／36に続く２０００馬力双発重爆仕様Ｐ13／36のアヴロ６７９案（後のマンチェスター）の生産準備も順調に進んでるんで、「３１８」の開発は中止となったのだった。

かくしてR.J.ミッチェルの遺作はとうとう飛ばずに終わったんだけど、果たして実機ができてたら、実戦装備とかで重量が増えただろうから、予想どおりの性能にはならなかったんじゃないのかな。ただし多少予想を下回ったとしても、かなりの高性能にはなりそうではあるんだが。

それに大型爆弾が積めないから、実戦配備になったとしてもいずれはボマーコマンドの戦術に合わなくなってきて、やっぱりランカスターに主力の座を譲ることになったんじゃないかしら。でもまあ、アメリカのB-17へのミッチェルからの回答っていう意味で、スーパーマリン316/317/318を見てみたかったたな。

COLUMN 花園ひとくちメモ

スピットファイアの愛 03

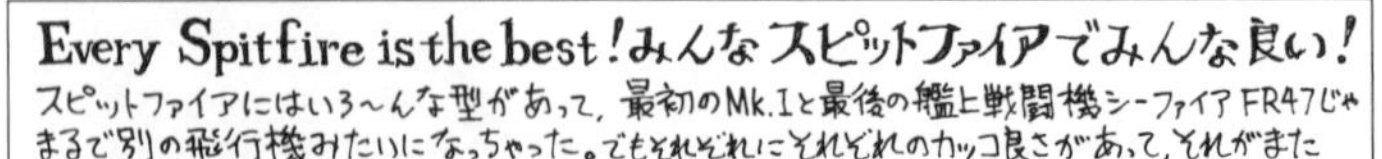

プロペラは最初2枚ブレードで後から3枚になった。

7.7mm機銃×8門。

最初のMk.I。バトル・オブ・ブリテンを戦ったスピットファイアがこれ。オリジナルのシンプルでエレガントな美しさよのう。エンジンを強化したのがMk.II。

1941年から使われたMk.Vは、いうなれば初期の決定版。北アフリカ〜地中海、東南アジアで使われた機体には、こんなヒョットコ口のヴォークス防塵フィルターを装備したものも多かった。

20mm機関砲。

低空用に翼端を切り縮めたタイプもあった。

垂直尾翼も尖ってる。Mk.VIIIもこうだし、Mk.IXにも多い。

尾脚は引込み式。Mk.VIも高々度型でトンガリ翼だった。

翼端を尖った形にして延長、与圧コクピットの高々度戦闘機Mk.VII。エンジンは2段2速のスーパーチャージャーつきマーリン61で、機首が長くなった。Mk.VIII、IXそれに偵察機型Mk.X、XIも同じく機首が長い。プロペラは4枚ブレード。

武装なしの偵察機型、スピットファイアP.R.Mk.XI。Mk.Xは与圧コクピットの偵察機。PRUブルーの塗装が美しいのよ。

オイルタンクを大型化して、アゴが張ってる。

スピットファイアの最終型、シーファイアF.R.47。涙滴型キャノピーは、Mk.XIVの後期から採用されて、Mk.XVIやXVIII、22、24も涙滴型。

垂直尾翼はさらに大きくなった。

朝鮮戦争にも参加した。

2,000hpのロールスロイス・グリフォン・エンジンを装備したMk.XIV。最大速度は700km/hを超える！最初のMk.Iのエンジンは1000hpだったから、エンジン出力は2倍になった。

大きなグリフォン・エンジンがおさまりきらなくて、シリンダーヘッド部分のバルジがついちゃった。このムリヤリなところが強そうな感じで、事実、Mk.XIVは強かったぞ。

垂直尾翼が大きくなった。

プロペラは5枚ブレードだ。

3枚ブレード×2の2重反転プロペラ。

主翼は大きくなって、平面形もMk.Iとは全然違ってる。同じなのは水平尾翼の平面形ぐらいじゃないか？

スピットファイアは主なタイプだけでも最初のMk.ⅠとⅡ、エンジン強化のMk.Ⅴ、高高度型のMk.ⅥとⅦ、さらにエンジン強化型Ⅷとエンジン強化の急速生産型Ⅸ、偵察機型のⅩとⅪ、グリフォンエンジンの低空戦闘機Ⅻ、グリフォンエンジンの急速生産型ＸⅣ、そしてⅨにアメリカ製エンジンをつけたＸⅥ、Mk.ＸⅧ以降はグリフォンエンジンで、偵察機のＸⅨ、21、22、24とあった。艦上戦闘機型がシーファイアで、これもMk.Ⅱ、Ⅲ、グリフォンエンジンのＸⅤ、ＸⅦ、46、47と各型がある。

スピットファイアはこのようにエンジンの強化に合わせて性能が向上していて、それだけスピットファイアの基本設計には伸びしろがあったわけだ。まあ、最初のスピットファイアMk.Ⅰと最終型のシーファイアFR47とじゃ、ほとんど同じ部分がないくらい変わっちゃったけど。

JM 008

海賊くずれの山賊でしたか

ブリストル・バッカニア（仮称）

BUCCANEER (tentative name), Bristol Torpedo Bomber developed from Beaufighter

ブリガンドTF Mk. I の場合
全幅：22.0m（72ft 4in）
全長：14.1m（46ft 5in）
エンジン：ブリストル セントーラスⅦ(2,400HP)×2
武装：イスパノ 20㎜機関砲×4、ブリティッシュ・ブローニング 0.303-in.（7.7㎜）
　　　機関銃×6（翼内）、ヴィッカースK 0.303-in.（7.7㎜）機関銃×1
乗員：3名

バッキンガムB Mk. I の場合
全幅：21.9m（71ft 10in）
全長：14.3m（46ft 10in）
エンジン：ブリストル セントーラスⅦまたはⅨ(2,400HP)×2
武装：ブリティッシュ・ブローニング 0.303-in.（7.7㎜）機関銃×10
　　　（機首×4、胴体中央上面銃塔×2、胴体下面銃塔×4）
乗員：4名

ボーファイター Mk.Ⅵcの場合
全幅：17.6m（57ft 10in）
全長：12.7m（41ft 8in）
エンジン：ブリストル ハーキュリーズⅥまたはXⅥ(2,500HP)×2
武装：イスパノ 20㎜機関砲×4、0.303-in.（7.7㎜）機関銃×7、
　　　アメリカ製57.2㎝（22.5-in）または英国製45.7㎝（18-in）魚雷×1

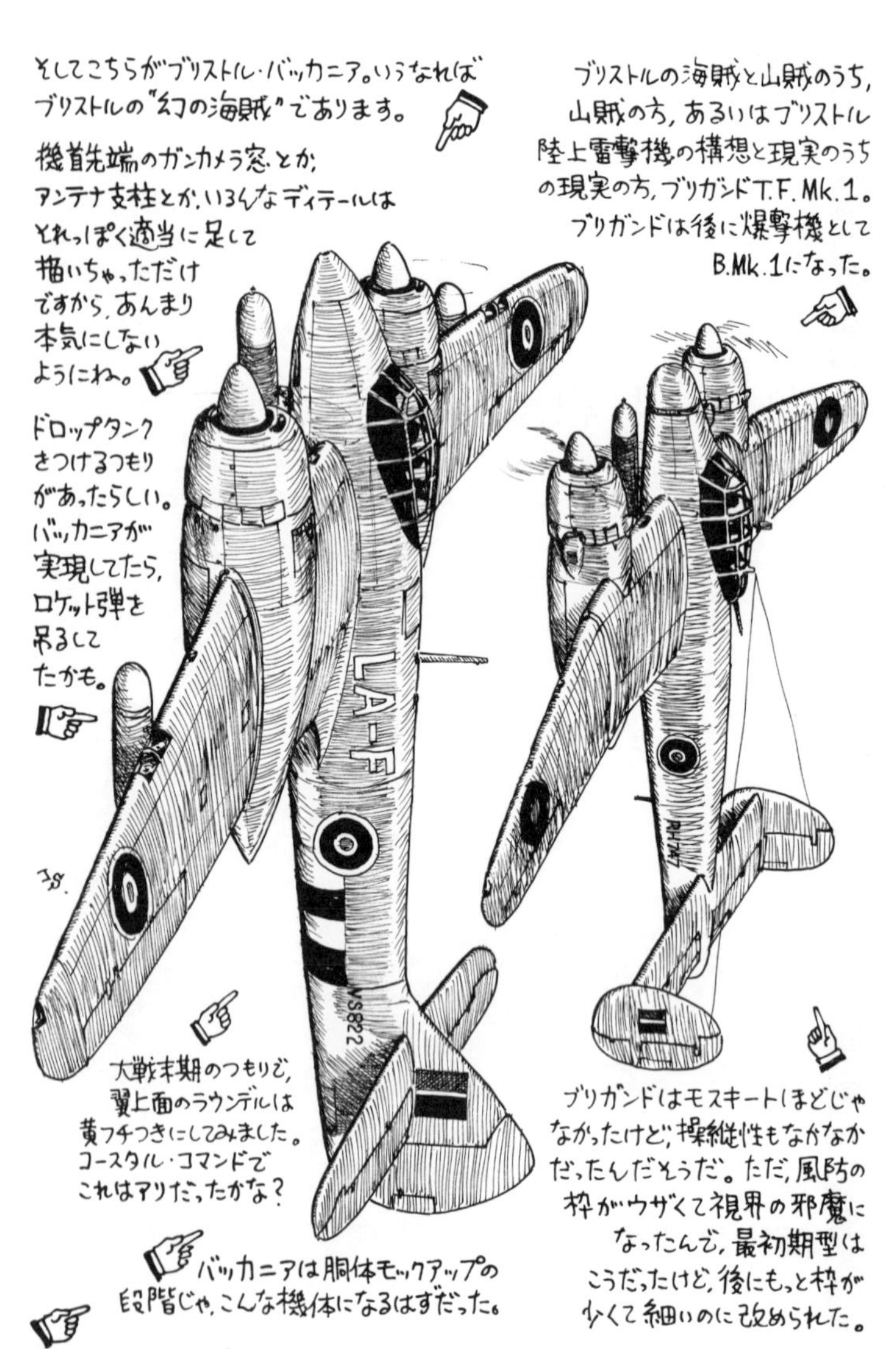

そしてこちらがブリストル・バッカニア。いうなればブリストルの"幻の海賊"であります。
ブリストルの海賊と山賊のうち、山賊の方、あるいはブリストル陸上雷撃機の構想と現実のうちの現実の方、ブリガンドT.F.Mk.1。ブリガンドは後に爆撃機としてB.Mk.1になった。
機首先端のガンカメラ窓とか、アンテナ支柱とか、いろんなディテールはそれっぽく適当に足して描いちゃっただけですから、あんまり本気にしないようにね。
ドロップタンクをつけるつもりがあったらしい。バッカニアが実現してたら、ロケット弾を吊るしてたかも。
LA-F
VS822
RH747
大戦末期のつもりで、翼上面のラウンデルは黄フチつきにしてみました。コースタル・コマンドでこれはアリだったかな？
ブリガンドはモスキートほどじゃなかったけど、操縦性もなかなかだったんだそうだ。ただ、風防の枠がウザくて視界の邪魔になったんで、最初期型はこうだったけど、後にもっと枠が少くて細いのに改められた。

バッカニアは胴体モックアップの段階じゃ、こんな機体になるはずだった。

コースタル・コマンドのボーファイターやモスキートと同じような、上面エクストラ・ダークシーグレー、下面スカイっていう塗装だと思ってください。LAのコードは、現実にはモスキートを使ってたNo.235スコードロンのもの。こういうコードレターの書き方をして、部分的にインヴェイジョン・ストライプを描いたNo.235 Sqn.のモスキートの写真があったぞ。

髑髏に大腿骨のぶっちがいの旗は、いわずとしれた海賊旗。海賊といえば、キッド船長とかモーガン船長とか史上名高い猛者を数々輩出してるイギリスなのに、飛行機の名前っていうと海賊がらみの機名が意外に少ない。イギリス海軍の名提督として知られるサー・フランシス・ドレイクだって、いうなれば王様公認の海賊みたいなもんだったし、スティーヴンスの小説「宝島」とか、「ペンザンスの海賊」っていうギルバート&サリバンの有名なコミック・オペラもあるくらいだから、イギリス人だって海賊話は嫌いじゃないはずなのに。

そんな海賊名前のついた数少ないイギリスの飛行機で一番有名なのは、低空侵入スペシャリストの元祖、エリアルールやら吹き出しフラップやら新機軸大盛りで、最初は艦上攻撃機だったのが最後は空軍の侵攻攻撃機になっちゃったブラックバーン/ホーカーシドレー・バッカニアだろう。バッカニアっていったらカリブ海の海賊、つまりジョニー・デップとかだな。それがまあ湾岸戦争で砂漠の空を飛んだんだから、飛行機の運命もわからないもんだ。

アメリカでバッカニアっていったら、ダメ飛行機に終わったブリュースターSB2Aバッカニアがあるんだけど、これがイギリスに来たらバーミューダになっちゃった。そりゃイギリス空軍の決まりじゃ爆撃機には地名をつけることになってたから、バーミューダも当然っちゃ当然だけど、カリブ海に近いバーミューダ島っていうところが工夫の跡かな。

もう一つ有名なのは、ご存知ヴォート・コルセア。これは地中海の北アフリカ沿岸の海賊だけど、コルセアっていったらヴォート社の伝統的な名前で、複葉のころからいろんな機体につけられてる機名だから、イギリスがつけたわけじゃないし。

　でも第二次大戦当時のイギリス自前の飛行機で、海賊名前のつきそうになった飛行機がなかったわけじゃない。仮称だったけどブリストル・バッカニアって飛行機ができかけたことがあったのだ。

　ブリストル・バッカニアの始まりは、そもそもブリストル・ボーファイター戦闘機を1942年に雷撃機にしてみたら意外に具合が良かった、っていうことだった。じゃあボーファイター雷撃機みたいな間に合わせじゃなくて、最初から雷撃機として新型機を考えよう、とブリストル社はたくらんだのだ。

　そのボーファイターからして、実はボーフォート陸上雷撃機の主翼と尾翼の設計を流用して胴体を新設計、エンジンを強力なブリストル・ハーキュリーズにする、っていうのが出発点で、そのボーファイターをまた雷撃機にしたんだから、ここですでに話はぐるっと一周してたことになる。おまけにボーファイター雷撃型の開発の背景には、一時ボーフォートの胴体にボーファイターの主翼＋エンジンをくっつけようっていう案もあったくらいだから、もうブリストルの雷撃機構想はどこかをぐるぐると廻りまわってたみたいだ。

　ちなみにボーファイター雷撃機なんだけど、もちろんボーフォートより高性能だし、20㎜機関砲×4門の武装も強力で掃射もできて大したもんなんだが、そこは元が戦闘機だけに不便なこともあった。たとえば航法手の席が胴体後部にあったんで、雷撃のときのパイロットとの連携をよっぽどうまくやらないとならないとかだ。そんなわけでコースタル・コマンドとしても、もうちょっと使いやすい雷撃機が欲しかったんだな。

　で、1942年の7月、ブリストル社じゃ新雷撃機として、折から開発中のバッキンガム中型爆撃機の派生型で魚雷2本を搭載、離陸重量1万4742kgの案と、それよりもうちょっと小さくて、ボーファイターを基にした魚雷1本搭載、離陸重量1万1295kgの案の二つを考えて、航空省に提案してみた。検討してみると、どうやら魚雷2本搭載案は機体が重くて、望ましい性能が出せなそうだったんで、結局ボーファイター派生案の方が進められることになった。

新型機はボーファイターに比べて胴体を一新して、パイロットと航法/雷撃手、無線/レーダー手の3人の乗員を前部のコクピットにまとめて、エンジンはハーキュリーズXⅦ、それを長くて後端の尖ったナセルで包んで、カウリングは縦長の楕円断面形、ハーキュリーズ・エンジンにしちゃ珍しく排気管は後ろに出すようになっていた。水平尾翼はボーファイターより50cmぐらい高い位置、つまり垂直尾翼の途中に移された。これで武装は胴体下に魚雷を吊るして、その胴体下面には20mm機関砲4門が入る。海面高度での最大速度は531km/hを狙ってた。

ブリストル社じゃこの案の胴体モックアップを作って、1942年8月21日に航空省の審査を受けて、それから5日後には航空省から要求仕様S7/42を出してもらった。この仕様は9月15日にはH7/42に番号が変わって、雷撃だけじゃなくて長距離戦闘機も任務に含めるようになった。

仕様は1942年11月13日に最終的にまとめられ、航続距離は2700km、最大速度は海面高度で540km/h、片発でも高度1500mまで上昇できること、魚雷を搭載した状態でも海面高度で良好な運動性を有し、とくに速度360km/hで方向舵が軽く、的確に効くことが求められた。低空での急降下速度を低く抑えるためにダイヴ・ブレーキを装備することとされた。武装は20㎜機関砲４門に弾薬８００発、イギリス製の18インチもしくは21インチ魚雷か、アメリカ製の22・４インチ魚雷を装備して、６００ポンド対潜爆弾４発も搭載可能であることとされた。

ブリストル社はこのＨ７／42案に仮称として「バッカニア」と名前をつけた。もちろん制式になったときのことを期待してたんだろうし、敵の艦船に襲いかかる雷撃機としちゃいい名前でしょ？　とかも思ったんだろう。おまけにブリストルもバッカニアも頭文字がＢで重なるし。ブリストル社は１９４３年の11月には試作１号機機を初飛行させられると開発期間も見つもった。

でもせっかくブリストル社が「バッカニア」なんて名前まで考えてたのに、イギリス航空省ときたら、１９４２年12月21日に、「ブリガンド」という名前を決めちゃった。ブリガンドＢｒｉｇａｎｄとは「山賊」とか「略奪者」という意味だから、海賊が山賊になっちゃったわけだ。確かにブリガンドの方が、ブリストルとＢｒまで重なるから語呂合わせとしては出来がいいけど、バッカニアのどこがいけなかったのかなあ。で、ブリガンドの雷撃・戦闘機型だから、ブリガンドＴ．Ｆ．Ｍｋ．Ｉっていうわけだ。

しかし設計を進めていくと、ブリガンドは重量がだんだん増えていって、１２２４７㎏ぐらいになりそうになってきた。じゃあ翼面積も増やさなきゃ、っていうんで翼幅を伸ばしてみたら、そもそものボーファイター派生型雷撃機のはずが、胴体も尾翼もエンジン周りも、それに主翼までボーファイターとは別物になってきちゃった。もちろん重量が増えたから脚だってボーファイターのまんまじゃ使えなくなってきた。

重量が増えて翼面積も大きくなるんじゃ、性能も当初の見積もりより低くなる。それを何とかするため、エンジンをハーキュリーズより強力なセントーラスに変更することにした。

そこまで考えると、もはやボーファイターとの共通部分はほとんどない。ブリストル社としても、それだったら、むしろ開発中のバッキンガム爆撃機の主翼を使えばいいんじゃない？　と考えるようになった。じゃあ尾翼もバッキンガムのを使って、つまりH7／42案バッカニアの胴体と、バッキンガムの主翼と尾翼、エンジンを組み合わせた機体にしちゃおう、ということになって、1943年3月には航空省からも承認をもらった。

こうしてボーファイターから出発したブリガンドは結局、バッキンガムの雷撃機型になって、1943年4月に試作機4機が発注されたのだった。

ブリガンドの試作1号機は、1944年12月4日に初飛

ブリストル雷撃機の進化系統樹

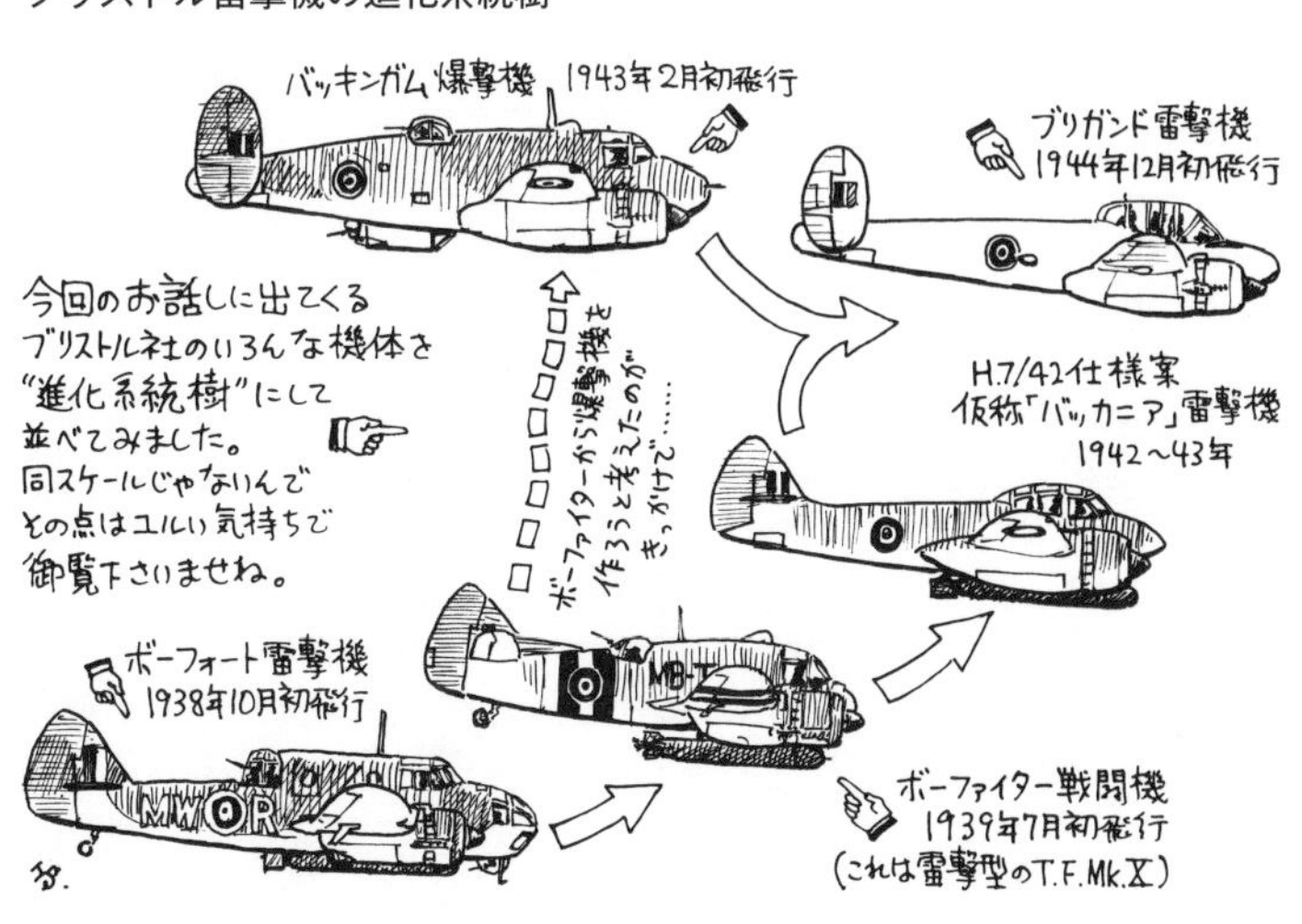

行した。もうこのころには陸上雷撃機の必要性も少なくなってたし、もちろん実戦配備は第二次大戦終結に間に合わなかったけど、ブリガンドは軽爆撃機・攻撃機としてマレーでの共産ゲリラ制圧に働いてる。元のバッキンガムが半周遅れで役に立たなかったのに比べると、海賊くずれの山賊ブリガンドの方がよっぽどイギリス空軍の役に立ったのでした。

JM 009

ぜーんぜん 超音速じゃなかったの

グロスター・ジャベリン

JAVELIN, Gloster GA.5

ジャベリンF Mk.1の場合
全幅：15.8m（52ft）
全長：17.1m（56ft 3in）
自重：14,324kg（31,580lb）
全備重量：16,641kg（36,690lb）
エンジン：アームストロング・シドレー サファイアSa.6 ターボジェット（8000lb）×2
Mk.10201（右舷）、Mk.10301（左舷）
最大速度：1,141㎞/h（709mph）
実用上昇限度：16,764m（55,000ft）
武装：アデン30㎜機関砲×4
乗員：2名

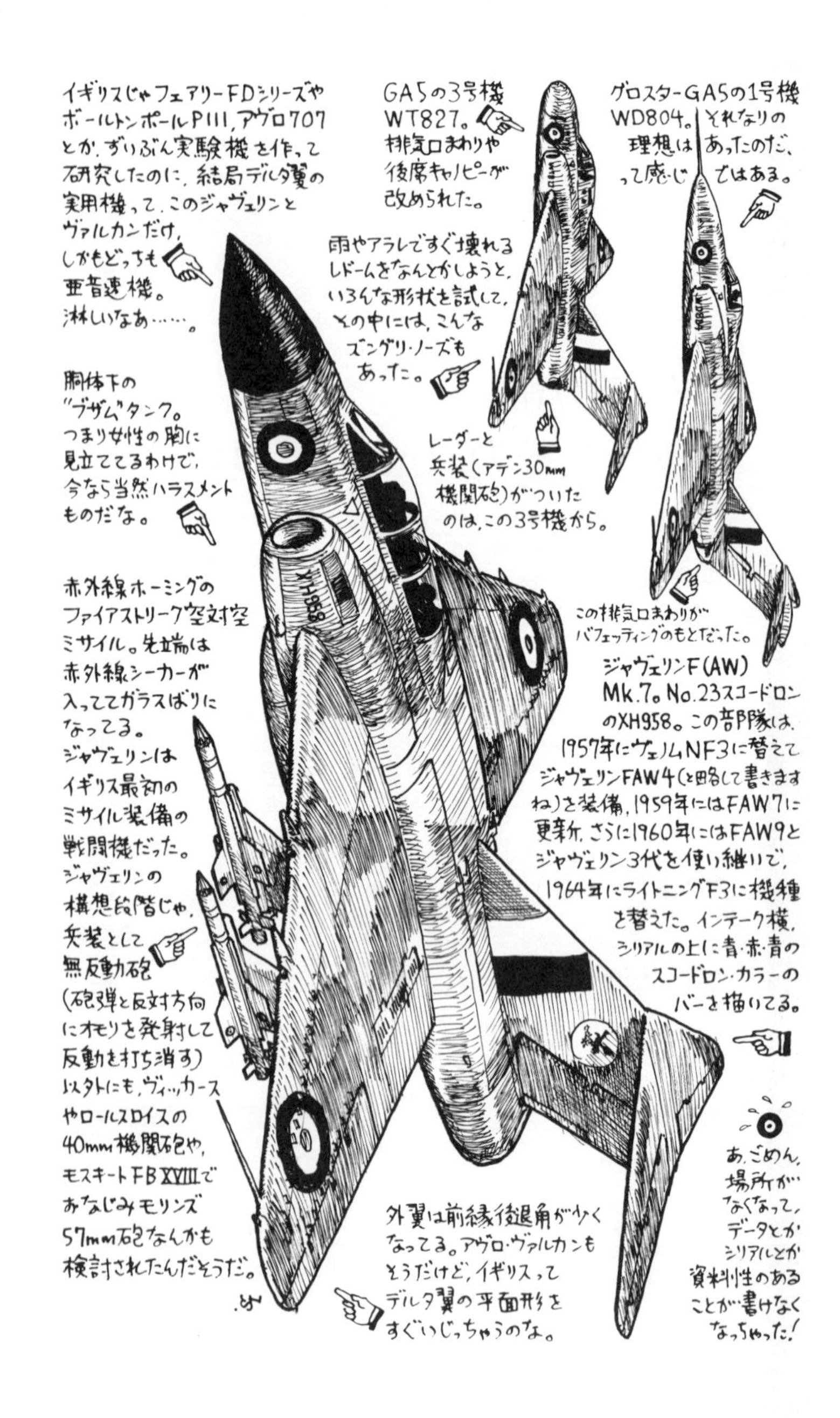
イギリスじゃフェアリーFDシリーズや
ボールトンポールP111,アヴロ707
とか,ずいぶん実験機を作って
研究したのに,結局デルタ翼の
実用機って,このジャヴェリンと
ヴァルカンだけ,
しかもどっちも
亜音速機。
淋しいなあ……。
GA5の3号機
WT827。
排気口まわりや
後席キャノピーが
改められた。
グロスターGA5の1号機
WD804。それなりの
理想はあったのだ,
って感じではある。
雨やアラレですぐ壊れる
レドームをなんとかしようと,
いろんな形状を試して,
その中には,こんな
ズングリ・ノーズも
あった。
胴体下の
"ブザム"タンク。
つまり女性の胸に
見立ててるわけで,
今なら当然ハラスメント
ものだな。
レーダーと
兵装(アデン30mm
機関砲)がついた
のは,この3号機から。
この排気口まわりが
バフェッティングのもとだった。
XH958
赤外線ホーミングの
ファイアストリーク空対空
ミサイル。先端は
赤外線シーカーが
入っててガラスばりに
なってる。
ジャヴェリンは
イギリス最初の
ミサイル装備の
戦闘機だった。
ジャヴェリンの
構想段階じゃ,
兵装として
無反動砲
(砲弾と反対方向
にオモリを発射して
反動を打ち消す)
以外にも,ヴィッカース
やロールスロイスの
40mm機関砲や,
モスキートFB XVIIIで
おなじみモリンズ
57mm砲なんかも
検討されたんだそうだ。
ジャヴェリンF(AW)
Mk.7。No.23スコードロン
のXH958。この部隊は,
1957年にヴェノムNF3に替えて
ジャヴェリンFAW4(と略して書きます
ね)を装備,1959年にはFAW7に
更新,さらに1960年にはFAW9と
ジャヴェリン3代を使い継いで,
1964年にライトニングF3に機種
を替えた。インテーク横,
シリアルの上に青・赤・青の
スコードロン・カラーの
バーを描いてる。
外翼は前縁後退角が少く
なってる。アヴロ・ヴァルカンも
そうだけど,イギリスって
デルタ翼の平面形を
すぐいじっちゃうのな。
あ,ごめん,
場所が
なくなって,
データとか
シリアルとか
資料性のある
ことが書けなく
なっちゃった!

冷戦時代、西側の空軍、とくにアメリカとイギリスは、核爆弾を抱えて飛んでくるソ連の爆撃機を昼夜や天候を問わずに迎え撃つための、レーダーつき全天候戦闘機を作ったものだった。有名なのがアメリカのコンヴェアF－102AデルタダガーとF－106デルタダートだったけど、イギリスにだってデルタ翼の全天候戦闘機があった。グロスター・ジャヴェリンだ。

イギリス空軍は第二次大戦直後の1946年ごろから将来の夜間戦闘機、つまりレーダーつきの戦闘機の構想を考え始めてたけど、なにしろジェットエンジンをはじめ、いろんな技術革新の時期だったんで、構想はいろいろ広がったり迷ったりした。そして模索の末にイギリス航空省が、1946年に単座の戦闘機仕様F43／46と複座のF44／46を提示すると、各メーカーからも多種多様な提案が出されることとなったのだった。

その中でも、グロスター社はミーティアの発展型とかデルタ翼機とかいろんなアイディアを検討して、双発の水平尾翼つきデルタ翼機案に行きついた。イギリス航空省はこの案を有望っぽいぞと考えて、デハヴィランド社の双胴後退翼案と合わせて、両社に対して1948年6月に改訂版の仕様F4／48を提示した。グロスター社はF4／48仕様に合わせて複座の水平尾翼つきデルタ翼機の設計案P272を仕上げて、7月には試作機4機の発注をもらうことに成功した。これが後に予算不足で2機に減らされるんだけど、それじゃ開発が進まないんで、また3機（あと構造試験機1機）が追加されてる。

じつはこのころイギリスでもデルタ翼機の研究や実験が行なわれてて、ボールトン・ポール社のP111実験機とかデルタ翼実験機も作られたんだけど、それらの実験機が飛び始めた時期が遅くて、このF4／48に有益なデータをもたらすことにはならなかったんだそうだ。このころのイギリスは予算不足で航空技術の研究や開発もままならなかったんだけど、その一方じゃこういうところで結構効率の悪いこともしてたんだな。

グロスターの新戦闘機、社内名称GA5の試作機1号機（WD804）は1951年11月に初飛行した。でもテストしてみると、エンジンが予定していたアームストロング・シドレー・サファイア2じゃなくて、出力の低いサファイア3だったり、予想外に重量が増えたせいで、速度も上昇力も仕様が求める性能には達しなかった。おまけに胴体尾部の気流とエンジン排気が干渉するせいで、方向舵がバフェッティングを起こすんで、排気口まわりに改修を施した。ところがWD804は翌年6月、99回目の飛行で水平尾翼が激しいフラッターを起こして昇降舵が飛散しちゃった。テストパイロットのウォータートン少佐は、水平尾翼の取り付け角変更装置で縦方向の操縦を続けて、なんとかボスコムダウンに着陸したものの、接地速度が高すぎて脚が折れちゃった。この勇気ある操縦の功績で、ウォータートン少佐はジョージ勲章を授けられてる。

この事故から2カ月後の1952年8月に2号機が初飛行したけど、すでにそれより前の7月に、航空省はGA5の量産を決めて、ジャヴェリンF（AW）Mk.1として40機を発注してたのだった。その1号機は1954年7月に初飛行した。それはめでたいんだが、ジャヴェリンを実戦機にするための改修やら開発が大変で、ジャヴェリンMk.1のうち最初の12機も実質的に開発テストに使われたくらいだった。前述の方向舵のバフェッティング以外にも問題はいろいろあった。まずレドームが雨風に当たってすぐに壊れてくるんで、その材質や形状がいろいろ試されて、結局先端の尖った長い形になった。キャノピーも乗員のヘルメットが当らないように高くされ、とくに後席は窓が小さくてレーダー手からすごく評判が悪かったんで、こちらも透明のものに替えられた。いろいろ迷いのあった兵装も、フォート・ホルステッド4・5インチ（114㎜）無反動砲なんていうヘンなのまで考えた挙句に、結局主翼内にアデン30㎜機関砲4門を装備することに落ち着いた。

また高高度だと翼端から失速する傾向があって、操縦性が悪いんで、外翼部分の後退角を減らして翼弦長を伸ばした。この改良型の主翼は試作2号機で試されて効果が確認されたんだけど、2号機はそれから間もなく、重心位置を後ろにしたときの大きなフラップ下げ角での特性テスト中に「スーパーストール」を起こしてしまった。外翼部が失速して、残った内翼部の揚力のせいで機首が上がって失速から抜けられなくなる、っていうアレだ。さらに乱れた主翼後流が水平尾翼を覆って昇降舵も効かない。パイロットのピーター・ローレンスは機体が学校に墜ちないようになんとか操縦してたが、そのせいで脱出したときには高度が低くなりすぎてて死亡した。これで機首上げ姿勢でのフラップ下げ角には注意が必要、ってことになって、あとスピンすると高度損失が大きいんで気をつけようねってことにもなった。

つまりジャヴェリンは「どんな空戦機動でもへっちゃらです」っていう戦闘機じゃなくて、それなりに気を使って飛ばさなくちゃならない機体だったようだけど、どうせ対爆撃機用の迎撃機なんだから、まあいいか。

ジャヴェリンMk.1は1956年に№46スコードロンに配備された。Mk.1のレーダーはイギリス製のAI17レーダーを装備してたんだけど、それをアメリカ製のAPQ-43に換装して、水平尾翼をオールフライング式にしたのがジャヴェリンMk.2だった。Mk.2は30機が作られて、№46スコードロンでMk.1と交替したほか、№85と89スコードロンでも使われた。Mk.1は在ドイツの№87スコードロンの方にまわされた。ジャヴェリンMk.3っていうのは複操縦装置つきの練習機型で、№228OCU（実戦転換部隊）に配備された。

せっかくのアメリカ製レーダーをAI17に戻して、昇降舵に動力操舵を導入したのがMk.4で、50機のうち32機はアームストロング・ホイットワース（略してAW）社で生産された。ジャヴェリンMk.4は1957年からイギリス東海岸の№141スコードロンに配備されて、滑走路端でのスクランブル待機、「フェイビュラス」態勢についた。まあ、これでジャヴェリンは実質的にイギリス本土防空の第一線に立つことになったわけだ。

イギリス戦闘機名物の欠点、航続距離の短さを改善するため、翼内タンクを拡大、翼下にドロップタンクを装備するようになったのがジャヴェリンMk.5で、64機が生産されて（44機はAW社製）、№151スコードロンを皮切りに、本国の3個、在ドイツの2個スコードロンで使われた。Mk.5のAI17レーダーをAPQ−43にしたのがMk.6で、33機が作られて№29など3個スコードロンに配備された。

ここまで細々した改良が続いたんだけど、次のジャヴェリンMk.7は抜本的な改良型になった。改良点は、エンジンの強化や、ドロップタンク4本と胴体下の張り付け式タンク2本を装備可能にして、ファイアストリーク赤外線誘導対空ミサイルを運用可能とし（アデン機関砲は2門に減った）、操縦系統を改良、後部胴体を延長、主翼後縁を厚くしてヴォーテックス・ジェネレーターを追加するとかで、まあかなりの改良だった。ジャヴェリンＭｋ．７の1号機は１９５６年11月に初飛行したけど、開発と実戦化にはかなりの手間がかかって、部隊使用承認が下りたのは１９５８年1月になった。Ｍｋ．７はジャヴェリン中の最多生産型で１４２機が作られて（57機がＡＷ社製）、№25スコードロンをはじめ、№23、33、64の各スコードロンに配備された。

Ｍｋ．７のレーダーをアメリカ製のＡＰＱ－43に換えたのがジャヴェリンＭｋ．８だけど、それだけじゃなくて、エンジンが限定的なリヒート（アフターバーナのことね）つきのサファイア７Ｒになって高空性能が向上した。Ｍｋ．８は47機が生産されて、１９５９年11月から№41スコードロンに配備されて、№85でも使われた。このＭｋ．８が実際上ジャヴェリンの最終生産型だったんだけど、Ｍｋ．７の生産分うち76機は完成前にＭｋ．８と同じくエンジンをサファイア７Ｒにして、これがジャヴェリンＭｋ．９になった。一部の機体は胴体前部右側に長さ約６ｍの受油プローブを追加して、空中給油ができるようになった。ジャヴェリンＭｋ．９は１９５９年12月から№25スコードロンに、続いて№23スコードロンにも配備された。あと№５や11、29、33、60、64スコードロンがジャヴェリンＭｋ．９を使った。あ、ここまで簡単にＭｋ．いくつって書いてきたけど、正しくはジャヴェリンＦ（ＡＷ）Ｍｋ．いくつ、ってことですからね。

こうしてジャヴェリンは、ミーティアやヴェノムの夜間／全天候戦闘機型の後を継いで、イギリス本土だけじゃなくて西ドイツやシンガポールでも防空の任に就いて働いた。天気のいいときや晴のときはハンター、夜間や悪天候はジャヴェリンっていう感じかしら。でも超音速のライトニングが出現すると、ジャヴェリンは次第にその任をゆずって、最後には１９６８年４月に、シンガポールのテンガー基地に配備されていた№60スコードロンが解隊されて、ジャヴェリンはイギリス空軍から退役したのだった。

ジャヴェリンは最終型のMk.９でも最大速度はマッハ０・92どまりで、全然超音速機じゃなかった。ほぼ同時代のアメリカのデルタ翼全天候戦闘機F－１０２が単座で超音速で、全自動迎撃システムを装備してたのに比べると、ジャヴェリンはやっぱりちょっと旧態然としてたかも。そんなジャヴェリンでも、主翼をもっと薄くして高速化した発展型や、さらにはエンジンを強力なブリストル・オリンパスにしてマッハ１・85を目指したグロスターＰ３７６案なんてのも考えられたが、どれも実現しなかった。

そうそう、ジャヴェリンとＦ４／48仕様で同期だったデハヴィランド社のＤＨ１１０の方は海軍の艦上全天候戦闘機シーヴィクセンになりました。

ミーティア以上、ジャヴェリン未満

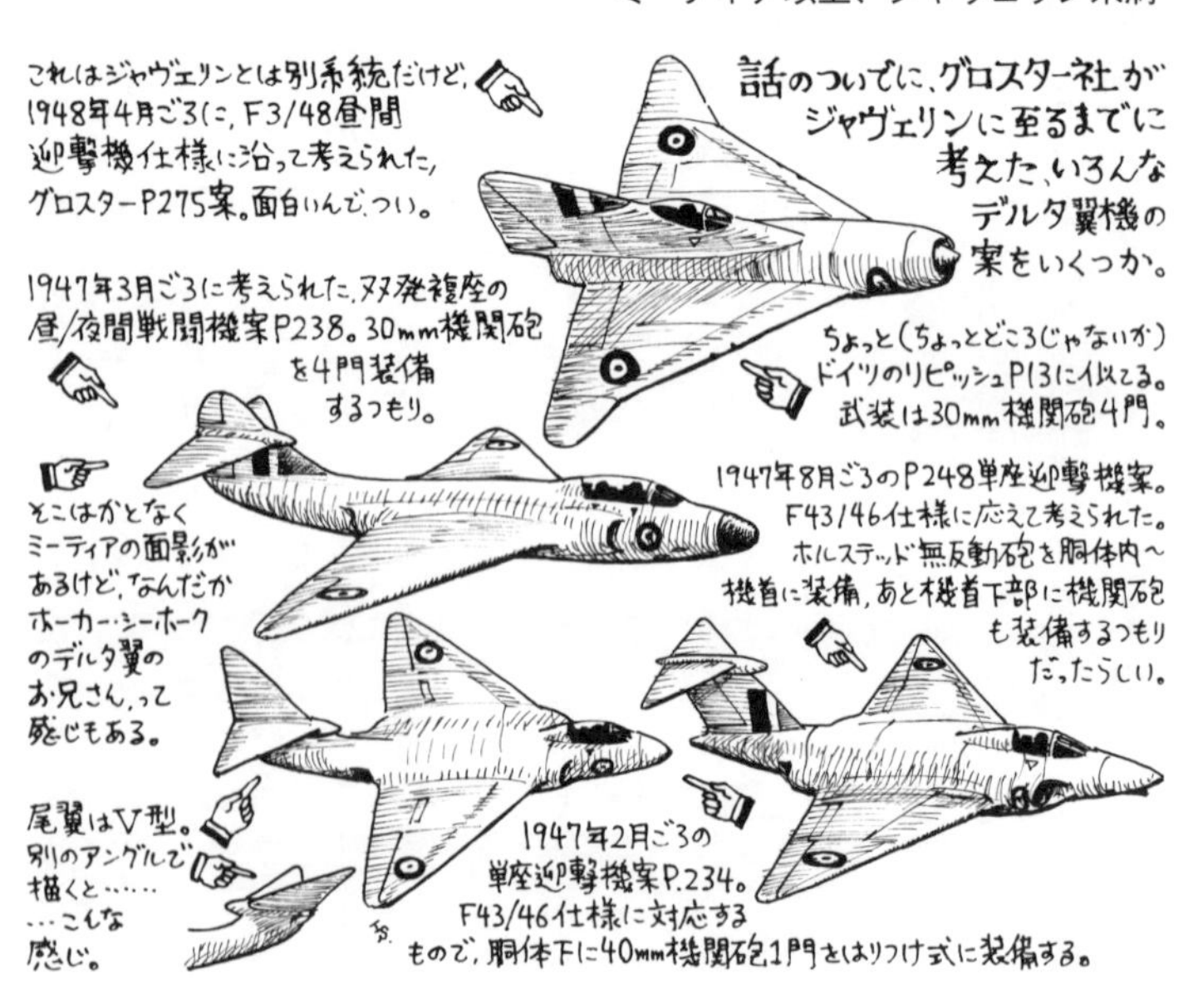

JM 010

イギリスだって超音速機は欲しかった

スーパーマリン・タイプ545

Supermarine Type 545

試作2号機(シリアルXA186)の場合

全幅：11.9m（39ft）
全長：14.1m（46ft 3in）
自重：ー
全備重量：11,567kg（25,500lb）
エンジン：ロールスロイス RB106
　　　　　ターボジェットエンジン
最大速度：マッハ1.7 +(?)
実用上昇限度：ー
航続距離：ー
武装：アデン30㎜機関砲 ×2、ブルージェイ×4
乗員：1名

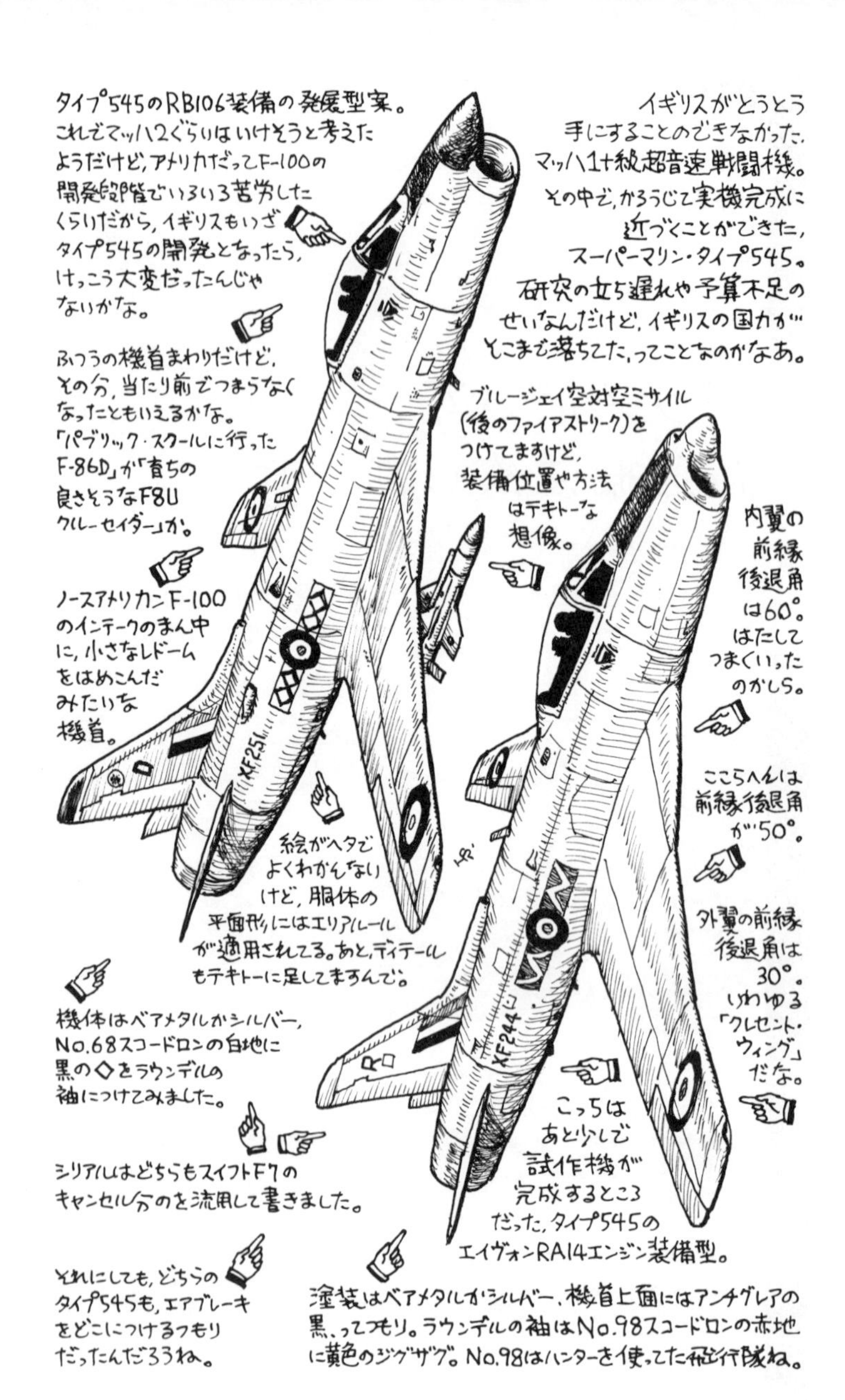

タイプ545のRB106装備の発展型案。

これでマッハ2ぐらいはいけそうと考えたようだけど、アメリカだってF-100の開発段階でいろいろ苦労したくらいだから、イギリスもいざタイプ545の開発となったら、けっこう大変だったんじゃないかな。

イギリスがとうとう手にすることのできなかった、マッハ1+級超音速戦闘機。その中で、かろうじて実機完成に近づくことができた、スーパーマリン・タイプ545。研究の立ち遅れや予算不足のせいなんだけど、イギリスの国力がそこまで落ちてた、ってことなのかなあ。

ふつうの機首まわりだけど、その分、当たり前でつまらなくなったともいえるかな。「パブリック・スクールに行ったF-86D」が「育ちの良さそうなF8U クルーセイダー」か。

ブルージェイ空対空ミサイル(後のファイアストリーク)をつけてますけど、装備位置や方法はテキトーな想像。

ノースアメリカンF-100のインテークのまん中に、小さなレドームをはめこんだみたいな機首。

内翼の前縁後退角は60°。はたしてうまくいったのかしら。

ここらへんは前縁後退角が50°。

XF251
絵がヘタでよくわかんないけど、胴体の平面形にはエリアルールが適用されてる。あと、ディテールもテキトーに足してますんで。

外翼の前縁後退角は30°。いわゆる「クレセント・ウィング」だな。

機体はベアメタルかシルバー、No.68スコードロンの白地に黒の◇をラウンデルの袖につけてみました。

XF244
こっちはあと少しで試作機が完成するところだった、タイプ545のエイヴォンRA14エンジン装備型。

シリアルはどちらもスイフトF7のキャンセル分のを流用して書きました。

それにしても、どちらのタイプ545も、エアブレーキをどこにつけるつもりだったんだろうね。

塗装はベアメタルかシルバー、機首上面にはアンチグレアの黒、ってつもり。ラウンデルの袖はNo.98スコードロンの赤地に黄色のジグザグ。No.98はハンターを使ってた飛行隊ね。

イギリスは、第二次大戦末期に実戦配備したグロスター・ミーティアと、それに続くデハヴィランド・ヴァンパイアで連合国のなかじゃジェット戦闘機の実用化に先駆けてた。でもその次の世代となると、後退翼戦闘機のアメリカのノースアメリカンF-86セイバーやソ連(いまのロシアね)のMiG-15が1950年代前半の朝鮮戦争で戦ってたのに、イギリスの後退翼戦闘機ホーカー・ハンターが初飛行したのはやっと1953年のことだった。

イギリスの後退翼戦闘機にはもう1機種、スーパーマリン・スイフトがあって、量産型機はハンターより少し早く初飛行してたけど、折からの朝鮮戦争で後退翼戦闘機の実用化を急がされたもんで、高速安定性やら操縦性やら問題が山盛りのまま部隊配備されて、欠陥だらけの機体になっちゃった。

イギリスはジェット戦闘機じゃ、けっこうよいスタートダッシュだったのに、第二次大戦直後に予算不足やら国際情勢の見通しの甘さやらで、超音速機の研究開発計画を削っちゃったのが祟ったんだな。そしてイギリス空軍が超音速戦闘機を手にするのは、マッハ2のイングリッシュ・エレクトリック・ライトニングF1が部隊配備を開始した1960年になっちゃったのだった。

イギリス空軍の戦闘機は、亜音速のハンターからマッハ2のライトニングへと、一足飛びに移行した。アメリカの空軍のノースアメリカンF-100スーパーセイバーや海軍のグラマンF11Fタイガー、ソ連のMiG-19、フランスのシュペール・ミステールみたいなマッハ1~1+級の戦闘機ってのを、イギリス空軍はとうとう持たなかったのだ。

でも、イギリスだってマッハ2戦闘機のライトニング以前にも超音速戦闘機を作ろうとはしたのだ。ライトニング以外の超音速戦闘機計画としては、ハンターの主翼を薄くして、後退角を強めた発展型P１０８３や、グロスター社のデルタ翼の「薄翼型（シン・ウィング）ジャヴェリン」とか、いろいろあったんだが、なかでももっとも実機の完成に近いところまで開発が進んだのが、スーパーマリン社のタイプ５４５だった。

スーパーマリン社のジェット戦闘機は、そもそもスピットファイアの後継機スパイトフルの層流翼を利用したアタッカー艦上戦闘機に始まった。そのアタッカーを後退翼化した実験機タイプ５１０（尾輪式！）の成績を基に、タイプ５１０を大改造して首脚式にした実験機タイプ５３５が作られて、それがスイフトとして実用機に発展した。まあ、このスイフトがかなりなダメ飛行機になっちゃうんだが、でもスーパーマリン社も、遷音速～超音速の高速戦闘機には、安定性や操縦性がいろいろ難しいけど、後退翼が必要だということはよくわかっていた。そこでスーパーマリン社は１９５１年2月に、スイフトを基にした超音速戦闘機案タイプ45を、軍用機の開発や生産を担当する調達省に提案してみた。するとこのタイプ５４５は、この時点じゃなかなか有望そうだったんで、2か月後の１９５１年4月には航空省から試作機２機の発注をもらうことができた。

スーパーマリン・タイプ５４５は、ロールスロイスＲＡ14Ｒエイヴォン・ターボジェットエンジンの単発機で、推力は４３０９kg、リヒート（アフターバーナーのイギリス風の呼び方）使用時６５７７kg。主翼の後退角は内翼が60度、中間が50度、外翼が30度と3段階になっていた。タイプ５１０～５３５の経験で、後退翼は翼端部分の気流が外側に流れて翼端失速を起こしやすい、っていう問題があるのを知ってたんで、それを解決しようと思って、こういう主翼平面形にしたんだろうな。水平尾翼はスイフト同様の上反角つきで後退角は50度だった。

胴体は機首から前半部にかけての下面が平らになっていて、低翼の主翼につながる気流をうまく流すように考えていた。空気取り入れ口は、スイフトじゃ胴体前部側面だったけど、タイプ545は機首先端に開くようになってた。空気取り入れ口の中央には、たぶん射撃照準レーダーが入るんだろう、レドームが置かれてた。胴体は中央部の平面形がわずかにくびれて、エリアルールを採用していた。武装は胴体前部下面に30mm機関砲4門を装備する予定だった。機体の大きさは翼幅11・9m、全長14・3m、総重量9139kg、これで高度12000mでマッハ1・3の速度を出すつもりだった。

その一方、スーパーマリン社と航空省は、タイプ545のさらなる性能向上案も考えていた。主翼と尾翼はほぼそのままだが、エンジンはロールスロイスRA32Rエイヴォンか、開発中の強力なRB106に換えて、胴体は改設計、空気取り入れ口は機首下側にして、その上のノーズ部分にレドームを置くことにした。つまりノースアメリカンF−86D風というか、よくいえばヴォートF8Uクルーセイダー風にするつもりだな。これで全天候戦闘機にして、武装はブルージェイ赤外線誘導ミサイル（後のファイアストリークだ）を装備することを考えてた。これをさらに改良、発展させれば、マッハ1・7〜2・0くらいの速度も出せるぞ、とスーパーマリン社は目論んでたみたいだ。

試作機2機のうち、1号機（シリアルXA181）は前述のRA14エンジン装備型の試作機として作って、

2号機（シリアルＸＡ１８６）が、ＲＢ１０６エンジン装備の全天候戦闘機の試作機として作ることになった。ただし2号機のほうは武装やレーダーはまだ本物は搭載せずに、とにかく空力的な特性や飛行性能を探るのが最大の目的とされてた。

スーパーマリン・タイプ５４５は、１９５７年までには実用戦闘機としての部隊配備を開始するつもりで、モックアップの検討も１９５３年8月には行なわれた。でもスーパーマリン社にとってはタイプ５４５は超音速戦闘機という未踏の領域に挑む機体だったから、開発は遅れてきた。しかも空軍参謀部がいろいろと設計変更の注文をつけてきたせいで、試作機製造の仕様がなかなか決まらない。タイプ５４５の初飛行の予定は最初１９５３年4月だったのが、1号機が１９５３年末、2号機が１９５４年中ごろにずれ込み、さらに１９５４年7月になってもどちらの機体も完成せず、1号機は１９５４年11月、2号機は１９５５年8月の見込みになっちゃった。

このころにはホーカー社のハンター超音速型案Ｐ１０８３が中止になってたから、スーパーマリン・タイプ５４５にも期待がかかってたんだけど、今度はイギリス航空研究所（ＲＡＥ）などから、タイプ５４５の性能と開発見込みに懐疑的な意見が出てきたのだった。

まずロールスロイスＲＢ１０６エンジンが早々に開発できる見通しがないこと、それにタイプ５４５は単座だけど、全天候戦闘機は複座じゃなきゃいけないんじゃないか、タイプ５４５の速度・高度性能なら、グロスター社の複座全天候戦闘機案「シン・ウィング・ジャヴェリン」のほうが優れてるんじゃないか、というのがタイプ545への突っ込みどころだったようだ。

とくにイングリッシュ・エレクトリック社のP1実験機の戦闘機発展型が、マッハ1・5の速度を出して、さらに開発すればマッハ2・2までいけそうだった。そうなるとスーパーマリン・タイプ545の速度を大きく上回ることになる。

どうやらスーパーマリン・タイプ545は、1957年に部隊配備とすると、このまんまの性能じゃそのときには時代遅れになってるかもしれない、とRAEは考えはじめて、タイプ545の開発計画はだんだん周りから冷たい目で見られるような雰囲気になってきた。

そしてとうとう1954年10月には、タイプ545の試作2号機の製造は、経費をほかの計画に振り向けるために中止を申し渡されちゃった。スーパーマリン社としてはがっかりだったが、それでも1号機のほうは、RAEが主翼の特性に興味を持ってたんで、なんとか製造を続けさせてもらえた。

ところがそれもつかの間だった。スーパーマリン社はタイプ545の開発と製造にかなりの人手と経費を注いでたもんで、平時の軍用航空機メーカーとしては、いろいろほかの方面に影響が出てた。1955年半ばの時点で、タイプ545試作1号機XA181の製造には、完成までに500人/週のマンパワーが今後1年にわたって必要と見積もられた。スーパーマリン社は問題だらけのスイフトの改善と開発や、新型艦上戦闘攻撃機シミターの開発を抱えてたんだけど、そっちがいろいろと遅れてきたのだった。

これに航空省や空軍、海軍が困ったのか、それともタイプ545に引導を渡す口実にしたのか、1955年

8月にスーパーマリン社はタイプ545試作1号機の作業を停止することを通達された。スーパーマリン社はなんとか計画継続を働きかけたけど、どうにもならなかった。80%ぐらいまでできあがってたタイプ545の機体は、航空技術大学の技術教材になっちゃった。

タイプ545中止の直接の理由は、他機種の開発・生産に悪影響があるから、だったけど、それもスーパーマリン社のマンパワーと開発能力を保持するだけの予算がなかったせいでもある。イギリス航空工業自体の力が、タイプ545開発を支えきれなかったということもできるし、イギリスの国そのものが、戦闘機の開発に充分な予算を注げなくなってた、っていうことでもあるんだろうな。このときにすでにイギリスは貧しくなってたんだよ。

ほかにもこんな超音速戦闘機を考えてました

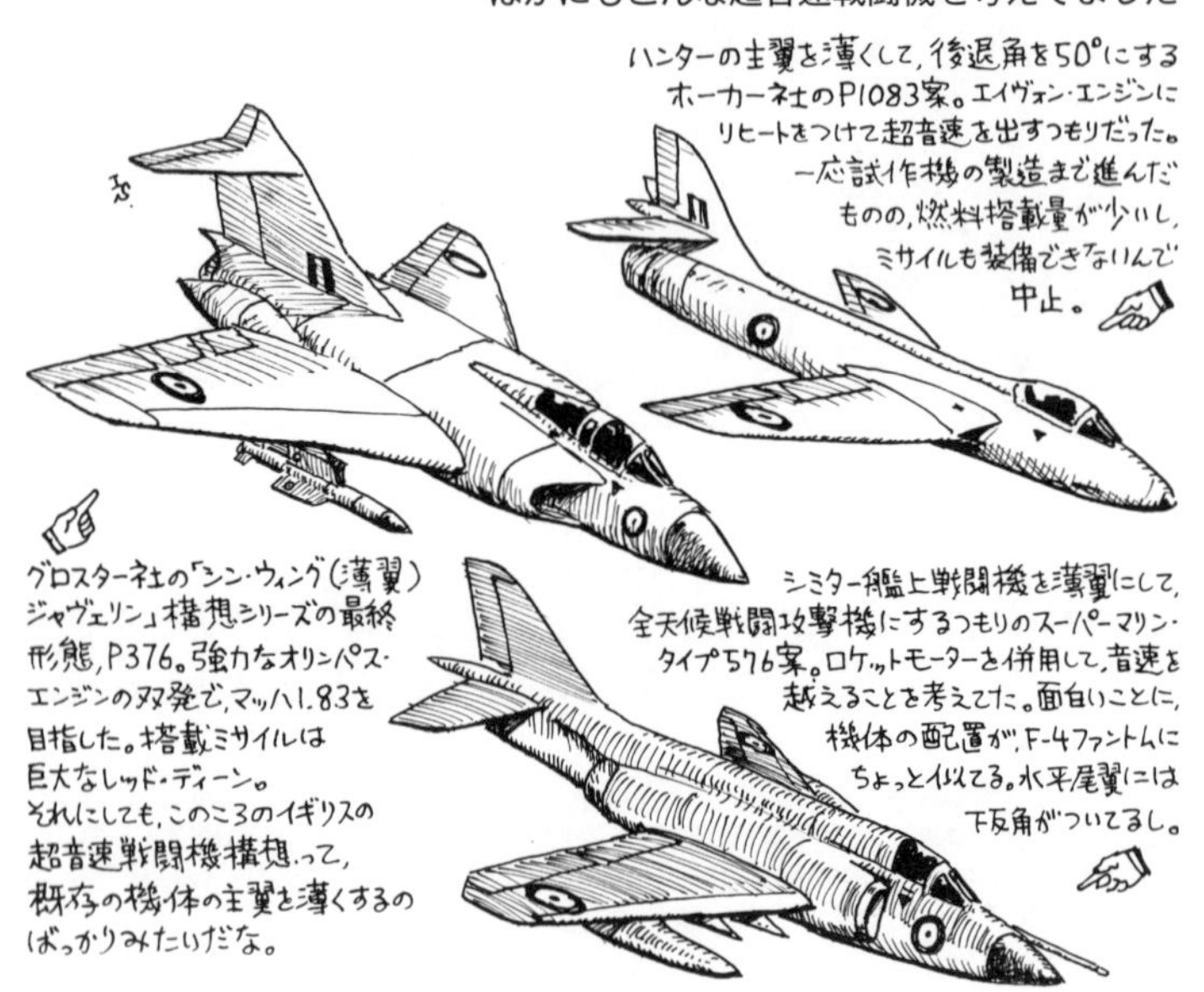

ハンターの主翼を薄くして、後退角を50°にするホーカー社のP1083案。エイヴォン・エンジンにリヒートをつけて超音速を出すつもりだった。一応試作機の製造まで進んだものの、燃料搭載量が少いし、ミサイルも装備できないんで中止。
グロスター社の「シン・ウィング(薄翼)ジャヴェリン」構想シリーズの最終形態、P376。強力なオリンパス・エンジンの双発で、マッハ1.83を目指した。搭載ミサイルは巨大なレッド・ディーン。
それにしても、このころのイギリスの超音速戦闘機構想って、既存の機体の主翼を薄くするのばっかりみたいだな。
シミター艦上戦闘機を薄翼にして、全天候戦闘攻撃機にするつもりのスーパーマリン・タイプ576案。ロケットモーターを併用して、音速を越えることを考えてた。面白いことに、機体の配置が、F-4ファントムにちょっと似てる。水平尾翼には下反角がついてるし。

JM 011

予算の切れ目が
音速の切れ目

フェアリー・デルタⅡ、"デルタⅢ"

DELTA II / "DELTA III", Fairey Supersonic All-weather Fighter to F.155T

デルタⅢの計画値
全幅：14.2m（46ft 7in）
全長：22.6m（74ft 1 3/4in）
自重：－
全備重量：レッドディーン装備時～22,888kg（50,460lb）
ブルージェイ装備時～21,772kg（48,000lb）
エンジン：ロールスロイスRB122ターボジェット（17,000lb）×2 ＋
デハヴィランド スペクター・ジュニア・ロケットモーター（5,000lb）×2
最大速度：マッハ2.27
武装：ブルージェイ（後のレッドトップ）×2 または レッドディーン×2
乗員：2名

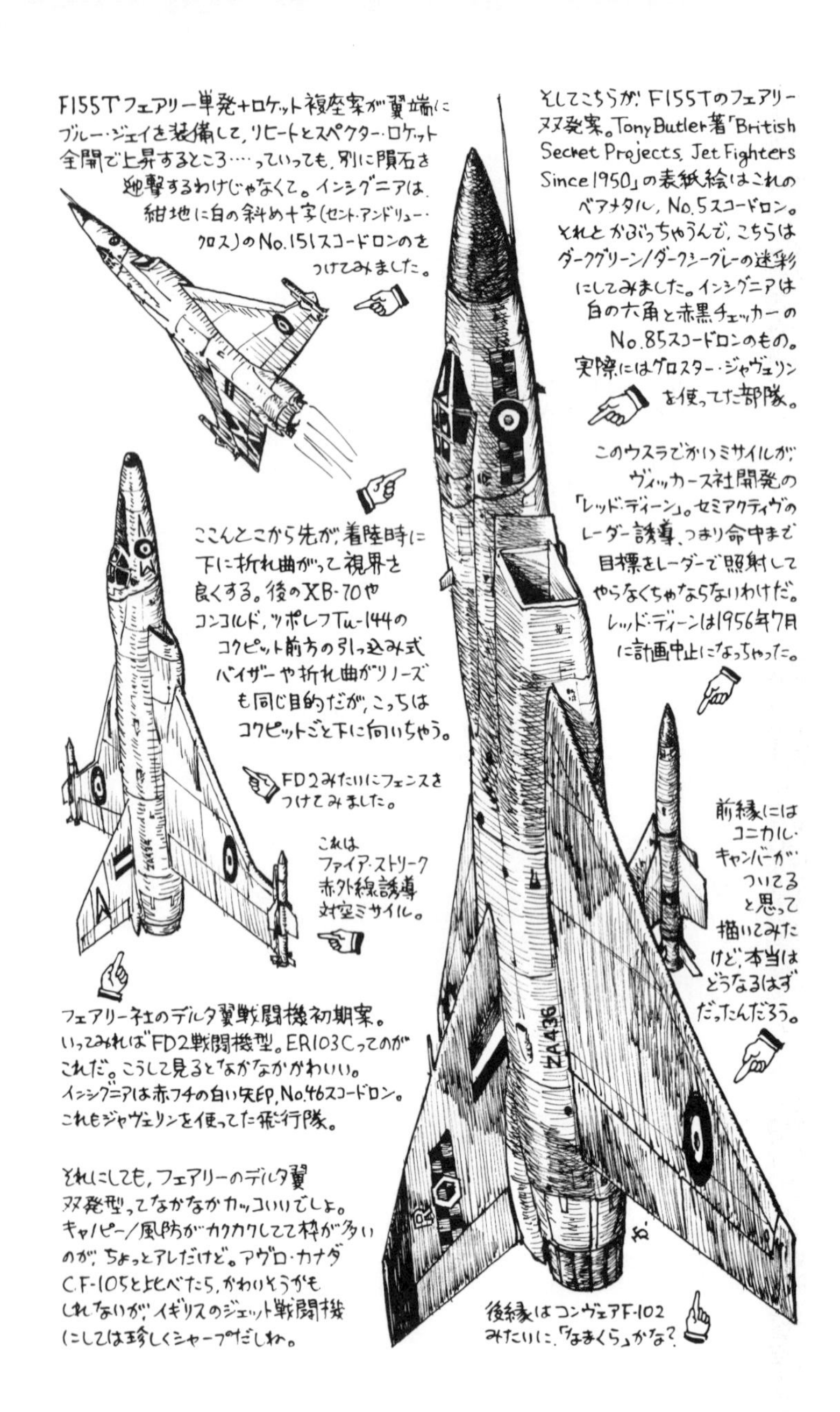
F155Tフェアリー単発+ロケット複座案が翼端にブルー・ジェイを装備して、リヒートとスペクター・ロケット全開で上昇するところ……っていっても、別に隕石を迎撃するわけじゃなくて。インシグニアは紺地に白の斜め十字（セント・アンドリュー・クロス）のNo.151スコードロンのをつけてみました。

そしてこちらが、F155Tのフェアリー双発案。Tony Butler著「British Secret Projects, Jet Fighters Since 1950」の表紙絵はこれのベアメタル、No.5スコードロン。それとかぶっちゃうんで、こちらはダークグリーン/ダークシーグレーの迷彩にしてみました。インシグニアは白の六角と赤黒チェッカーのNo.85スコードロンのもの。実際にはグロスター・ジャヴェリンを使ってた部隊。

このウスラでかいミサイルが、ヴィッカース社開発の「レッド・ディーン」。セミアクティヴのレーダー誘導、つまり命中まで目標をレーダーで照射してやらなくちゃならないわけだ。レッド・ディーンは1956年7月に計画中止になっちゃった。

ここんとこから先が、着陸時に下に折れ曲がって視界を良くする。後のXB-70やコンコルド、ツポレフTu-144のコクピット前方の引っ込み式バイザーや折れ曲がりノーズも同じ目的だが、こっちはコクピットごと下に向いちゃう。

FD2みたいにフェンスをつけてみました。

これはファイア・ストリーク赤外線誘導対空ミサイル。

前縁にはコニカル・キャンバーがついてると思って描いてみたけど、本当はどうなるはずだったんだろう。

ZA436
フェアリー社のデルタ翼戦闘機初期案。いってみれば、FD2戦闘機型。ER103Cってのがこれだ。こうして見るとなかなかかわいい。インシグニアは赤フチの白い矢印、No.46スコードロン。これもジャヴェリンを使ってた飛行隊。

それにしても、フェアリーのデルタ翼双発型ってなかなかカッコいいでしょ。キャノピー/風防がカクカクしてて枠が多いのが、ちょっとアレだけど。アヴロ・カナダC.F-105と比べたら、かわいそうかもしれないが、イギリスのジェット戦闘機にしては珍しくシャープだしね。

後縁はコンヴェアF-102みたいに、「なまくら」かな？

アメリカとソ連（いまのロシア）が、たくさんの核兵器を持って、それぞれNATOとワルシャワ条約機構の国々とその軍隊を傘下に対峙してた冷戦時代。その初期において、核兵器の運搬手段は有人爆撃機しかなかった。大陸間弾道弾（ICBM）が信頼性や命中精度、即応性を確立するようになるにはけっこう時間がかかったし、もちろん潜水艦から発射するミサイルだって、1950年代にはまだ開発中だった。

そうなると各国の空軍は、敵の爆撃機が核爆弾を抱えてやってくるのをできるだけ早く、確実に迎撃できる戦闘機を持とうとする。超音速機の時代になると、アメリカじゃF－102や改良型のF－106を作ったたし、計画だけならリパブリックXF－103もあった。もっとすごいのならノースアメリカンXF－108レイピアなんてのも考えてたし。ソ連も双発のヤコヴレフYak－25の発達型のYak－28、単発単座のスホーイSu－9やSu－11、大型のツポレフTu－128とかを作った。米ソのほかにも、カナダが国産でアヴロ・カナダCF－105アロウっていう大型で高速で超野心的な戦闘機を開発したことがある。

イギリスは冷戦時代には、ヨーロッパ大陸の西側諸国の後方基地になってたわけで、当然ソ連の爆撃機の爆撃を防ぐことを考えなくちゃならなかった。1955年、イギリス空軍は「OR329（作戦要求 Operational Requirement 329）」という仕様を発した。これが求めるのは、超音速の全天候戦闘機で、高度約1万8300mをマッハ1・3で飛んでくる敵機を迎撃することを考えていた。速度はマッハ2以上、基地から130kmに進出して、高度1万8300mに達するまで6分という性能が求められた。武装は機関砲じゃ射距離が足りないんで、空対空ミサイルのみとされた。もちろん新型のレーダーを装備して、機体とレーダー／火器管制装置、それにミサイルをいっしょのものと考える、いわゆるウェポンシステムとして開発することとされた。

ミサイルは、目標の後方や側方から攻撃するための赤外線誘導のものと、全方位からの迎撃が可能なレーダー誘導のものの2種類を予定していた。

このOR239に基づく仕様F155Tは、1955年に改訂されて、高度1万8300m・速度マッハ2までの所要時間は4分に切り詰められて、高度1万8300mでマッハ1・3から2・0まで1分で加速することとされた。これで実戦配備時期は遅くとも1962年の1月が予定されてた。

このF155Tには、タイプ188超音速研究機計画で忙しくなってたブリストル社を除いて、当時まだイギリスに数々あった航空機メーカーの主だったところが案を出してきた。そのなかで、アヴロ社は社内研究だけ、サロー社とイングリッシュ・エレクトリック社案は早いうちに脱落、そしてアームストロング・ホイットワースとヴィッカース・スーパーマリン、デハヴィランド、ホーカーの各社案と並んで、設計審査に進んだのが、フェアリー社得意のデルタ翼の戦闘機案だった。

フェアリー社は1947年ごろからデルタ翼の研究を進めていて、テイルシッター型VTO機を見込んだ実験機としてフェアリー・デルタFD1という小さな機体（これはこれでなかなかしんどい飛行機ったらしいが）を1951年に初飛行させてた。さらに高速実験機ER103フェアリー・デルタ（略してFD）2を作ってる。このFD2は1956年3月にマッハ1・6を越えて速度記録を樹立、1957年12月にアメリカのF−101に破られるまで保持していた。

Ｆ１５５Ｔに対して、フェアリー社はこのＥＲ１０３／ＦＤ２をそのまま戦闘機に発展させた案を考えた。まず最初のＥＲ１０３／Ｂ案はＦＤ２とほとんど同じ主翼で多少翼幅を広げ、胴体を作り直すもので、エンジンはデハヴィランド・ジャイロンかロールスロイスＲＢ１２２のリヒート（アフターバーナつき）を考えていた。それよりもう少し戦闘機方向に発展を進めたのがＥＲ１０３／Ｃで、翼面積はＦＤ２より50％ぐらい拡大して旋回性能を確保、機首にはフェランティＡＲＩ１１４９５モノパルスレーダーを装備、主翼端にファイアストリーク赤外線誘導対空ミサイルを装備する。ＦＤ２戦闘機型だからもちろんなんだが、空気取り入れ口が主翼付け根前縁にあるところや垂直尾翼形もＦＤ２によく似ていた。

このＥＲ１０３シリーズ案を見てると、イングリッシュ・エレクトリック社が、超音速研究機Ｐ１から発展させて戦闘機型の試作機Ｐ１Ｂを作って、それがライトニングになっていったのと同じようなことを、フェアリー社も考えてたみたいだな。フェアリー社はＥＲ１０３／Ｃなら30カ月で設計を仕上げられると見つもっていた。Ｆ１５５Ｔが求める実戦配備時期に間に合わせるのには、ＦＤ２みたいな既存の機体を発展させてくのが有利でもあったんだろう。でもＥＲ１０３／ＢとＣはいずれも単座案で、Ｆ１５５Ｔはもっと大きな機体を求めてたんで、これらの案は国防省側に拒絶されちゃった。

でもそれで諦めるようなフェアリー社じゃなくて、そんなこともあろうかと……かどうかはしらないが、大型戦闘機の案も考えてた。

そのひとつは、外翼部でクランクしたデルタ翼で、コクピットは並列複座、ジャイロン・エンジンの単発だけど、その後部の両脇にデハヴィランド・スペクター・ジュニア・ロケットモーターを装備する案だった。空気取り入れ口はスプリッターヴェーンつきの可変面積型、そのインテークダクトから尾部のロケットモーターのバルジにかけて、胴体の平面形はエリアルールに合う形状になっていた。その主翼の内部は、前後がジェット燃料、中央部がロケット用推進剤のタンクになっていた。

レーダーはフェランティ社製ＡＩ23、武装は主翼端に赤外線誘導ミサイルの「ブルージェイ」を装備する。ブルージェイっていうのは開発コードネームで、採用されてからは「レッドトップ」って呼ばれた。そのレーダーとコクピットを含む機首部分が、着陸時には下に折れ曲がる、っていうのがフェアリー社自慢のギミックだった。

水平尾翼のない無尾翼デルタ翼だと、着陸のときに普通の翼のフラップみたいなつもりで、昇降舵と補助翼兼用の「エレヴォン」を下げると、昇降舵を下げることになって機首が下がっちゃう。無尾翼デルタ翼機が着陸するときは、「エレヴォン」を上げ舵にして、機首を大きく上げなくちゃならないんだが、そうなると今度はパイロットは前が見えなくて困っちゃう。そこでフェアリー社はＦＤ２のときに、コクピットを含む機首部分がまるごと下を向くようにしたのだった。

フェアリー社はさらにもうひとつの大型戦闘機案として、エンジンをジャイロンかＲＢ１２２の双発にすることも考えていた。レーダーはちょっと軽量のＡＩ18を予定して、武装はブルージェイか、大型のレーダー誘導ミサイルのレッドディーンを翼下に装備するつもりだった。機体構造にはステンレスやチタニウムも使って、エンジン性能の限界でマッハ2・27ぐらいまでしか出せないけど、機体の設計だけならマッハ3でも飛べるつもりだった。このフェアリー双発案、非公式に「デルタⅢ」と呼ばれた案は、ちょっと見ると並列複座にしたアヴロ・カナダCF-105アロウみたいでもある。ただし寸法でフェアリー案の方がアロウよりちょっと小さくて、重量だとひと回り軽いくらい。

F155Tの設計審査では、フェアリー社のデルタⅢは、性能は大丈夫そうだし、発展余地も大きいし、さすがにFD2の経験で開発に手間取らないとみなされて、各社の案のなかでもアームストロング・ホイットワース社の4発案AW169と並んで1位になった。そのまま世が世であれば、フェアリー・デルタⅢは細部設計や試作機発注に進んで、この機体に合わせた仕様も作られるはずだったんだが、そうはならなかったのがこの時代のイギリス航空界の悲しさだ。

フェアリー社じゃこのデルタⅢの模型を作って、1956年10月にはマッハ1・8で飛ばすなど、着々と研究開発を進めてた。ところが1957年4月、時の保守党政権のダンカン・サンズ国防大臣は新しい国防白書を発表、イギリスの防空は地対空ミサイルを主力にするとして、有人軍用機の開発計画を大幅に削減してしまう。そのなかでF155Tも中止になって、フェアリー・デルタⅢは作られずじまい、FD2の経験と成果も、実用戦闘機には結び付くことなく終わっちゃった。

実際にデルタⅢが開発されたら順調にいったかどうかは想像するしかないんだが、短距離迎撃機のライトニングと、長距離のデルタⅢと、イギリスの超音速戦闘機が2機種そろったところを見たかったなあ。

実際に試作されて飛んだのはこういうのだった

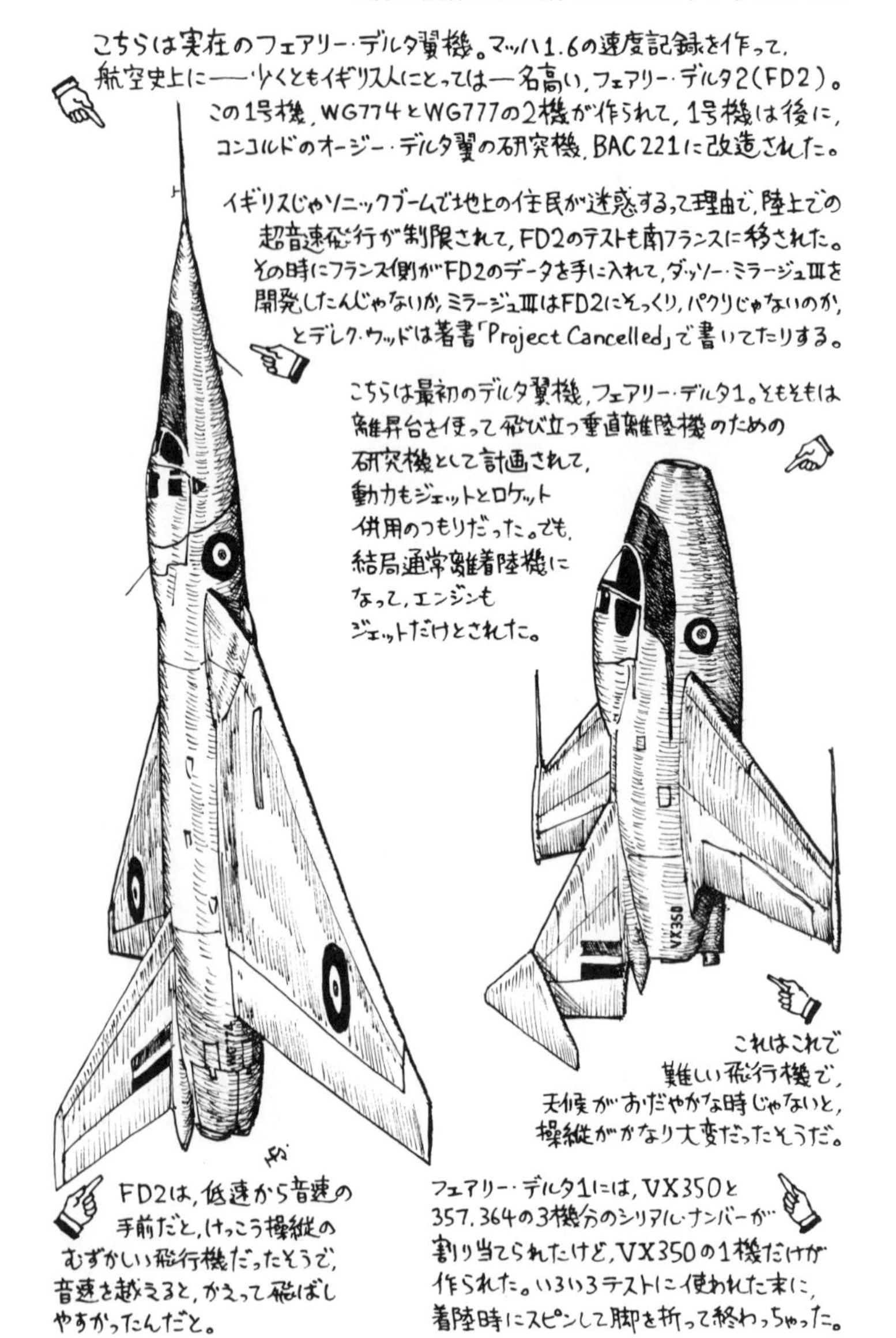

JM 012

幻の日の丸イギリス機

デハヴィランドDH125ジェットドラゴン

JET DRAGON, De Havilland D.H.125 / Hawker Siddeley H.S.125 DOMINIE/ BAe 125

D.H.125 シリーズⅠの場合
全幅：14.3m（47ft）
全長：13.2m（43ft 5in）
自重：4,435kg（9,768lb）
全備重量：9,080kg（20,000lb）
エンジン：ブリストル・シドレー バイパー520
ターボジェット(3,000lb st)×2
最大速度：779km/h（484mph）
航続距離：3,218km（2,000miles）
武装：－
乗員：2名＋乗客6名

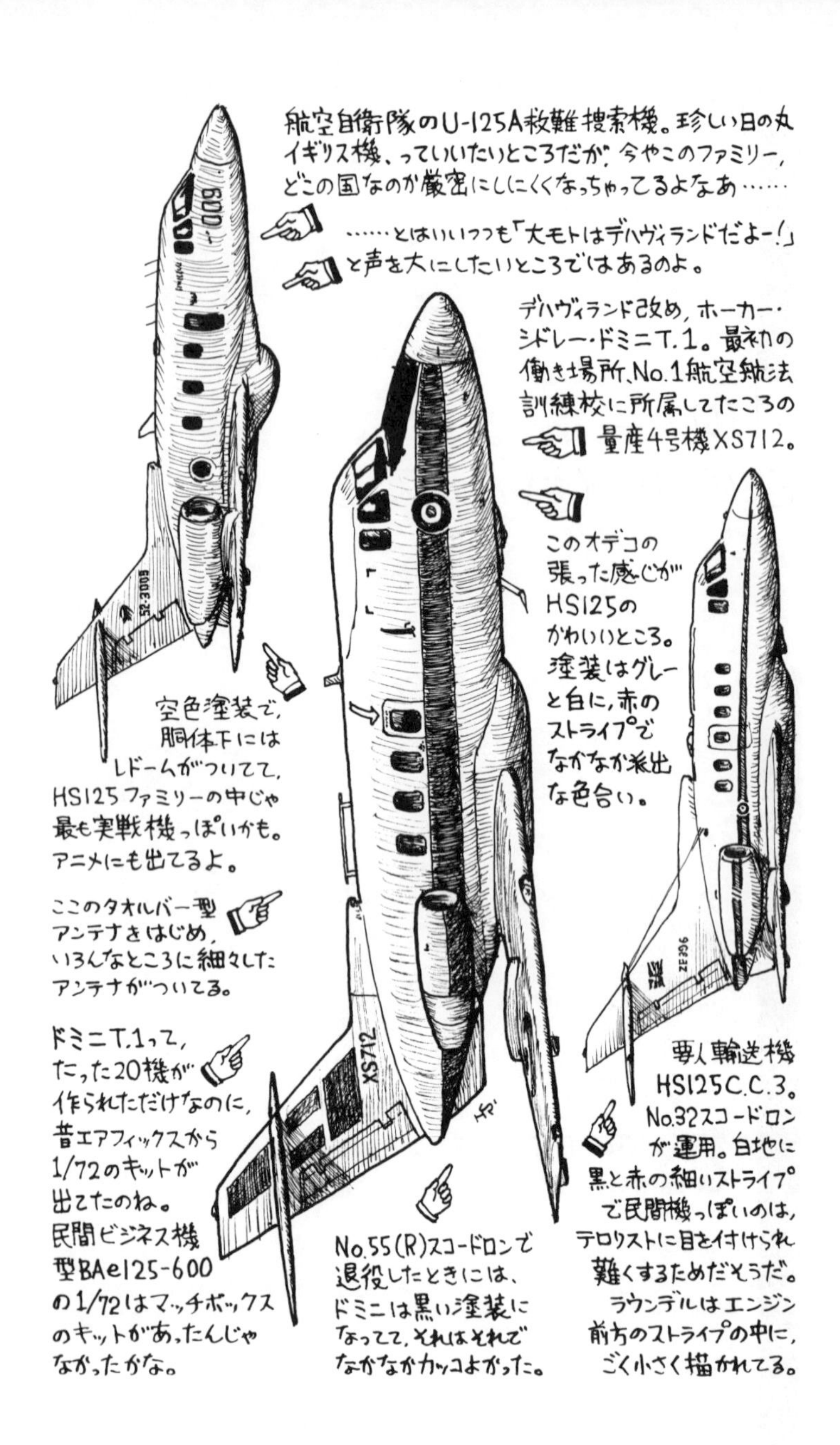
航空自衛隊のU-125A救難捜索機。珍しい日の丸イギリス機、っていいたいところだが、今やこのファミリー、どこの国なのか厳密にしにくくなっちゃってるよなあ……

……とはいいつつも「大モトはデハヴィランドだよー!」と声を大にしたいところではあるのよ。

デハヴィランド改め、ホーカー・シドレー・ドミニT.1。最初の働き場所、No.1航空航法訓練校に所属してたころの量産4号機XS712。

このオデコの張った感じがHS125のかわいいところ。塗装はグレーと白に、赤のストライプでなかなか派出な色合い。

空色塗装で、胴体下にはレドームがついてて、HS125ファミリーの中じゃ最も実戦機っぽいかも。アニメにも出てるよ。

ここのタオルバー型アンテナをはじめ、いろんなところに細々したアンテナがついてる。

ドミニT.1って、たった20機が作られただけなのに、昔エアフィックスから1/72のキットが出てたのね。民間ビジネス機型BAe125-600の1/72はマッチボックスのキットがあったんじゃなかったかな。

No.55(R)スコードロンで退役したときには、ドミニは黒い塗装になってて、それはそれでなかなかカッコよかった。

要人輸送機HS125C.C.3。No.32スコードロンが運用。白地に黒と赤の細いストライプで民間機っぽいのは、テロリストに目を付けられ難くするためだそうだ。ラウンデルはエンジン前方のストライプの中に、ごく小さく描かれてる。

XS712
ZE396

第二次大戦の後、しばらく日本の民間航空じゃいろんなイギリス製の飛行機が飛んでたことがある。デハヴィランドの双発旅客機ダヴと4発のヘロン、4発高翼の小型旅客機ハンドレーページ・マラソン（ダメ飛行機）、もうちょっと後にはターボプロップ4発の、まあ傑作機の部類のヴィッカース・ヴァイカウントが日本の航空会社で国内路線に使われてたもんだ。

でも自衛隊の飛行機となると、イギリス製の機体はほとんどない。大昔に高等練習機の研究用にデハヴィランド・ヴァンパイアT11を1機だけ輸入したことがあるけど、すぐに教材になっちゃって、実際に使われたわけじゃなかった。その後も航空自衛隊の戦闘機選定のときに候補としてイングリッシュ・エレクトリック・ライトニングが挙がったり、トーネイドが挙がったりしたこともあった。もちろん航空自衛隊の意中の機体はF−4Eファントムだったり F−15イーグルだったりしたわけで、イギリス製の戦闘機はほぼ完全に当て馬というか、参考に調査しただけに終わったのは、今の航空自衛隊の戦闘機部隊を見ればわかるとおり。

ところが、ちゃんと航空自衛隊で使ってるイギリス生まれの飛行機があるのね。飛行点検機のU−125と、救難捜索機のU−125Aだ。メーカー名は一応アメリカのレイセオンってことになってるけど、実は原型をたどると、そもそもイギリスのデハヴィランド社が設計・開発したDH125なのだった。それが1960年代以降のイギリスの飛行機にありがちな、メーカーの合併やら吸収やら身売りやらで機名がころころ変わって、ホーカーシドレーHS125になって、さらにBAe（ブリティッシュ・エアロスペース）125になって、1990年に航空自衛隊が採用を決めたころにはレイセオン社がメーカーになってた。そのレイセオン社の飛行機部門が2007年にはホーカー・ビーチクラフト社に買われちゃってるから、今のメーカー名は何だ、っていうならホーカー・ビーチクラフトになるんだろうな。

さて、そのU-125の生い立ちをたどると、1960年ごろにデハヴィランド社が考えたビジネスジェット機構想が始まりだった。デハヴィランド社は第二次大戦直後に乗客8人の小型旅客機DH104ダヴを作って、これがなかなかの成功を収めた。ダヴは中小エアラインの短距離路線用旅客機としてだけじゃなくて、ビジネス機としても使われて、デハヴィランド社としてはダヴの後継となるジェット機を作ろうと思ったわけだ。

デハヴィランド社のビジネスジェット機、社内名称DH125は、当時の最新流行に沿って胴体後部両側に、推力1360kgのターボジェットエンジン、ブリストル・シドレー・ヴァイパーを装備して、胴体はもちろん与圧式で客席は6席、その胴体の下に貼りつけるように軽い後退角のついた主翼がつく。主翼にはダブルスロッテッド・フラップが装備されて、巡航速度は720~800km/h、航続距離は2400km、離着陸速度を低く抑えて短い滑走路からも運用できて、しかも飛行マイル当たりの運航経費はレシプロのダヴなみ、という性能を目指したのだった。

実はデハヴィランド社は1920~30年代には小型の旅客機や自家用機をいろいろ作ってたんで、この種の民間機は得意分野だった。世界初のジェット旅客機、コメットもデハヴィランド社が作ったし、このDH125の前には、3発の中距離旅客機DH121トライデントも作ってる。まあすぐにボーイング727が現れて、トライデントは販売数じゃ727に遠く及ばなかったけど。でもまあとにかくそんなわけで、デハヴィランド社はジェット民間機にも経験は豊富だった。

DH125はジェットドラゴンという名前がつけられて、試作1号機は1962年8月に初飛行した。2機の試作機に続いて、全長と全幅がちょっと大きくなった生産型が作られたんだけど、実はこのころにはデハヴィランド社はホーカー・シドレー社に合併されてて、機体名もHS125になっちゃってた。でもアメリカ市場にはデハヴィランドのブランド名が効くっていうことで、アメリカじゃしばらくDH125で通したんだと。

HS125は1964年から引き渡しが開始されて、その後胴体がストレッチされたりエンジンがターボファンに代わったり、いろいろと改良されて、1000機以上が生産されてる。まあ50年近く売ってるんだから、生産数もそのぐらいになってもおかしくないけど、このクラスのビジネスジェット機としては成功した部類なんじゃないかな。そこは贔屓も含めて、さすがデハヴィランドと言わせてくださいな。

しかし民間のビジネスジェット機じゃラウンデルがつかないんで、話は軍用型の方へと進む。なかば無理やりっぽくもあるが。

このHS125、イギリス空軍に航法練習機として採用されることになった。イギリス空軍としてはジェット爆撃機のヴァリアントやヴァルカン、ヴィクターの航法士をちゃんとしたジェット練習機で養成しなくちゃならなかったけど、それまでのジェット航法練習機は、複座夜間戦闘機の改造型アームストロング・ホイットワース（グロスターじゃないんだよ）・ミーティアNF（T）14だったから、機体は古いし、一度に一人しか訓練できないし、不便だったんだな。

HS125の航法練習機型はドミニと名付けられた。練習機だからドミニT1だ。第二次大戦中、複葉双発のデハヴィランド・ドラゴンラピード旅客機を機上作業練習機にしたのがドミニだったから、それを襲名したわけだ。HS125のジェットドラゴンも、ドラゴンラピードとその原型ドラゴンのジェット版のつもりだったんだろうな。

ドミニT1試作機は1964年12月に初飛行して、20機が作られた。シリアルはXS709～714、XS726～739ね。ドミニにはパイロット2名と教官航法士1名、監督官1名、それに航法訓練生2名の6人が乗り組んで、無線コンパスやドップラー航法装置、デッカ社製航法装置、潜望鏡式の天測六分儀が装備されてた。

ドミニの配属先は№1航空航法学校で、1965年12月から配備が始まって、1966年4月には最初の訓練課程修了生を送りだした。ドミニは航法訓練のうちの高高度・高速部分を担当して、低高度・低速部分は、レシプロ双発のヴィッカース・ヴァーシティT1で行なったんだそうだ。

訓練過程は21回の飛行で45時間、そのうち半分は夜間飛行だった。最終段階じゃイギリスからフランスのニースやイストルを経由して、ジブラルタルかマルタへ飛ぶ、っていうコースが一般的だったという話だ。

ドミニT1は後に№6飛行訓練学校に移り、さらに№3飛行訓練学校に所属を変えていき、ヴァルカン爆撃機とかの退役に伴って、単なる航法訓練だけじゃなくてウェポンシステム訓練にも使われるようになった。当然、レーダーや航法装置、通信装置にも改良や換装が施されていった。1990年代になると№3飛行訓練学校はNo.55（Ｒ）スコードロンに改編された。（Ｒ）は予備役っていう意味ね。

　でもイギリスは国防予算の大幅削減でニムロッドを退役させてトーネイドＧＲ４も減勢することにしちゃったんで、ウェポンシステム訓練も必要なくなり、２０１１年１月に最後に残っていた７機のドミニＴ１がイギリス空軍から退役しちゃったのだった。

　ところがこれで蛇の目マークのＨＳ１２５が消えたわけじゃなかった。実はイギリス空軍は連絡機／要人輸送機として、エンジン強化型ＨＳ１２５シリーズ４００を１９７１年にＨＳ１２５ＣＣ１として４機（ＸＷ７８８〜７９１）採用した。それに続いて胴体を

日本に売り込もうとしたイギリス機

一応，ライトニングも日本の戦闘機になる可能性がゼロじゃなかった（すごく近いが）。まかりまちがえば，今ごろ百里や小松のゲートガードがライトニングになってたかもしれない，と思うと，たしかに見てみたかった気もするなあ。
1970年代末にはトーネードも日本にアプローチしてた。まあ純然たる「イギリス機」ではすでにないけどな。
1980年代には，シーハリアーもVTOL母艦改装コンテナ船のアイデアと一緒に，日本でブリーフィングをやったりしたんだ。
として最近の残念賞がユーロファイター・タイフーン。F-4EJの後継を目指したわけだから，ほら，こういう塗装も……ねえ。
680
245
05

ストレッチして14席にしたシリーズ600も1973年にHS125CC2として2機（XX507、508）を採用してる。HS125がエンジンをアメリカ製のハニウェルTFE731ターボファンに換装したシリーズ700になると、これもHS125CC3になった。練習機はちゃんとドミニって名前がついたのに、要人輸送機型の方はHS125のまんま。輸送機／空中輸送機のVC10や要人輸送機のBAe146も名前なしだから、民間旅客機を用途を大きく変えずに採用するときは、さしものイギリス空軍もいちいち名前をつけないのかな。

現在、イギリス空軍じゃNo.32スコードロンが6機のHS125CC3を運用してる。この部隊は、かつての王室飛行隊を吸収してて、王室の輸送も任務とするけど、あくまでも軍事輸送が本来の仕事なんだそうだ。

日本の航空自衛隊のU-125は、HS125の機首を改設計したり、主翼と尾翼を延長、コクピットを近代化して、1983年に初飛行したBAe125-800の改装型なのね。BAe125-800は1993年以降はホーカー800なんていう名前になっちゃった。

まあ名前は変われども、蛇の目のHS125CC3も日の丸のU-125も、元をただせばデハヴィランドDH125ジェットドラゴンの子孫だ。ううむ、やっぱりデハヴィランドはいい飛行機を作るもんだなあ、ということにしておこう。

JM 013

蛇の目版F-16、英国製ホーネット?

BAC P.96F / ホーカー・シドレー HS.1202

BAC P.96F / Hawker Siddeley HS. 1201, HS. 1202series

BAC P.96F 計画値の場合
全幅：11.2m（36ft 10in）
全長：14.4m（47ft 2 1/2in）
全備重量：14,100kg（31,085lb）
エンジン：ロールスロイス RB199-34Rターボジェット×2
最大速度：マッハ2
武装：マウザー 27㎜機関砲、サイドワインダー×4、爆弾
乗員：1名

HS.1207 計画値の場合
全幅：12.3m（40ft 2in）
全長：15.4m（50ft 7in）
全備重量：13,608kg（30,000lb）
エンジン：ロールスロイス RB199 ターボジェット×2
最大速度：マッハ2
武装：マウザー 27㎜機関砲×1、空対空ミサイル×4、爆弾
乗員：1名

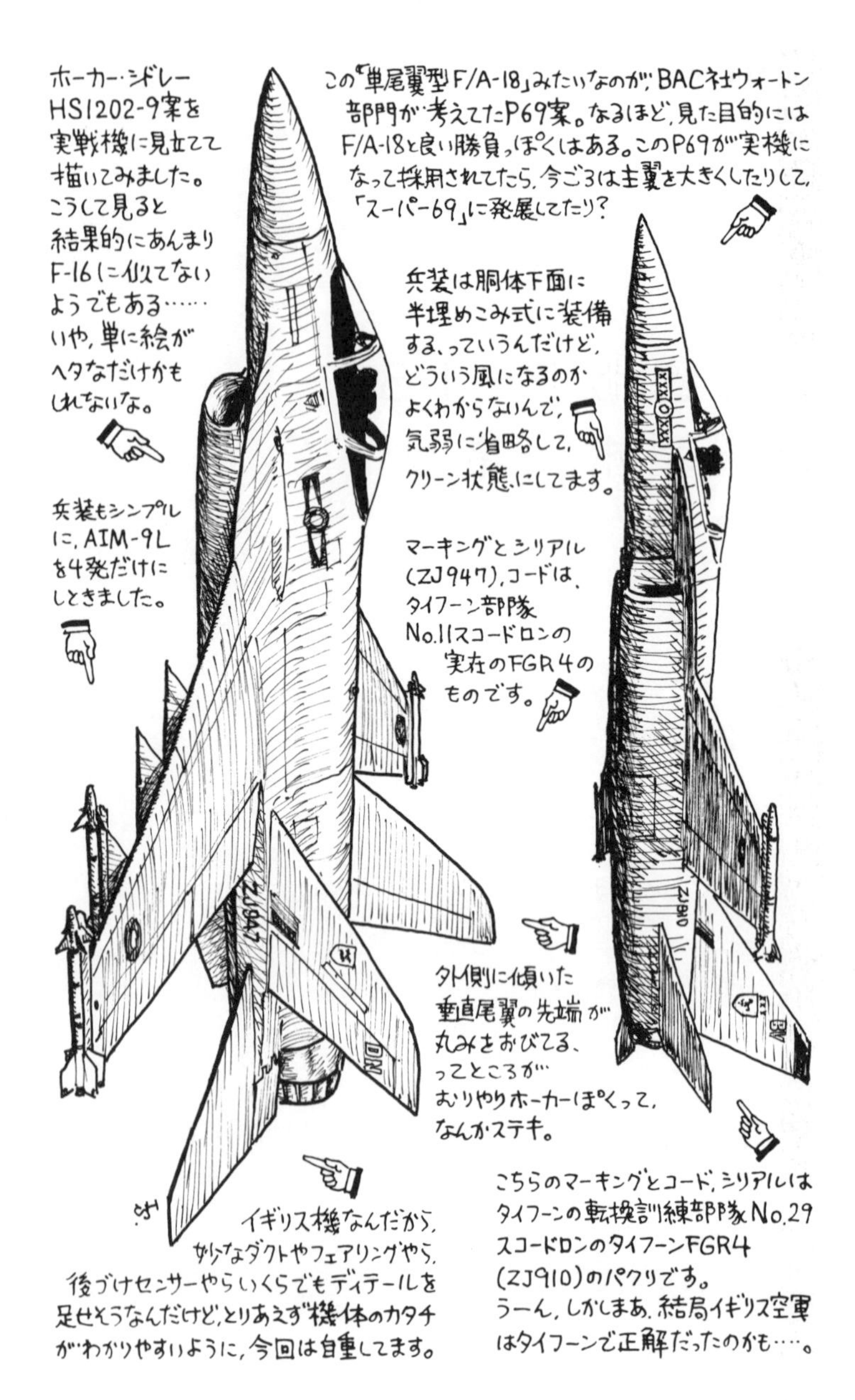
ホーカー・シドレー
HS1202-9案を
実戦機に見立てて
描いてみました。
こうして見ると
結果的にあんまり
F-16に似てない
ようでもある……
いや、単に絵が
ヘタなだけかも
しれないな。
この"単尾翼型F/A-18"みたいなのが、BAC社ウォートン
部門が考えてたP69案。なるほど、見た目的には
F/A-18と良い勝負っぽくはある。このP69が実機に
なって採用されてたら、今ごろは主翼を大きくしたりして、
「スーパー69」に発展してたり？
兵装は胴体下面に
半埋めこみ式に装備
する、っていうんだけど、
どういう風になるのか
よくわからないんで、
気弱に省略して、
クリーン状態にしてます。
兵装もシンプル
に、AIM-9L
を4発だけに
しときました。
マーキングとシリアル
(ZJ947)、コードは、
タイフーン部隊
No.11スコードロンの
実在のFGR4の
ものです。
ZJ947
DM
ZJ910
外側に傾いた
垂直尾翼の先端が
丸みをおびてる、
ってところが
むりやりホーカーぽくって、
なんかステキ。
イギリス機なんだから、
妙なダクトやフェアリングやら、
後づけセンサーやらいくらでもディテールを
足せそうなんだけど、とりあえず機体のカタチ
がわかりやすいように、今回は自重してます。
こちらのマーキングとコード、シリアルは
タイフーンの転換訓練部隊No.29
スコードロンのタイフーンFGR4
(ZJ910)のパクリです。
うーん、しかしまあ、結局イギリス空軍
はタイフーンで正解だったのかも…。

今の世の中じゃ戦闘機は「第5世代」とか「第4世代」とか、なんか世代分けがされるようになった。世代分けが流行るようになったのは、アメリカのF-22ラプターやF-35ライトニングⅡ（F-35はアメリカじゃどうやらP-38のⅡ世って位置づけで、イギリスじゃイングリッシュ・エレクトリックのライトニングの再来になるんだろうけど、「Ⅱ」はつけない）が現れてからのことで、これらステルスでAESAレーダーで、センサー・マージで……っていう装備や能力を持つ戦闘機が「第5世代」ってことらしい。

確かにF-22もF-35も革命的な機体ではあるんだけど、この世代分けは多分に便宜的なもんで、ボーイングの人に言わせると「そもそも〝第5世代〟というのは、我々がスーパーホーネットのために言いだしたことなのです」だそうだ。せっかく良いフレーズを考えついたのに、F-22と-35に取られちゃった、ってことかなあ。気の毒に。

その世代分けに従うとすると、今をときめく第5世代と、「それに劣りません！」とメーカーが叫ぶユーロファイター・タイフーンやスーパーホーネット、フランスのダッソー・ラファールの「第4・5世代」、その前がアメリカの〝F-ティーンズ〟、F-14～18やロシアのMiG-29やご存知Su-27フランカーの「第4世代」っていう図式になるわけだ。

イギリス戦闘機の歴史をこの世代分けで振り返ると、第1世代じゃミーティアとヴァンパイアで世界のトップに立ってたのが、第2世代でハンター以後は寝っ転がっちゃって、第3世代でライトニングが精いっぱい、第4世代じゃ国際協同でトーネイド……っていう物悲しい景色が見えてくる。イギリス航空界ばっかりが悪いんじゃなくて、国力の衰退と予算の欠乏とか国防方針のスッポコぶりとか、いろんな事情があったんだけどな。

でも各国がアメリカのF－ティーンズ出現の衝撃を受け止めて、その次あたりを目指そうとしていた１９７０年代、イギリスの航空技術者だって、誰もが戦闘機を諦めてF1のエンジニアにでも転職しようかと思ってたわけじゃない。ちゃんと戦闘機のことを考えていたりもするのだ。その人たちのおかげで、今日のタイフーンがあるわけなんだが、実はそこまでに至る道には、いろんなアイディアや構想が生まれては消えていったのだ。

タイフーンへのイギリスの長い道をたどると、ひとつのマイルストーンがある。１９７５年に発せられたＡＳＴ４０３だ。ＡＳＴとは「空軍参謀部目標」の略で、要求仕様というようなもんじゃなくて、いわゆるフィージビリティ・スタディ（可能性研究）より以前の、「こんなことができそうですよ」という検討を求めるものだった。もちろんこの時期には、次の戦闘機も国際協同開発になる－なるしかない、っていうのは明らかだったから、ＡＳＴ４０３でそのまま実際の機体の開発に進むつもりはなくて、いわば国際協同に向けてのイギリス案の下地作り、っていうような位置づけだったんだろうな。

このＡＳＴ４０３ではジャガーとハリアーの後継機を探りつつ、制空戦闘能力も求めるという点が特徴的で、イギリス空軍がそういう戦闘機を目指そうとしたのにはF－16出現の影響があるともいう。

このＡＳＴ４０３に、イギリス航空工業界の2社3チームでさまざまなアイディアが練られた。ＢＡＣ社のウォートン部門と、ホーカーシドレー社のキングストン、ブローの両部門だ。そうかあ、このころはまだＢＡＥシステムズどころか、ブリティッシュ・エアロスペース（ＢＡｅ）にすら統合されてなかったんだよなあ……と、昔を思い出してちょっと遠い目。

ＡＳＴ４０３に対するＢＡＣ社の研究案にはティルト・ポッド方式の超ＳＴＯＬ機案とか可変後退翼とかいろいろあったんだけど、その中にＰ96Ｆっていうのがある。これは固定翼でＲＢ１９９エンジンの双発（トーネイドと同じエンジンってわけだ）、後退翼に垂直尾翼が1枚っていう、むしろ保守的な配置なんだけど、主翼の前縁に大きな張り出し、すなわちリーディング・エッジ・エクステンション、ＬＥＸってやつがついてる。空気取り入れ口はＬＥＸの下にあって、そう、見た目はＦ／Ａ-18ホーネットにそっくりだ。機体の大きさも、全幅11・２ｍで全長14・４ｍ、翼面積38・０㎡、全備重量が14・1トンだから、これもＦ／Ａ-18に近い。

Ｐ96案じゃ兵装は胴体下面に半埋め込み式に搭載することが考えられて、離着陸性能も良さそうだったし、Ｆ／Ａ-18と比べてもいい勝負になりそうだったんで、空軍や国防省にも受けが良かったらしい。仮想の開発スケジュールでは、１９８０年半ばに開発ゴーアヘッドが下りれば、１９８３年8月には試作機が初飛行できるとされた。でも、ＢＡＣ社の構想はそのうちにカナードつきデルタ翼機の方に重点が移っていって、この〝ブリティッシュ・ホーネット〟は構想だけで消えることとなった。

さて、ホーカー・シドレー社の方だけど、こちらはハリアーのメーカーとはいえ、その後継機を目指すＡＳＴ４０３に対して、キングストン部門とブロー部門じゃＶＳＴＯＬじゃなくて、主に通常型の戦闘機をいろいろ考えた。そうはいってもＡＳＴ４０３にきっちり沿った案というよりは、どうせ可能性研究なんだからと思ったんだろうか、もっと幅広く次期戦闘機としてありうる機体を考えてたようだ。

中には思いっきり小型の機体で、胴体尾部のV字型尾翼の間にエンジンを背負って、パイロットは65度の角度で寝そべった姿勢で操縦する、HS1201っていう案なんかもあった。しかも主翼は可変迎え角式。寝そべった姿勢は高機動時のGにパイロットが耐えやすいようにするためなんだろうけど、まるでフォーミュラカーみたいで、機体が小さいから〝F3マシン戦闘機〟ってところだろうか。エンジン配置からすると、〝イギリス製超音速フォルクス・イェーガー〟かも。

ホーカー・シドレーはこの寝そべりコクピットをかなり真剣に研究して、モックアップを作ったり実験もしてみたんだそうだ。その結果、F-16みたいな30度リクライニング操縦席は、いわれてるほど耐G効果があるわけじゃないとわかったんだと。なんか幾分か負け惜しみが入ってそうな話だが。

ただしイギリス空軍や国防省は、単発の小型戦闘機についてあんまり評価してなかったらしい。双発機に比べて搭載量とか能力は半分で、そのくせ価格は3分の2、っていう風に考えてたんだな。だからこのHS1201も研究としてはともかく実現性は期待されてなかったんだろう。

HS1202と名付けられた案は、もっと大型の機体の一群のアイディアだった。AST403が発せられてから間もない1975年11月にまとめられた最初の案は、RB199双発で小さなデルタ翼の主翼とカナードを持つ機体だった。

それから1年後ぐらいに持ち上がってきたHS1202-2案だと、それとはがらっと変わってF/A-18みたいな主翼とLEXを持つ機体になって、エンジンはロールスロイスのRB431ターボファンの単発。このエンジンは開発が本決まりになってるわけじゃなくて、単に構想段階のもので、早い話がハリアー用のペガサス・エンジンのコアを使ってストレートなターボファンにするものなんだそうだ。だから単発といってもかなり推力は大きいはずで、データの資料はないんだけど、配置図から見ると機体もF−16程度の大きさにはなるみたいだ。

水平尾翼と2枚の尾翼はF−15を単発にしたみたいな配置になってて、その中間にちょっと奥まってエンジンの排気口がある。面白いのは機首の下面に垂直ベーンがある。どうやら日本のT−2改CCV実験機で試したみたいな、ダイレクト・サイドフォース操縦を考えてたようだ。

HS1202−2がF−15やF/A−18に似てるとすると、それからまた約1年後の1977年ごろに現れたHS1202−9案はF−16に似てた。主翼平面形はF−16みたいなデルタ翼じゃなくて後退翼なんだけど、ブレンデッド・ウィング&ボディだし、RB431エンジンのインテークは胴体前部下にあるし、エンジン排気口の両側にエアブレーキがあるところまでF−16にそっくり。

でも垂直尾翼は2枚だし、なにしろ機体の大きさが違う。HS1202−9案は全幅12・5m、全長16mで、F−16が全幅9・5m、全長15mだから、HS1202−9の方が翼幅で約3m、全長で1mも大きい。むしろF/A−18の方に近いくらい。翼面積とか重量については情報がないんだけど、どんなもんだったんだろう。

武装は翼端に短距離AAM、おそらくAIM−9サイドワインダーのランチャーがついて、主翼下の6か所のハードポイントのうち、外側の2カ所もサイドワインダー用のつもりだったようだ。27㎜機関砲が左右のL

小さかったりＣＣＶだったり……
（イギリス人もいろいろ考えたのだった）

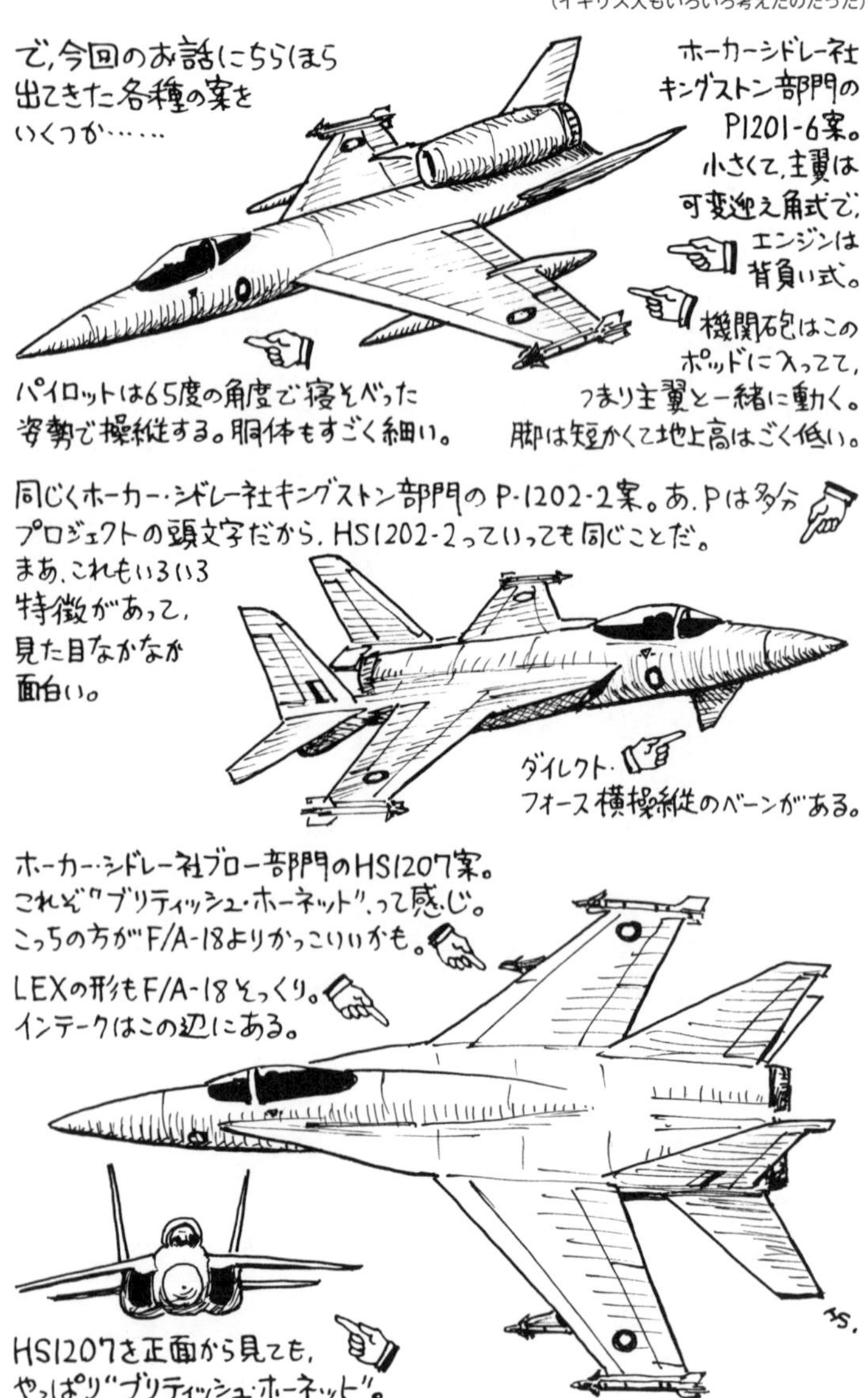

EXにある。こんなにF-16に似た機体案が出てきたのは、「同じような要求には同じような形態になる」っていう平行進化かもしれないけど、F-16のパクリというよりも、むしろなんだか「うちらでF-16を作ったらどうなるんだろうな?」みたいなことじゃなかったのかなあ。もちろんわからないけど。

ブロー部門でも1976年にはHS1207っていうこれまたF/A-18そっくりの大きなLEXを持つ、でも後退翼の案を考えてた。その他、超音速VSTOL機の案もいろいろあって、そのひとつが1979~80年ごろのP1214-3〝Xウィング・ファイター〟だったりする。でも1970年代のホーカー・シドレー社は、ハリアー系列の開発と生産に忙しかったし、〝ビッグウィング・ハリアー〟や〝AV-16〟とかの次世代機の構想やら協同開発やらも抱えてた。しかもBACとのBAeへの統合も控えてて、とても各種の次期戦闘機案を研究案以上に発展させてる余裕はなかったようだ。

そんなわけで、ホーカー・シドレーの各種案は結局どこにも行きつけず、タイフーンの源流はむしろBAC社ウォートンのカナード機案の方から流れ出すことになっちゃった。

AST403とその周辺の概念案がそのまんま実機になるわけもなかったんだけど、〝ブリティッシュ・ホーネット〟や〝イングリッシュ・ファルコン〟でイギリスのメーカーも自分たちなりの「第4世代」を考えてたわけで、それはそれで実物の出現を見てみたかったとも思うぞ。

COLUMN 花園ひとくちメモ

それからのトーネイド

2018年で100年になったイギリス空軍の歴史の中で、1982年から36年も第一線を飛び続けた、「トンカ Tonka」ことトーネイド。ワタシが初めてファーンボロ航空ショーを見に行ったとき、トーネイドはまだ実戦配備前の、「明日の新鋭機」だったのだなあ。

緑と黄色のインシグニアとコウモリのマークは、最初のトーネイド飛行隊、No.9スコードロン。

トーネイドって、空中給油のプローブも、目標照射装置も、なんでも外付け。

レーザー誘導爆弾をつけて…

ブリムストーン・ミサイルもつけて…

ライトニングⅢポッドをつけて……トーネイドは多才だったのだ。

イギリス空軍の攻撃力と防空力を担ったパナヴィア・トーネイドも、防空戦闘機型のトーネイドF.3はすでにユーロファイター・タイフーンに任を譲って退役しちゃった。残るは攻撃型のトーネイドG.R.4だけど、2019年には退役の予定だ。

トーネイド攻撃型は最初のG.R.1から、偵察能力を追加したG.R.1Aや、シーイーグル対艦ミサイルを装備できるG.R.1Bに発展して、1999年からは近代化改修されて、センサーや電子装備を強化したG.R.4になった。1991年の実戦初参加の後にもコソボ紛争やイラク戦争、アフガン戦争、それにリビア内戦への介入に投入されて、冷戦後の時代にイギリスが戦うときには必ずトーネイドが飛んでたのだ。

トーネイドの搭載兵器もG.R.4になると、ブリムストーン対戦車ミサイルやストームシャドウ巡航ミサイルと種類も増えて、精密攻撃やスタンドオフ攻撃ができるようになった。センサーもライトニングⅢ目標捕捉ポッドやRAPTOR偵察システムも装備して、つまりトーネイドは多才で器用になったのだな。

でもトーネイドも次第に退役して、一時は11個あったトーネイド部隊も、2019年初頭の時点でマーラム基地のNo.9とNo.12、No.31の3個スコードロンが残るのみ。このうちコウモリのマークで名高い（部隊創設は1914年！）No.9スコードロンは1982年に初めてトーネイドを装備した部隊で、つまりどうやらNo.9は最初にして最後のトーネイド部隊になるようだ。

可変後退翼に凝ったフラップ、スラストリバーサーと、メカニカルなギミック山盛りのトーネイド。そもそもは冷戦時代にレーダーに捉まらないよう超低空を突っ込んでく攻撃機として作られたトーネイドが、戦闘機がステルス性を備えて、センサー能力とネットワーク能力で勝負する時代が来るまで、よく長い間働き続けたものだ。

ところでイギリス空軍じゃトーネイドは「トンカ」ってあだ名がついてたようだ。トンカは頑丈で有名なブリキ製のトラックのオモチャのブランドのこと。トーネイドと音も似てるし、なんとなくわかるなあ。

JM 014

3国協同から
単独奮闘で完成!

パナヴィア・トーネイドADV
TORNADO ADV, PANAVIA

トーネイドF.3の場合
全幅:14.0m(45ft 7 1/4in)
全長:18.1m(59ft 3 7/8in)
自重:14,514kg(31,970lb)
全備重量:23,018kg(50,700lb)
エンジン:ターボユニオン(ロールスロイス) RB199-34R Mark 104/105
　　　　ターボジェット(9,000lb)×2
最大速度:マッハ2.2
航続距離:4,264㎞(2,650miles)
武装:マウザー27㎜機関砲×1、SRAAM×4、MRAAMスカイフラッシュ×4
乗員:2名

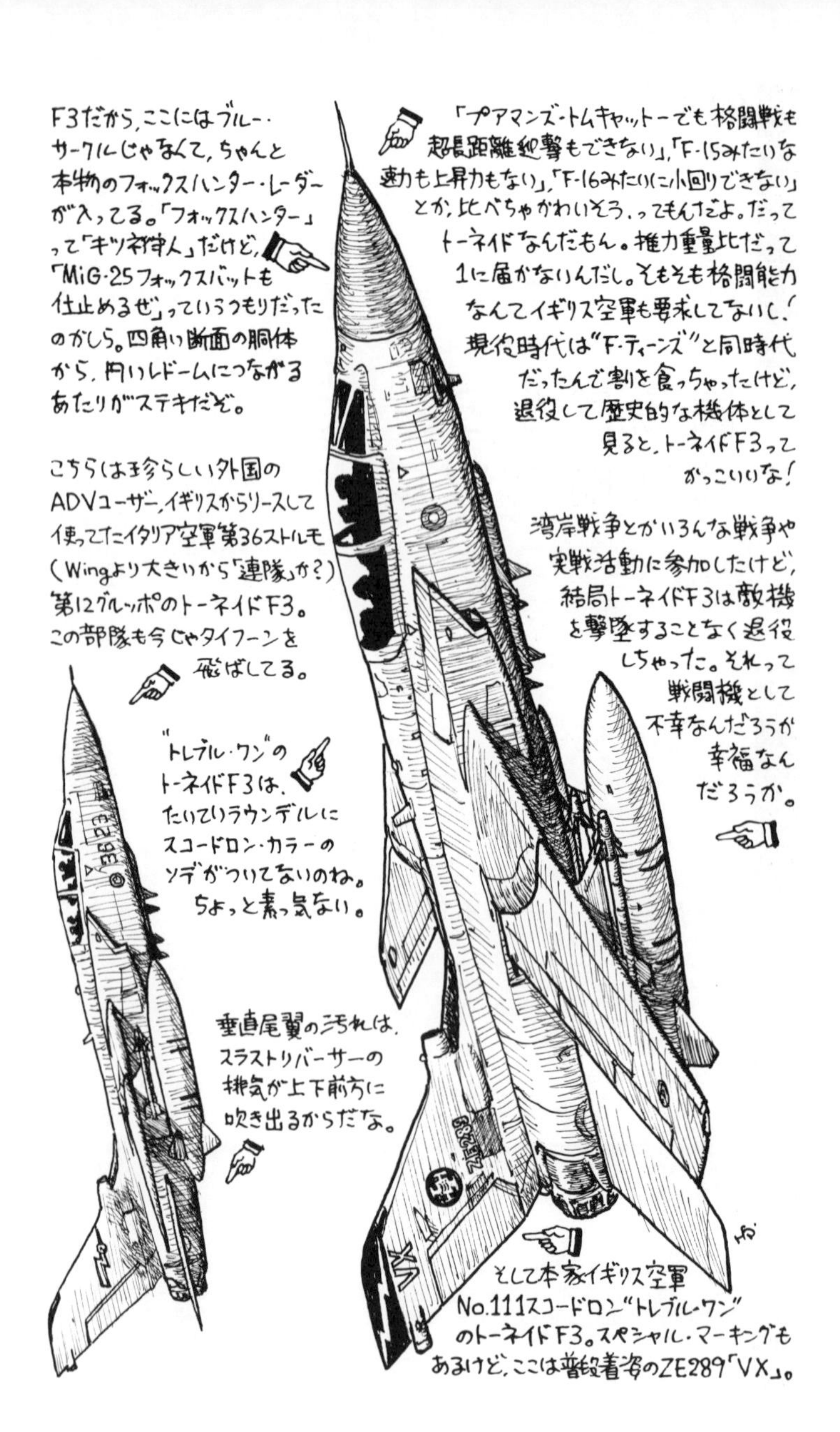
F3だから、ここにはブルー・サークルじゃなくて、ちゃんと本物のフォックスハンター・レーダーが入ってる。「フォックスハンター」って「キツネ狩人」だけど、「MiG-25フォックスバットも仕止めるぜ」っていうつもりだったのかしら。四角い断面の胴体から、円いレドームにつながるあたりがステキだぞ。

「プアマンズ・トムキャット」でも格闘戦も超長距離迎撃もできない」、「F-15みたいな運動も上昇力もない」、「F-16みたいに小回りできない」とか、比べちゃかわいそう、ってもんだよ。だってトーネイドなんだもん。推力重量比だって1に届かないんだし。そもそも格闘能力なんてイギリス空軍も要求してないし！現役時代は"F-ティーンズ"と同時代だったんで割を食っちゃったけど、退役して歴史的な機体として見ると、トーネイドF3ってかっこいいな！

こちらは珍らしい外国のADVユーザー、イギリスからリースして使ってたイタリア空軍第36ストルモ（Wingより大きいから「連隊」かな？）第12グルッポのトーネイドF3。この部隊も今じゃタイフーンを飛ばしてる。

湾岸戦争とかいろんな戦争や実戦活動に参加したけど、結局トーネイドF3は敵機を撃墜することなく退役しちゃった。それって戦闘機として不幸なんだろうか幸福なんだろうか。

"トレブル・ワン"のトーネイドF3は、たいていラウンデルにスコードロン・カラーのソデがついてないのね。ちょっと素っ気ない。

垂直尾翼の汚れは、スラストリバーサーの排気が上下前方に吹き出るからだな。

そして本家イギリス空軍No.111スコードロン"トレブル・ワン"のトーネイドF3。スペシャル・マーキングもあるけど、ここは普段着姿のZE289「VX」。

ソ連の長距離爆撃機ツポレフTu－22Mバックファイアが巡航ミサイルを抱えて飛んできたら、できるだけ前方で、つまり遠くで迎撃して撃墜しなくちゃ、と冷戦時代に考えたのはアメリカ海軍だけじゃなかった。ヨーロッパの北西に浮かぶ島国イギリスも、いわばNATOの不沈空母、冷戦時代を通して、ここの基地をソ連の爆撃機に攻撃されないように、さらにはイギリスの北を抜けて大西洋の輸送路を脅かさないように、イギリス空軍としては長距離迎撃機が必要だった。そこで1960年代初期にはライトニングを実戦化して、1960年代にはファントムを採用したのだった（少しでもイギリス国産にしようとして涙目になったけど）。

さらに1970年代になると、予想されるソ連爆撃機の進歩に対応できるように、ファントムよりも迎撃能力の高い新しい戦闘機が求められるようになった。そこでまず「空軍参謀部要求（ASR）395」が策定されて、新迎撃機の要求が作られて、それが1971年に「空軍参謀部目標（AST305）」となって具体的になった。

それをあれこれ考えて、1976年に決まったのが、可変翼超音速攻撃機パナヴィア・トーネイドの機体を発展させて迎撃機型を作ろう、ってことだった。トーネイドはもう10年近く前から構想が進められてきて、1974年に試作機が飛んだところだった。

このときにアメリカ戦闘機もいろいろ検討したけど、どれも要求に合わなくて、新規に開発することになったといわれてる。でもこのころにはF－14もF－15も飛んでたし、おそらく能力的には長距離迎撃機としても当代最高だったろう。日本なんかF－15を迎撃機として採用してるし。だからイギリスがF－14やF－15を選ばなかったのは、ひょっとすると予算の問題とか、あるいは国内産業維持の目的とかがあったんじゃないのかなあ。わからないけど。それにトーネイド攻撃機の開発中から、これを迎撃機にする考えが水面下ではあったともいう。

トーネイド「迎撃派生型（エアディフェンス・ヴァリアント＝ＡＤＶ）」は、さすがに協同開発国のドイツもイタリアも興味がなくて、イギリス独自の開発になった。

トーネイドＡＤＶの試作1号機（ＺＡ２５４）は１９７９年8月に初飛行した。その前にロールアウトはしてて、この年のパリ航空ショーでＢＡｅ（当時はブリティッシュ・エアロスペースっていってた。今じゃＢＡＥシステムズだけど）の広報の人が自慢そうに試作機の写真をくれたのを憶えてる。今じゃ「どや顔」っていうところだな。

トーネイドＡＤＶは、イギリスの独自開発のレーダー、中型目標の探知距離１５０km以上、多目標同時対処能力のあるＡＩ24フォックスハンターを装備、主兵装がレーダー誘導の中射程ＡＡＭスカイフラッシュ（ＡＩＭ-７Ｅのイギリス独自改良型）なんで、それを胴体下面に半埋め込み式に装備できるように、胴体を1・36m延長した機体だった。胴体が伸びたおかげでコクピット後方に燃料タンクも増設できた。27mmマウザー機関砲は機首右側だけの1門になった。

試作機でのテストは長く続いて、最初の量産型トーネイドＦ2の初飛行は１９８４年3月だった。Ｆ2は18機が作られて、そのうち８機は複操縦装置つきでＦ２（Ｔ）と呼ばれた。部隊配備はこの年の11月に、№２２

9OCU（実戦転換訓練隊）で始まった。

ところがさあ大変、肝心のフォックスハンター・レーダーがトラブル続出で、全然実用化の域に達してなくて、生産も進んでない、F2に搭載できるレーダーができてきてなかったのだ。だから部隊に届いたトーネイドF2のノーズには、レーダーが入ってなくて、代わりにコンクリート製のバラストが積まれてたんだと。

このバラストのことを、隊員たちは「ブルーサークル・レーダー」って呼んだとか。ブルーサークルっていうのは、イギリスの大手建築資材メーカーの名前で、この会社のロゴも青い円。ブルーなんとか、っていうのはイギリスの計画暗号名でよくある。コンクリート製でレーダーの代わりだから「ブルーサークル・レーダー」だ。

フォックスハンターはGECマーコーニ社が主体になって開発したんだけど、F－15やF－14より小柄で機首も細いトーネイドに合わせるように小さく作らなくちゃならなかったし、当時はディジタル技術もまだ未成熟だったんで、まあ、大変な苦労をしたわけだ。

だからせっかくのトーネイドF2が来ても、№229OCUじゃ最初のうちは飛行訓練しかできなかった。

でもF2はどうやら暫定モデルだったようで、エンジンをそれまでのRB199－34R Mk.103（推力7297kg）から、高空用で推力を7493kgに強化したMk.104に替えたトーネイドF3が本気の迎撃機だった。F3はF2よりもエンジンのテールパイプが長くなったんで、後部胴体も約36cm延長された。あと主翼の後退角の変更もF2じゃ手動だったのが、F3じゃやっと自動になった。主翼のスラットとフラップも自動だぞ。兵装はＡＩＭ－９を主翼の可変パイロン（主翼の後退角が変わっても、常に機の首尾方向と平行になる）に２発ずつ装備できるようになったし、ドロップタンクも大型になった。

トーネイドＦ３、つまりＡＤＶの量産19号機は１９８５年11月に初飛行して、１９８７年４月からコニングスビー基地の№29スコードロンで実戦配備になった。やっとこれでトーネイド迎撃機がイギリスの空を守るようになったわけだ。続いてライトニングを使ってた№５スコードロンがトーネイドＦ３に機種を変更、１９８８年には同じくライトニングの№11と、フォークランド帰りの№23が、１９８９年にはブラッドハウンド対空ミサイル部隊だった№25と、ファントムを飛ばしていた№43、翌年には同じくファントムの№１１１スコードロンがトーネイドＦ３に装備換えとなった。№２２９ＯＣＵも１９９２年には№56（Ｒ）スコードロンになった。（Ｒ）っていうのは予備のことで、普段は乗員訓練をやってるけど、有事には実戦部隊に格上げ、っていう立場の部隊になったわけだ。

トーネイドＦ３の生産は１４４機、うち31機が複操縦装置つきだった。Ｆ２も本当はＦ３仕様に改修されて、Ｆ２Ａになるはずだったんだけど、予算の都合で見送られて、結局１機が改修されただけで終わった。

トーネイドＦ３と同様のＡＤＶはサウジアラビア空軍にも48機採用された。またイタリア空軍も、Ｆ－１０４Ｓの老朽化でつなぎの防空戦闘機が必要になって、１９９５年から２００４年まで24機のトーネイドＦ３をイギリス空軍からリースしてもらった。

かくして実戦配備になったトーネイドＦ３だったんだけど、１９８０年代末の世の中じゃＦ－14やＦ－15、それにF-16やF/A-18とかのドッグファイトに強い戦闘機の全盛期だったから、トーネイドF3は格闘戦能力ないからダメじゃん、空中戦になったら勝てないでしょ、みたいな見方をされちゃって、ずいぶん評価が低かった。でもトーネイドF3はそもそも戦闘機相手に取っ組み合うんじゃなくて、あくまでもイギリス本土から遠くで巡航待機してて、遠距離でソ連爆撃機を捕捉、スカイフラッシュで撃墜する、っていう戦闘機だったんだから、格闘性能を求めるのは酷ってもんだよな。

1991年の湾岸戦争に、トーネイドF3は暑熱対策やエンジンとレーダーの強化とかの改修を施されて18機が派遣された。でも敵味方識別装置が新型化されてなかったし秘匿通信機能も不十分だったんで、後方の防空警戒任務に就けられて、敵機撃墜のチャンスはなかった。その後もイラク飛行禁止空域への監視や、ボスニア紛争、イラク戦争に参加したけど、結局トーネイドF3には空中戦での戦果はないままだった。トーネイドF3はフォークランド派遣防空部隊の№1435フライトにも働いてる。

トーネイドF3は1996年から「CSP（能力維持計画）」で近代化改修が施されて、データリンクのリンク16や情報システムのJTIDSを装備するようになった。でもレーダーのアップグレードが予算の都合とかで中途半端になって、AIM-120AMRAAMミサイルの目標データ中間アップデート能力がないままになっちゃった。そこで2003年のイラク戦争でも、イギリス空軍のトーネイドF3はスカイフラッシュを装備して参戦することになったのだった。

それにこのCSP改修は全部の機体に施されずに、それ以前の改修を受けた機体の程度とかを見ながら機体を選んでCSP改修を進めたもんで、改修の程度が機体によって差ができちゃって、どの機も仕様が違うっていう状態になっちゃったんだそうだ。

　またトーネイドF3を運用してると、予想外に機体の疲労が大きいことが明らかになって、1990年代初めに寿命延長改修を施すことになった。最初の一部はBAE社が担当したんで問題なかったんだけど、後の改修はエアワークス社が担当した。ところがこの会

蛇の目可変後退翼：夢の見始め

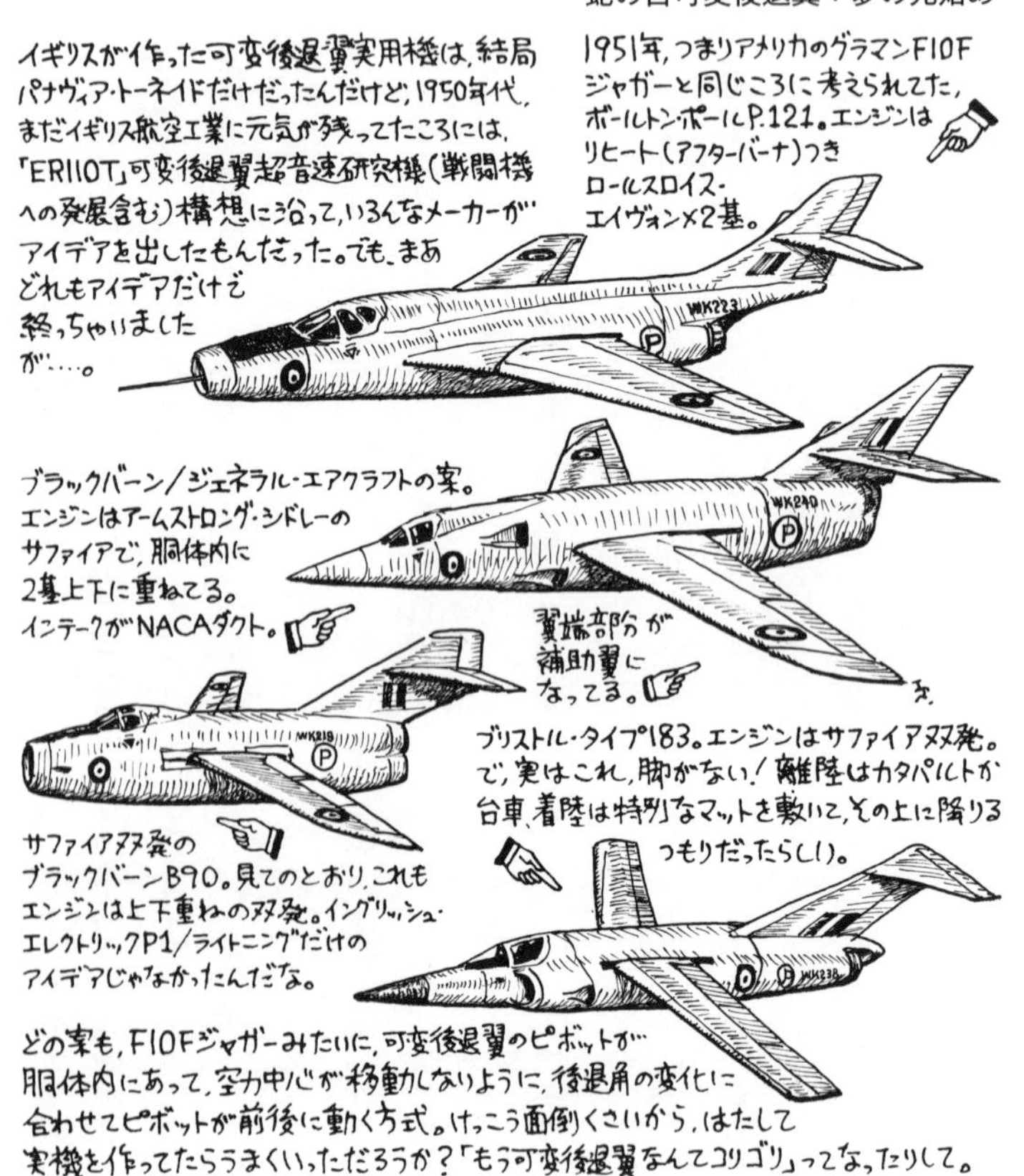

社、どうやらトーネイドＦ３の完全な技術情報をもらえなかったらしくて、機体を分解するときにボルトを正規の手順で外さずに、ドリルで穴を開けてボルトを壊して外したり、いろいろ粗暴なことをやっちゃった。

おかげでかなりの機体の胴体中央部構造が損傷しちゃって、しかも機体が空軍に戻されるまでそれが見過ごされてた。これでエアワークス社は軍に訴えられて、損害賠償を支払う羽目になったんだと。機体の損傷のほうは退役したトーネイドＦ２の部分を利用してなんとかしたんだとか。

それやこれや、トーネイドＦ３はイギリス独自仕様の最後の戦闘機なのに、その生涯じゃすいぶん辛い目や悲しい目を見せられてしまった。退役は２００３年に№５スコードロンから始まって、最後の№１１１スコードロンも２０１１年３月にトーネイドＦ３とともに解散した。

可変後退翼で同時多目標迎撃能力……その点じゃＦ-14と同じなのに、トーネイドＦ３はトムキャットみたいなカリスマはとうとう持てずじまいだった。戦闘機の世代分けっていうのは何か便宜的すぎて、しかもロッキード・マーチン社の方便に乗るようで、あんまりアレなんだけど、トーネイドそのものがいうなれば「最後の第3世代」みたいなもんだから、トーネイドＦ３はいわば「第3・5世代」、それが「第4・5世代」のタイフーンに後を託すまで立派に働き通したんだから、誉めてあげなくちゃいけないよな。

COLUMN 花園ひとくちメモ

F-35の今 01

すったもんだの末に、やっぱりイギリスはF-35のB型を買うことにして、6万トンのクイーン・エリザベス級2隻はカタパルトなしでスキージャンプつきのSTOVL空母になったのでした。めでたしめでたし。
2番艦はプリンス・オブ・ウェールズだぞ。

テストではF-35Bはクイーン・エリザベスに後ろ向きに着艦する、なんてこともやったんだそうだ。

海軍航空隊のライトニング飛行隊はNo.809スコードロン。火の鳥のマークで、昔はバッカニアを飛ばしてた。

実はこの本に収録されている、イギリスのF-35Bライトニングについてのコラムは2011年11月号に書いたもので、それからずいぶん経ってる。だからその後のことを追加しておいた方がいいだろうな。

2010年にイギリスはF-35の調達をSTOVL型のF-35Bから艦上型F-35Cに切り替えて、建造中の空母クイーンエリザベスもカタパルトつきにして、F-35Cを運用できるようにすることにした。ところが実はクイーンエリザベスの改設計の経費がかなりかかることがわかった。むしろF-35Cを買う方が高くつくじゃないか、ということになって、イギリスは2012年にまたF-35Bの調達に戻したのだった。アメリカ国防省もF-35Bの開発に気合を入れさせて、おかげでF-35Bは順調に開発が進むようになったから良かったんだけど、イギリスはこの余計なすったもんだでお金と時間を損しちゃった。

イギリス空軍向けF-35Bの1号機は2014年7月に引き渡されてる。イギリス空軍（それと海軍）じゃ、もちろんF-35Bとは呼ばれずに「ライトニング」と呼ばれる。でもイギリス軍じゃ「ライトニングII」とはいわず、ただの「ライトニング」だ。イギリス空軍最初のライトニング部隊、No.17スコードロンもこの月に編成された。この部隊はライトニングのテストや運用評価が任務で、アメリカのカリフォルニア州エドワーズ空軍基地に所在してる。イギリス空軍のライトニング・パイロットの訓練も、同じくF-35Bを使ってるアメリカ海兵隊と一緒に、サウスカロライナ州ボーフォート海兵航空基地で行われてる。

そしてイギリス空軍のライトニングがイギリス本土に到着したのは2018年6月のことでありました。

で、イギリス空軍最初の実戦ライトニング部隊は、No.617スコードロン。No.617といったら、そう、第二次大戦のときのルール地方ダム攻撃のために、特殊改造ランカスターで編成された、あの「ダムバスターズ」。No.617スコードロンは第二次大戦後にはアヴロ・ヴァルカンの戦略爆撃機部隊となって、近年はトーネイドを2014年まで飛ばして、いったん解散されていた。それが2018年4月に再編成されて、アメリカでライトニングの訓練を受け、6月にまず4機でアメリカからイギリス本土のマーラム基地に飛んできたのだ。（p.142に続く）

JM 015

回転翼機も
米国生まれ英国育ち

ウェストランド・ウェセックス
WESSEX, Westland

ウェセックスHAS1の場合
ローター径：17.1m（56ft）
全長：20.1m（65.83ft 9 24/25in）
全高：4.8m（15ft 9 24/25in）
自重：3,447kg（7,600lb）
全備重量：5,715kg（12,600lb）
エンジン：ネイピア ガゼル160 ターボシャフト(1,450shp)
最大速度：222km /h（120knots）
実用上昇限度：2,135m（7,000ft）
航続距離：630km（340nm）
武装：Mk.44魚雷×2、Mk.11爆雷×2
乗員：3～4名

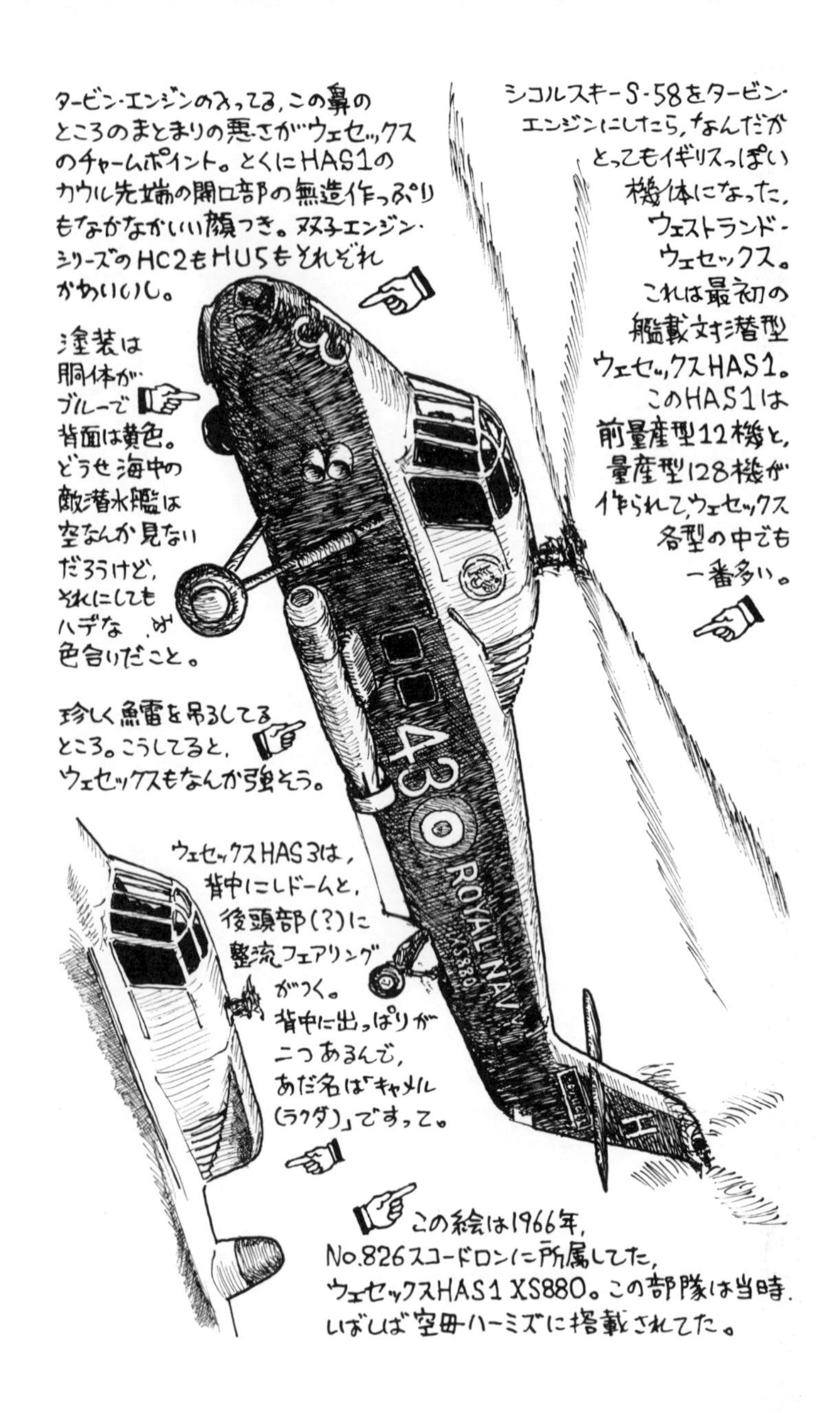
タービン・エンジンのみってる，この鼻のところのまとまりの悪さがウェセックスのチャームポイント。とくにHAS1のカウル先端の開口部の無造作っぷりもなかなかいい顔つき。双子エンジン・シリーズのHC2もHU5もそれぞれかわいいし。
シコルスキーS-58をターピン・エンジンにしたら，なんだかとってもイギリスっぽい機体になった。ウェストランド・ウェセックス。これは最初の艦載対潜型ウェセックスHAS1。このHAS1は前量産型12機と，量産型128機が作られて，ウェセックス各型の中でも一番多い。
塗装は胴体がブルーで背面は黄色。どうせ海中の敵潜水艦は空なんか見ないだろうけど，それにしてもハデな色合いだこと。
珍しく魚雷を吊るしてるところ。こうしてると，ウェセックスもなんか強そう。
43
ROYAL NAVY
XS880
ウェセックスHAS3は，背中にレドームと，後頭部(?)に整流フェアリングがつく。背中に出っぱりが二つあるんで，あだ名は「キャメル(ラクダ)」ですって。
この絵は1966年，No.826スコードロンに所属してた，ウェセックスHAS1 XS880。この部隊は当時，しばしば空母ハーミズに搭載されてた。

⊙アメリカ生まれでイギリス育ち

イギリス空軍と海軍は、実は結構早い時期からヘリコプターを実用化してる。アメリカ製のシコルスキー・ホーヴァーフライ（アメリカ陸軍名R－4だな）を武器貸与法で45機を入手して、空軍と海軍航空隊（FAA）で1945年1～2月から使ってた。それがイギリス軍のヘリコプター運用の始まりで、イギリスで作られたヘリコプターで、最初にイギリス空軍で採用されたのは、ウェストランド社がアメリカのシコルスキーS－51をライセンスしたドラゴンフライだった。

それからウェストランド社はシコルスキー社のS－55のライセンス生産型、ホワールウィンドを作って、これもイギリス空軍と海軍で採用された。そのウェストランド社は、次にシコルスキー社のS－55発展型、S－58のライセンス生産に進んだ。それがウェストランド・ウェセックスだ。

それには背景があって、1953年にイギリス海軍は新しい艦載多用途ヘリコプター要求HR146を提示した。対水上の索敵・攻撃や対潜作戦、捜索・救難用のヘリコプターを求めてたんだな。これに応えたのがブリストル社のタンデム双ローター案タイプ191だった。同じようなタンデム双ローターのタイプ192が空軍の空挺輸送ヘリコプター、ブリストル・ベルヴェディアになるんだけど、それはまた別の話。ブリストル社はタービン双発のタイプ191の開発を進めたんだけど、トランスミッションの開発が難航したり、前後ローターの干渉の問題があったりで苦労して、経費も膨らんじゃって中止されちゃった。

一方、アメリカじゃシコルスキーS－58が1954年に初飛行して、ウェストランド社は1956年にライセンス権を取得してた。実はS−58はアメリカでも海軍が対潜ヘリコプターHSS−1としてすでに1955年から部隊配備を始めてたから、当然ウェストランド社としては、イギリス海軍の艦載ヘリコプターにすることを考えての、ライセンス取得だったんだろうな。

シコルスキーS−58のエンジンはレシプロ空冷星型9気筒1525HPのライトR−1820−84で、ウェストランド社はこれを軽量で小型、しかも出力の大きいターボシャフト・エンジンに換装しちゃうことを考えてた。それを試してみるために、まず1957年にアメリカからS−58、っていうかHSS−1の機体を買って、それをまず運用試験してデータを集めてみた。それが済んでから、R−1820エンジンを外して、代わりにネイピア・ガゼルNG11ターボシャフト・エンジンに換装した。

このエンジン、ヘリコプターの動力用に開発されて、1955年12月から試験運転が始まったばっかりの新型エンジンだった。うまいことに、ガゼル・エンジンは長さも短いし、水平でも垂直でも、斜めでも機体に装備して運用できるように設計されてたし、インテークも「ラジアル・スロット型」っていう、インテーク前面が漏斗型に開いた円盤型になってて、その円盤の縁の部分に隙間があって、そこから空気を取り入れるようになってた。

ウェストランド社はS−58の機体に、R−1820エンジンと同じように39度傾斜させてガゼルを取り付けて、機首の両開き式エンジンカウルからインテーク部分がちょっとはみ出るんで、そこには円盤型のカバーをつけた。これでそのまんまS−58のトランスミッションにつなげられて、改装はかなり簡単にできたのだった。

ガゼル装備改造型S–58はイギリス海軍のXL722っていうシリアルナンバーをもらって、1957年5月に初飛行した。ガゼルNG11エンジンの出力は1100shp（軸馬力）しかないんだけど、エンジンの重量がR–1820に比べて半分ちょいだったんで、出力重量比は30％ぐらい向上して、飛行性能もレシプロ・エンジンより良くなったんだそうな。

◉まず最初は対潜型と

こうしてイギリス製のタービン・エンジン型S–58はウェストランド・ウェセックスって名前をもらって、前量産型機11機に続いて、128機が対潜型HAS1として生産された。S–58との外観上の最大の違いは、機首のエンジン・カウル下部が長くなって、その前部に空気取り入れ口のメッシュつき開口部ができたことだった。エンジン排気管は改造機と前量産型1号機じゃ左右に2本ずつだったのが、前量産2号機以降は1本ずつになった。エンジンも量産型じゃ1450HPのネイピア・ガゼルMk.161に強化された。

ウェセックスHAS1は、ディッピング・ソナーを装備して、兵装はMk.44対潜魚雷か爆雷2発、ロケット弾ポッド、機関銃、ノールSS11かAS12有線誘導ミサイル、兵員だったら16人を乗せることができた。しかも当時としちゃ高度な自動飛行システムを備えてて、自動安定システムのおかげでほぼ完全な夜間全天候運用が可能だったんだそうだ。

ウェセックスHAS1は、1960年から№700スコードロンで運用評価に入って、実戦部隊への配備は1961年の№815スコードロンが最初だった。このスコードロンはこの年のうちには空母アークロイアルに搭載されて航海に出てる。これ以後、ウェセックスＨＡＳ１は全部で7個スコードロンに配備されて、当時イギリス海軍にはまだ何隻もあった空母に搭載されたり、ヘリコプター巡洋艦に改装されたタイガーとブレイク、それにカウンティ級ミサイル駆逐艦に搭載されたりした。

対潜型ＨＡＳ１がうまくいったんで、ウェストランド社は、ウェセックスＨＡＳ１のソナーや高度な自動操縦システムを外した、海兵隊強襲輸送型を提案してみた。これが採用されて、ウェセックス・コマンドウＭｋ．１とし１９６２年から12機が№８４５スコードロンに配備された。ウェセックス・コマンドウＭｋ．１は、イギリスとインドネシアが１９６０年代中期に対立したとき、１９６３年にボルネオに展開して実戦任務についてたこともある。

一方、イギリス空軍は輸送や傷病兵後送、それから対地攻撃にも使えるような汎用ヘリコプターを求めてた。ウェストランド社はウェセックスの強化型で応えて、それがウェセックスＨＣ２になった。ＨＣ２はエンジンが替わって、ブリストル・シドレー製ノームＨ１２００っていう双子エンジンになった。これはノームＭｋ．１１０と１１１をくっつけたもので、それぞれ１３５０ｓｈｐ、つまり合計で２７００ｓｈｐの出力だから、そもそものＳ-58と比べても75％以上の出力増だ。当然、これに対応してトランスミッションや機体も強化された。このおかげでウェセックスＨＣ２の能力は大きく向上して、完全武装の兵員16名を乗せたり、機外に重量１・８トンを吊り下げたりできる上に、なにしろ双子エンジン、片発が停止しても巡航飛行が可能、っていうのは安心だ。

双子エンジン装備型の開発を速めるために、ウェセックスＨＡＳ１の２機が改造されて、１９６２年１月からテストに入った。それと並行して本物のＨＣ２の試作機も作られて、こちらは１９６２年10月に初飛行した。でも結局ウェセックスＨＣ２が空軍に実戦配備になったのは１９６４年２月、№18スコードロンからだった。

ウェセックスＨＣ２は74機生産されて、イギリス空軍の７個スコードロンに配備されて、イギリス本国の他にドイツやキプロス、シンガポール、香港、アデンとかで使われた。ＨＣ２の一部は捜索救難型のウェセックスＨＡＲ２になって、№22と84の２個スコードロンで働いた。

それと、基本機体はＨＣ２と同じだけど、キャビン内装をＶＩＰ仕様にした機体が２機作られて、これが王室飛行隊用のウェセックスＨＣＣ４となった。ＨＣＣ４は１９６９年に初飛行、最初の実動任務は７月のチャールズ王子の立太子式典だった。

◉第２世代ウェセックス

ウェセックスＨＡＳ１がイギリス海軍の対潜ヘリコプターとして実戦配備されているうちに、レーダーや電子装備もいろいろ進化していった。ウェストランド社はそれらを装備してウェセックスをアップグレードすることを考えた。胴体背部にはエッコ軽量捜索レーダーを装備、マーコーニ社製ドップラー航法装置やニューマーク社製自動操縦システムを搭載して、エンジンも１６００ｓｈｐのガゼル18Ｍｋ．１６５に強化した。胴体背部のレドームからの気流が尾翼に当たって安定が乱れるのを防ぐために、メインローターマストの後方にフェアリングがついた。

これがウェセックスＨＡＳ３で、前量産型機３機が新造されたのに加えて、ＨＡＳ１から43機が改造された。ＨＡＳ３は背中にフェアリングとレドームの二つの出っ張りがあるんで、〝キャメル〟とあだ名されたんだそうだ。弱点は航続距離が短いことで、それを少しでも補うために、母艦上でホバリングしながら給油する方法が開発された。

ウェセックスＨＡＳ３は１９６７年から部隊配備されて、５個スコードロンで使われた。でもウェセックスＨＡＳ３は間もなくシーキングに交替を始めるようになって、最後の第一線スコードロン、№８１９は１９７１年には解隊しちゃった。それでも№７３７スコードロンの２機はカウンティ級駆逐艦のアントリムとグラモーガンに搭載されて、１９８２年のフォークランド戦争に参加してる。そのうちの１機、乗員から〝ハンフリー〟ってあだ名をつけられてたシリアルＸＰ１４２は、今はヨーヴィル基地の海軍航空博物館に保存されてる。

空軍型のウェセックスＨＣ２が、海兵隊強襲用のウェセックス・コマンドウＭk．1より強力だったことから、海兵隊も輸送能力の大きいヘリコプターを求めて、ＨＣ２と同じくノーム双子エンジンつきの機体が作られることになった。これがウェセックス・コマンドウＨＵ５で、最初のうちウェストランド社は試作機を作らなくてもＨＣ２の改造で行けるんじゃないのと思ってたけど、低空飛行を長時間続ける運用が多いんで、機体構造を強化するとか、いろいろ改修点が多くて、結局試作機1機を作らなくちゃならなかった。

ウェセックスＨＵ５の試作機は１９６３年5月に初飛行、量産型も11月に初飛行して、１９６４年には部隊配備が始められた。ウェセックスＨＵ５は１００機が量産されて、４個スコードロンに配備された。ウェセックスＨＵ５は№.８４５、８４７、８４８の３個スコードロンの50機以上がフォークランド紛争にも参加して、サンカルロス上陸作戦じゃ強襲輸送に、ポート・スタンレー奪還じゃＡＳ12有線誘導ミサイルで対地攻撃にと、いろいろ働いたのだった。

ウェセックスはＨＡＳ３の派生型ＨＡＳ31がオーストラリア海軍に採用されて、ＨＵ５の輸出型はイラク（Ｍｋ.52）、ガーナ（Ｍｋ.53）、ブルネイ（Ｍｋ.54）で使われた。

他に民間型Ｍｋ.60が20機作られて、ブリストウ・ヘリコプター社で運用された。

ウェセックスは元がシコルスキーＳ－58なんで、なんとなく正統なイギリス機じゃないような感じがするけど、こうしてみるとイギリス育ちでＳ－58とは別の機体になってるのがわかる。地味なヘリコプターっぽいのに、実はフォークランド戦争じゃ、ＨＵ５の方がシーキングより数が多くて、ウェセックスが輸送ヘリの主力を務めたんだぞ。

ウェセックスをカウンティ級駆逐艦に載せるのは結構大変

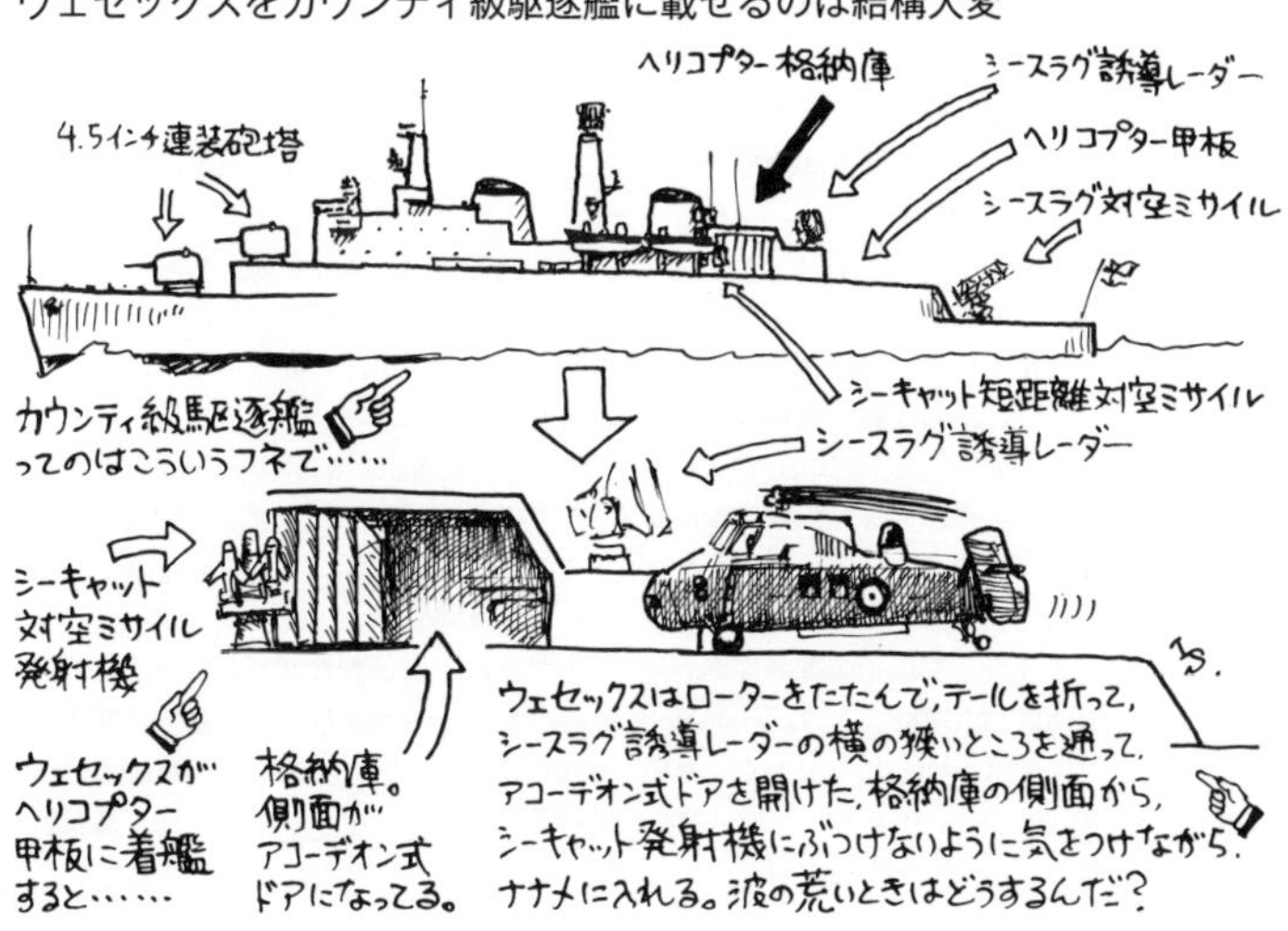

F-35の今 02

イギリス空軍最初のライトニング飛行隊は、No.617スコードロン「ダムバスターズ」。例のダム破壊用「アップキープ」爆弾がライトニングにインテグレート(機のシステムと統合、つまり運用可能になる)される、という話は全然聞こえてこない。

No.617スコードロンは、最初の使用機ランカスターが乗員7名、ヴァルカンが4名、トーネイドが2人で、ライトニングじゃ1人。だんだん乗員が少なくなってる。

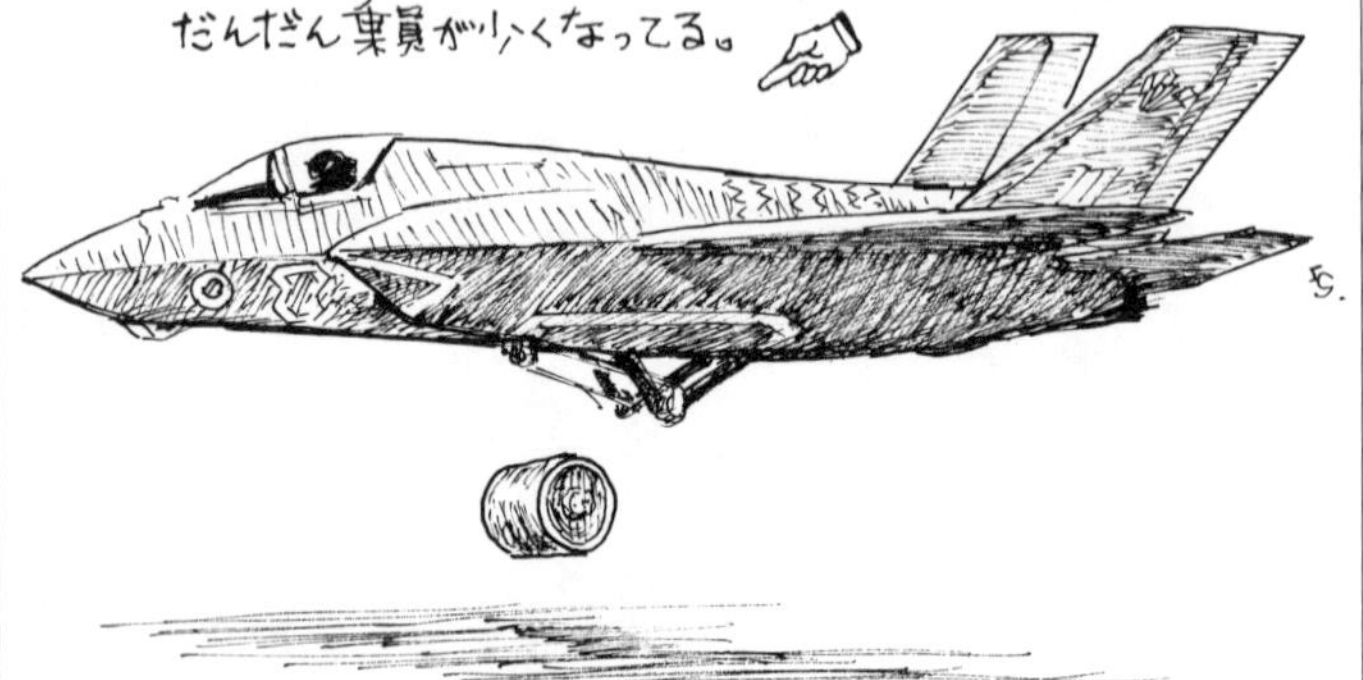

イギリス空軍じゃライトニングの転換訓練部隊としてNo.207スコードロンを2019年にマーラム基地に編成する予定で、これができればライトニングの乗員訓練もイギリスで行うことになるんだろう。

ライトニングはイギリス海軍のクイーンエリザベス級空母にも搭載されることになってて、つまりイギリス海軍はハリアーの退役以来、ひさびさに固定翼の戦闘機を持てるようになる。すでに2018年9～11月にクイーンエリザベスはアメリカ東海岸に展開してF-35Bの発着および運用テストを行ってる。最初にクイーンエリザベスに着艦したのはネイサン・グレイ海軍中佐だった。ただし機体はパタクセントリバー海軍航空基地のアメリカ海兵隊のF-35Bだったけど。

そんなわけでイギリス2番目のライトニング部隊は海軍航空隊(フリート・エア・アームズだな)のNo.809スコードロンがやはりマーラム基地に編成される予定になってる。このNo.809スコードロンはNo.617と共同運用されて、機体もパイロットも互いに融通を付けあうことになってる。ハリアー運用の末期と同じだな。空母に載るときは海軍の機体とパイロットが多めで、陸上基地からの運用は空軍が主体、ということになるらしい。

イギリスは総計138機のF-35B型のライトニングを調達する計画で、2018年には第2陣を発注してる。でも空軍は陸上運用のF-35A型を望んでるという話があって、そうなるとF-35B型が減っちゃって空母搭載機のやりくりが厳しくなるんで、海軍が反発してるともいう。まあ今後もいろいろありそうだけど、イギリス海空軍も最新鋭機が持てて良かったね、としておこう。

JM 016

最新鋭機もアメリカンなのね

(これは2011年に書いたものです)

F-35ライトニングII

LIGHTNING II, Lockheed Martin F-35

ライトニングIIの場合
全幅:10.7m(35ft)
全長:15.6m(51ft 2 1/4in)
全備重量:27,216kg(60,000lb)
エンジン:プラット&ホイットニーF135
アフターバーナー付きターボファン
最大速度:マッハ1.6
戦闘行動半径:胴体内燃料で450海里(833.4㎞)
実用上昇限度:15,240m(50,000ft)
武装:胴体爆弾倉内〜AAM×2、爆弾×2、
外装ポッド式25㎜機関砲、翼下に6,800kg(15,000lb)
乗員:1名

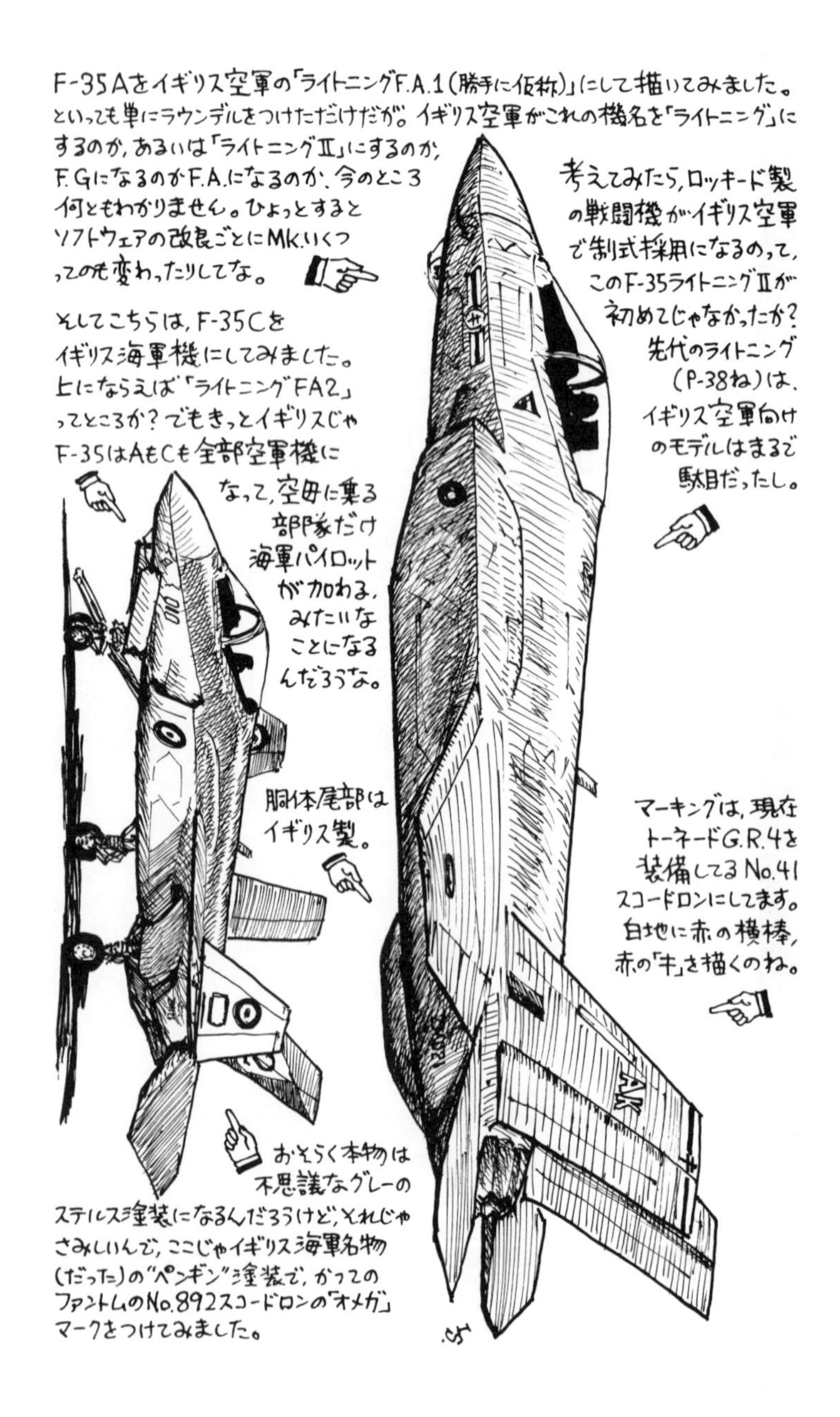
F-35Aをイギリス空軍の「ライトニングF.A.1(勝手に仮称)」にして描いてみました。

といっても単にラウンデルをつけただけだが。イギリス空軍がこれの機名を「ライトニング」にするのか、あるいは「ライトニングII」にするのか、F.Gになるのか F.A.になるのか、今のところ何ともわかりません。ひょっとするとソフトウェアの改良ごとにMK.いくつってのも変わったりしてな。

考えてみたら、ロッキード製の戦闘機がイギリス空軍で制式採用になるのって、このF-35ライトニングIIが初めてじゃなかったか？ 先代のライトニング(P-38ね)は、イギリス空軍向けのモデルはまるで駄目だったし。

そしてこちらは、F-35Cをイギリス海軍機にしてみました。上にならえば「ライトニングFA2」ってところか？でもきっとイギリスじゃF-35はAもCも全部空軍機になって、空母に乗る部隊だけ海軍パイロットが加わる、みたいなことになるんだろうな。

胴体尾部はイギリス製。

マーキングは、現在トーネードG.R.4を装備してるNo.41スコードロンにしてます。白地に赤の横棒、赤の「牛」を描くのね。

おそらく本物は不思議なグレーのステルス塗装になるんだろうけど、それじゃさみしいんで、ここじゃイギリス海軍名物(だった)の"ペンギン"塗装で、かつてのファントムのNo.892スコードロンの「オメガ」マークをつけてみました。

戦闘機の世界は〝第5世代〟っていうのに突入しようとしてる。初期の実用ジェット戦闘機、ロッキードP―80やデハヴィランド・ヴァンパイアからF―86セイバーあたりを第1世代、最初の超音速戦闘機F―100やマッハ2のF―104、MiG―21が第2世代、それからレーダー誘導ミサイルを装備するF―4ファントムやMiG―23とかを第3世代として、今の世界の主力戦闘機、アメリカや日本のF―15や、世界にはばたくF―16、ロシアの誇るSu―27フランカー系列が、高機動性やルックダウン／シュートダウン能力を備えて第4世代、ってことになってる。

それで次に来る〝第5世代〟は、つまりステルス設計になってて、AESA（アクティヴ電子スキャン）レーダーを備えてて、各種センサーの情報を統合する「センサー・フュージョン」ができて、その情報をデータリンクで味方の指揮機能、航空機や軍艦、地上部隊と共有して、それによってパイロットの状況認識、「シチュエーション・アウェアネス」を高める、っていうような能力を持つ戦闘機のことになる。

まあ、この世代分けは近年になってジェット戦闘機の発達を振り返った場合の、多分に便宜的なもんで、いうなれば後知恵の後付けでもある。とくに〝第5世代〟っていう呼び方はロッキード・マーチン社の登録商標らしくて、F―22ラプターやF―35の有利さを強調するために使ってるようだ。ボーイング社は、「もともと第5世代って言いだしたのはウチなのに……」と文句があるみたいだが。

さて、それはそうとイギリス空軍は〝第5世代〟のロッキードF―35ライトニングII戦闘機を採用することになってる。ご存知のように、イギリス空軍は防空・制空戦闘機と攻撃機を兼ねて、ユーロファイター・タイフーンの配備を進めてるんだけど、F–35はそれと並んで多用途戦闘攻撃機となる。

さてF–35はアメリカ軍の野心的なJAST（Joint Advanced Strike Technology ＝統合発達型攻撃機技術）っていう構想から開発された機体で、原型となる技術実証のための実験機X–35が、ボーイング社のX–32を破って、新しいJSF（Joint Strike Fighter）として、実用型F–35に進むことになったものだ。

なにしろ〝ジョイント（統合）〟っていうくらいだから、F–35はアメリカ空軍の陸上発着型のA型と、海兵隊の垂直離着陸型のB型―っていっても実際の運用は短距離滑走離陸と垂直着陸のSTOVLが主流になる―、それとアメリカ海軍の艦上型C型の3タイプが並行して開発・生産される。F–35は基本機体は同じだけど、B型はプラット&ホイットニーF135エンジンからシャフトが前方に伸びて、ギアボックスを介してリフトファンを駆動、エンジンのノズルもグリンと90度近く下を向く。あと脚のちょっと外側にホバリング時の横操縦用のノズルがあったり、垂直離着陸時にはファンの上下カバーやいろんなところのフェンスとかが開いて、すごい姿になる。C型は空母上での離着艦性能と、着艦進入の際の低速での細かい操縦性を確保するために主翼と水平尾翼が大きくなってる。

アメリカ各軍だけじゃなくて、F–35は国際協同開発計画ともなってる。イギリスにイタリア、オランダにカナダ、トルコ、オーストラリア、ノルウェー、デンマークとアメリカ以外に8か国がいろんなカタチで計画に参加してて、つまりこれだけの国がF–35を採用することにしてるわけだ。まあそれなりにお金も出してるんだが。

その中でも筆頭格、「ティアー1（第1階層）」の参加国がイギリスで、開発・生産でもイギリスはF-35B型のファン部分と回転偏向型ノズルをロールスロイスが作るし、将来搭載予定のGE社F136エンジンの開発・生産にも参画することになってる。機体の方でもBAEシステムズ社がサムレスベリー工場で尾部の生産を分担してて、まあつまり本気でF-35計画に関わってるのだ。

イギリスは空軍のタイフーンと並ぶ主力多用途戦闘機と、ハリアーの後継として海軍のクイーン・エリザベス級空母の搭載機にもなるよう、STOVL型のF-35Bを採用するつもりだった。それもあってB型用のリフトシステム関連部分をロールスロイス社が担当することになったわけだ。

ところがイギリスもいろんな国と同じように近年とても景気が悪い。政府の財政も苦しいどころか青息吐息状態。そんなときにあんまり軍事費なんか使ってられない。そんなわけでイギリス政府は2010年の11月に「戦略的防衛および安全保障再検討（SDSR）」っていう方針を策定した。

その中でF-35Bは開発が遅れてるし、値段が高くなっちゃうんで調達が中止ってことになっちゃった。海軍向けにはF-35Cを買うことに変更、B型を搭載する前提で、スキージャンプつきのSTOVL空母にするはずだったクイーン・エリザベス級は、スチームカタパルトつきの通常離着艦空母に改設計して建造することになった。まあ、将来的には通常離着艦に改造できることも見込んでたから、あんまり無理な改設計じゃないみたいだけど。

空軍は陸上基地運用型のF-35Aにして、A型は開発も難航してないから、大丈夫だろう、というわけだ。

これでイギリス空軍はF−35AとCを合わせて138機調達する、っていうのが目下の計画だ。その内訳がどうも明確になってないんだけど、F−35Cは40機程度になりそうだ、という観測がある。イギリス海軍航空隊はすでにシーハリアーを退役させちゃって、空母の搭載機は空軍のハリアーGR9を海軍パイロットも含めて一種の協同運用でまかなってきてる。だからきっとF−35Cも空軍の機体に、一部海軍のパイロットが乗るみたいな運用になるんじゃないのかなあ。とりあえず今のところはっきりしてないけど。

なんにせよ、とにかくイギリス空軍はF−35で「ファーストデイ・ストライク」のできる戦闘攻撃機を手に入れることになる。「ファーストデイ・ストライク」っていうのは、「戦争初日の攻撃」のことで、つまり敵の対空レーダーをかいくぐって防空網を制圧、あるいは回避して、指揮中枢や通信系統、航空基地みたいな重要目標を攻撃することだ。こういうときにF−35のステルス性やパッシブな情報収集能力、データリンクが威力を発揮するわけだ。

イギリス空軍はF−35とタイフーンを主力に据えて、〝第5世代〟と第4・5世代の戦闘機を揃えることになる。タイフーンもF−35もスホーイSu−27系の機体に充分対抗できる、とメーカー側はいってるけど、まあイギリスがロシアと戦争になることは当分の間はまずなさそうなんで、フランカー相手の空中戦の勝敗をそんなに真剣に気にしなくてもいいんだろうな。その点、周りの国が妙に鼻息を荒くして、〝第5世代〟っぽい戦闘機を作ろうとしてるような、日本とはちょっと情勢が違う。それにイギリスはNATOの一員だし。

そうはいっても、F−35が新しい世代を名乗る所以は、ステルス性ももちろんだけど、むしろAESAレーダーや赤外線センサー、パッシブな電子戦センサーとかの情報を統合する能力と、その情報をデータリンクで味方と共有する能力の方にあるんじゃないだろうか。言葉を変えると、味方の指揮機能や航空機、艦艇、地上部隊との間で作られる情報の〝ネットワーク〟の中で戦うのが、新しい世代の戦闘機ってことになる。

そんなネットワーク・セントリックな性格で見ると、F／A-18E／FスーパーホーネットのブロックⅡは、しばしば第4・5世代とか第4世代プラスとか呼ばれるけど、実はF-35と同じカテゴリーに入る、って言えるんじゃないだろうか。アメリカ海軍はF-35Cとスーパーホーネットを併用するわけだし。

F-35もスーパーホーネットも最大速力がマッハ2未満っていうのは、そのネットワーク能力があれば、必死になってマッハ2以上の速力なんか追求しなくてもいい、ってことなのかも。いや、F-35は機内にAMRAAM2発とJDAM2発搭載してマッハ1・6出せるんだから、それはそれで大したもんだが。

その視点でイギリス空軍を見ると、どうなんだろう？　自衛隊の次期戦闘機選定でユーロファイターの記者発表とかを聞いてると、確かにタイフーンはデータリンクやコクピットの画面表示なんかで状況認識性が高くなってるのはわかるんだけど、それが〝ネットワーク〟っていう大きな広がりを持つ情報空間につながるんだ、っていう説明は聞いたことがない。ひょっとするとイギリスやNATOはアメリカみたいなネットワーク・セントリックの考え方にまだ追いついてないのかも……なんて印象を受けるんだよなあ。

とはいえイギリス空軍だってF-35を導入すると、そのネットワーク能力を実感することになるかもしれない。F-35って「サイタマ県で作った5ナンバーのF-22」なんかじゃなくて、どうやらとんでもなく革新的な飛行機なのかもしれないぞ。

そうそう、F−35のニックネームは「ライトニングⅡ」。どのライトニングのⅡ世かっていうと、もちろんロッキードP−38ライトニングの2代目なんだけど、それだけじゃない。実はイングリッシュ・エレクトリック（またはBACでもいいけど）・ライトニングの2代目でもあるんだそうだ。うん、そう聞くとF−35はちゃんとイギリス機の資格がありそうだな。

※この回は2011年の記述です。イギリス空軍と海軍のF−35のその後の進展については、P132とP142のコラムを読んで下さいね。

明日のRAFは意外に強そうかも？

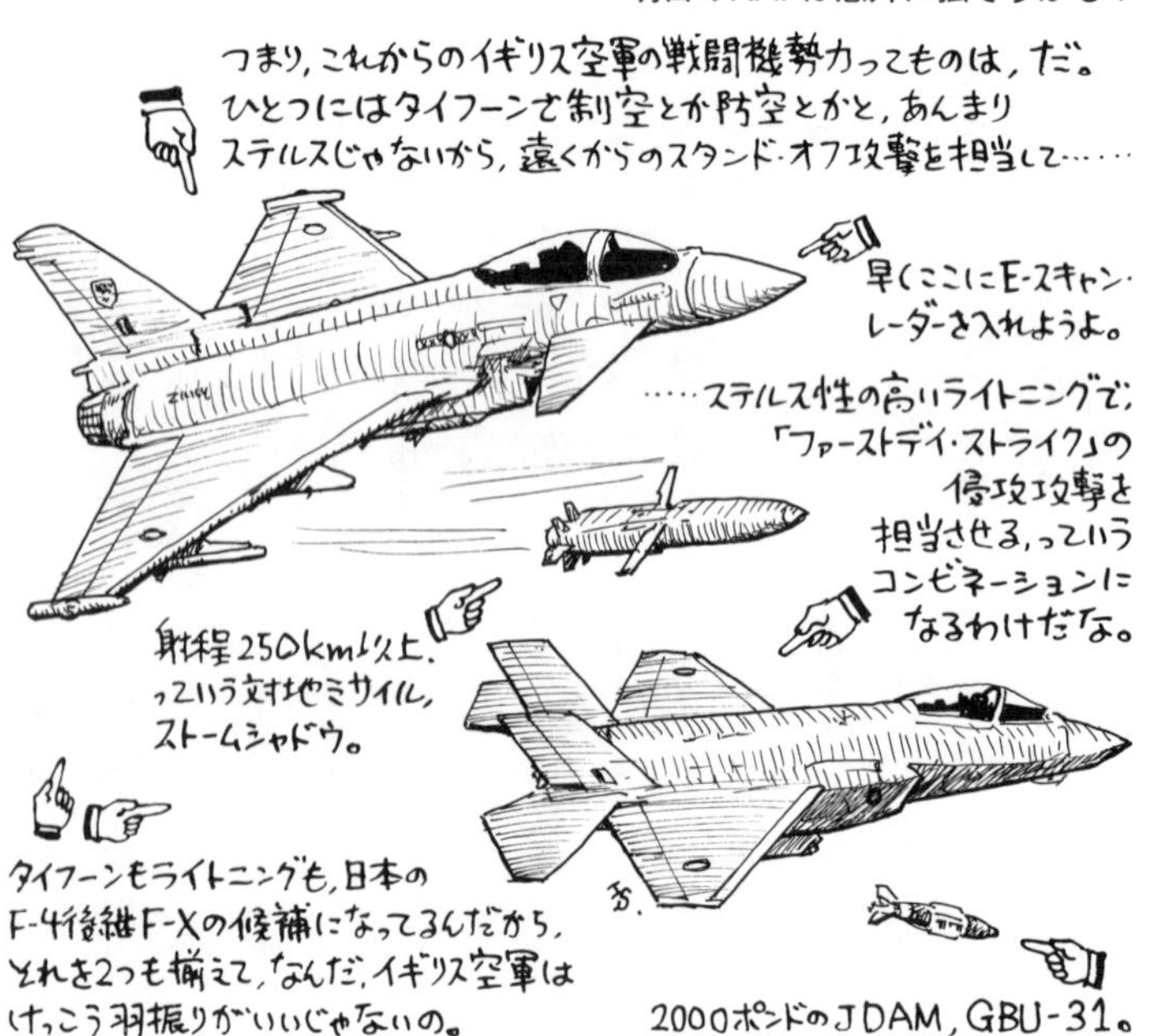

つまり、これからのイギリス空軍の戦闘機勢力ってものは、だ。

ひとつにはタイフーンで制空とか防空とかと、あんまり
ステルスじゃないから、遠くからのスタンド・オフ攻撃を担当して……

早くここにE-スキャン・レーダーを入れようよ。

……ステルス性の高いライトニングで、「ファーストデイ・ストライク」の侵攻攻撃を担当させる、っていうコンビネーションになるわけだな。

射程250km以上、っていう対地ミサイル、ストームシャドウ。

タイフーンもライトニングも、日本のF-4後継F-Xの候補になってるんだから、それを2つも揃えて、なんだ、イギリス空軍はけっこう羽振りがいいじゃないの。

2000ポンドのJDAM，GBU-31。

JM 017

救世主は
トマホーク

カーチス・トマホーク

TOMAHAWK, Curtiss Model Hawk 81

トマホーク Mk.Ⅱの場合
全幅：11.4m（37ft 3 1/2in）
全長：9.7m（31ft 8 9/16in）
自重：2,549kg（5,615lb）
全備重量：3,465kg（7,632lb）
エンジン：アリソン V-1710-33（C15）
液冷V型12気筒(1100HP)
最大速度：565km /h（351mph）
実用上昇限度：4572m（15,000ft）
航続距離：1,175km（730miles）
武装：翼内～ブリティッシュ・ブローニング 0.303-in.（7.7mm)機関銃×4、
機首～ブローニング 0.50-in.（12.7mm)機関銃×2
乗員：1名

オーストラリア空軍No.3スコードロン
のカーチス・トマホークⅡB。
この「AK436」はシリア戦で、
リオレ・エ・オリヴィエLeO451と
マーチン167を撃墜したんだ
けど、停戦前日の7月11日に、
フランス軍車列を攻撃中に
対空砲火で損傷して、
ダマスカス北方の野原に胴体着陸、
パイロットの
リンゼイ・E.S.
ノウルズ中尉は
無事だった。

スピナは黒。

シリアに配備されてた、ヴィシー政権
フランス空軍GCⅡ/3（第3航空団
第Ⅱ戦闘グループ）第4小隊
（エスカドリル）のドヴォワティーヌD520。
垂直尾翼の白いグレイハウンドが
グループのインシグニアで、胴体の
斜めの帯の色でエスカドリルを
現わしてた。第4エスカドリル
は赤。かくして、
シリア上空で、
蛇の目vs
蛇の目の
戦いとなっ
たのでした。

いうまでもなく、
ミドルストーンとダークアース、
エイジュア・ブルーの
砂漠迷彩で、
スピナは赤。

このD520と、
このトマホークが
戦った、ってわけじゃ
ありませんのよ。

シリアのフランス軍機は、1941年の5月から、イギリス機
との識別のために、尾部と機首（スピナだけの例も
ある）を黄色く塗ることになった。どっちも蛇の目マーク
だもんな。さらに6月24日には、黄色と赤の帯に
塗るように指示が出て、それが1941年12月13日
からは、フランス本国や北アフリカなど全ての
フランス軍機が黄・赤ストライプを塗ることと
されたのだった。このストライプが
いわゆる「ヴィシー・ストライプ」ね。

No.3
スコードロンは
1941年12月
からキティホーク
を受領、イタリア
で戦ってた
1944年11月には
マスタング（Mk.Ⅳ?）
に転換した。

このころのNo.3スコードロンの“トミー”こと
トマホークは、ラウンデルとシリアルのみで、
スコードロン・コードも機体コードもなし、って
いう愛想のないマーキングだった。その後、
スコードロン・コード「CV」を書くようになって、
戦争終結までマスタングにCVを書いてた。

中東の航空戦っていうと、やっぱり「中東戦争」のジェット戦闘機同士の戦いが思い浮かんじゃう。第二次大戦でも北アフリカの航空戦は有名だけど、今のイスラエルからレバノン、シリアにかけての方の航空戦はあんまり知られてない。でも、実は第二次大戦でも中東の空じゃ戦闘があったんだよ。ころは1941年の6月、イギリスが統治していたパレスチナ（まあつまり今のイスラエルのあたりだ）の北、シリアの動向が連合軍にとって問題になってきた。フランスは第一次大戦後に統治してたシリアに自治を認めてたんだけど軍隊や基地を置く権利を持っていた。ところが1940年6月にフランスがドイツに負けちゃうとフランスにはドイツの息のかかった〝中立〟のヴィシー政権ができたのだった。1941年5月、イギリスの支配下にあったイラクにクーデターが起きて、ナチス・ドイツ寄りの反乱軍が政権を握った。ドイツは当然、このイラク新政権にテコ入れして、イラクの石油がイギリスに渡らないように、また産油国のイランと中東のイギリスとの間を分断しようと企むわけだ。でもイギリスとしてはイラクが枢軸国に近づいたら困るから、軍事力で新政権をひっくり返して、一度は追放された王族を政権につけちゃった。このときにドイツとイタリアは、イラク反乱政権に武器を運ぶ輸送機をイラク国籍ってことにして、シリアのフランス軍基地を経由させたのだった。

これはイギリスとしては平気で見てるわけにはいかない。北アフリカの戦いがこじれてきてるのにエジプトの裏側にあたるパレスチナやシリアで枢軸国にこれ以上ややこしいことをされては困る、というわけでイギリス軍はヴィシー政権が支配しているシリアを攻略しちゃうことにしたのだった。5月にはブレニムがシリアを偵察に行って、ドイツのＪｕ90輸送機とかが動きまわってるのを発見、イギリス空軍がシリアの飛行場に機銃掃射をかけると、ヴィシー政権は反撃してブレニムが撃墜されたり、6月にはヴィシー政権のマーチン167F（英名メリーランドだな）がパレスチナで撃墜されたりした。かくしてイギリスやオーストラリア、インドなどの連合軍は6月8日にパレスチナとイラクからシリアへの侵攻を開始することとなったのだった。

⦿トマホーク参上

当然イギリス軍の侵攻には空からの援護が必要だし制空権の確保や爆撃機や偵察機の護衛に戦闘機も投入されなくちゃならなかった。そうはいっても1941年の中ごろといえばイギリス空軍もヨーロッパや北アフリカ、ギリシャで大変な時期だったから、おいそれとシリア侵攻作戦に回せる戦力なんかない。そこでかき集められてきた戦闘機部隊のひとつがオーストラリア空軍№3スコードロンだった。この部隊、複葉のグロスター・グラジエーターとウェストランド・ライサンダーの混成の直協飛行隊で、それに加えてもっと旧式な複葉戦闘機グロスター・ガントレットも少数配備されて、北アフリカ戦の初期からエジプトでイタリア軍と戦ってた。

1941年1月、やっとホーカー・ハリケーンに装備転換になったんだけど、このころの北アフリカ戦線にそうそうまい話があるわけがない。№3スコードロンがもらったハリケーンはMk.I、それもバトル・オブ・ブリテンの使い古しで、いろんなところがくたびれてて、とくにエンジンなんか圧縮が足りなくて馬力が出ないもんだから、とても戦闘機として使える代物じゃなかったそうだ。それで苦労して戦ってるうちに、ドイツ軍の侵攻をくらって退却してきたら、今度はパレスチナに配備替えになったのだった。基地はテルアヴィヴ南東約15kmのリッダ、今のロッド空港だ。飛行機も中古のハリケーンじゃなくて、新品のカーチス・トマホークⅡ

Bがあてがわれた。カーチス・トマホークは、P－40A～Cのイギリス名で、最初のMk.ⅠはP－40A（輸出型社内名称H－81－A1）に相当する。これはフランスが発注してたのが、フランスの敗北でイギリスが引き取ることになったもので、140機がイギリスの手に渡った。あとはイギリスが発注したP－40B相当（H－81A－2）のMk.Ⅱ110機と、P－40C相当（H－81－A3）のMk.ⅡB635機だった。イギリス空軍じゃ本国のNo.26スコードロンが1941年2月に最初にトマホークを実戦配備して、トマホークを使った飛行隊は全部で16個に及んだ。とはいえなにしろトマホークは高空性能が大したことないんで、本国じゃ戦闘機には使えなくて、ヨーロッパ大陸への低空威力偵察に使われたぐらいだった。

トマホークは中東～北アフリカの部隊にも送られて、戦闘機として働くことになった。もちろんこっちなら高空性能が良くなるなんてことはないのであって、性能的に多少アレでも、とにかくグラジエーターよりは新しい戦闘機なら、配備されるだけでも良しとしなくちゃならないような状況だったんだろうな。中東～北アフリカのイギリス空軍で最初にトマホークに装備換えを完了したのがNo.112スコードロンで、1941年6月のことだった。ということはオーストラリア空軍No.3スコードロンの方がちょっとだけ早かったみたいだな。そのNo.112がトマホークの機首にシャークマウスを描いて、それが戦時中の宣伝写真で有名になったもんだから、軍用機のマーキングの歴史に名を残すことになったのは、また別の話。

⊙ワレ奇襲に成功セリ

オーストラリア空軍（RAAF）No.3スコードロンは、まがりなりにも新品の戦闘機を手に入れたんだけど、機種転換訓練が大変だった。オーストラリアから送られてきた新人パイロットは引込み脚に不慣れで、脚を下ろし忘れて胴体着陸しちゃう、なんてことがしばしばあった。トマホークはプロペラのトルクで地上滑走や離陸時に振られる癖があったんで、ひっくり返ったり脚を折ったり、編隊離陸のときにはトマホーク同士で衝突することすらあった。そんなこんな、訓練期間中に16機が失われた、と部隊の整備兵の一人は記録してるそうだ。それもそのはず、どうやら部隊にはテクニカル・マニュアルが届かなかったようで、パイロットたちは適正な着陸速度がわからなくて、やたら速い速度で着陸した。それにリッダの滑走路はコンクリートだったけど、パイロットは誰もコンクリートの滑走路に着陸した経験がないもんだから、つい土の滑走路のつもりで乱暴に機体を降ろして、脚を折っちゃうっていうこともあった。

とはいえ作戦は作戦、№3スコードロンは慣熟していようがいまいが、1941年6月8日にシリアに向けて出撃したのだった。任務はラヤクのヴィシー政権軍飛行場への奇襲攻撃。パイロットの中にはキティホークでほんの6時間しか飛んでない者もいたっていう話だ。パイロットたちはヴィシー政権軍と戦うことになるだろうとは薄々感じてはいたものの、やっぱりかつての味方を攻撃することには複雑な思いだったようだ。とにかく目標のフランス空軍基地への奇襲は成功して、ヴィシー政権軍は6機の航空機を地上で破壊されてしまった。後にラヤクで撮影された写真では、少なくともリオレ・エ・オリヴィエＬｅＯ４５１爆撃機１機とドヴォワティーヌＤ５２０戦闘機２機の残骸が写ってる。なにしろ平坦な土地だし、掩体とかの防御措置はなかったし、対空火器も少なかった上に、不意を突かれたため、フランス軍はほとんど反撃ができなかったんだな。

その後もNo.３スコードロンのトマホーク、隊員からのニックネームは〝トミー〟と、オーストラリア人パイロットは、ヴィシー政権空軍のＤ５２０やモラーヌ・ソルニエＭＳ４０６戦闘機に対して上手に立ちブレニム爆撃機の護衛や対地支援に働いた。６月26日にはNo.３スコードロンの〝トミー〟はホムスのヴィシー政権軍基地を掃射してＤ５２０を５機破壊、６機撃破してる。また７月10日にはイギリス空軍No.45スコードロンのブレニムが５機のＤ５２０に迎撃されて３機が撃墜されたけど、掩護していたNo.３スコードロンのトマホークはＤ５２０のうち４機を撃墜した。Ｄ５２０はドイツ軍のフランス侵攻じゃＢｆ１０９Ｅと互角の性能だったのに、決して歴戦のパイロットが操縦してるわけでもないトマホークに軽くやられちゃってるのはどうしたわけだろう。ヴィシー政権軍の戦意が低かったってことではないみたいだし、補給が乏しくて性能が劣化してたのかな。この間、地上や海上でも連合軍はシリアのヴィシー政権軍と戦い、フランス軍側は７月12日に連合軍に停戦を申し入れて、シリアは連合軍の手に落ちたのだった。ヴィシー政権空軍は２８９機を持ってたのが、この１ヵ月あまりの戦闘で１７９機を失ってる。

No.３スコードロンは空中戦で24機を撃墜、地上掃射で20機を破壊、空中と地上で35機を撃破した、っていう戦果を上げてる。空中戦で失われたトマホークは３機、いずれもパイロットは脱出して、捕虜になるのを免れてる。ただしそれ以外に、損傷を受けて不時着したり、着陸に失敗して失われた機体も何機かあったらしい。

実はこのシリア侵攻戦で、連合軍将兵がフランス軍の捕虜になったんだけど、フランス軍は密かにこの捕虜を本国に送ろうとした。その後でドイツ軍に引き渡しちゃうつもりだったんだな。それを知った連合軍は、現地フランス軍の司令官デンツ将軍を拘束、人質にして、捕虜の返還を求めようと考えた。それを察したデンツ将軍は飛行機（ポテっていうんだけど、ポテ62旅客機かなあ？）でシリアを脱出しようと企んだ。ところがそれを知ってか知らずかNo.3スコードロンの隊員たちが、その飛行機から〝記念品〟としていろんな部品や装備を引っぺがしたもんだから、飛行不能になった。おかげでデンツ将軍は脱出できず、連合軍は将軍を捕まえて、結局捕虜は無事に返還されることになった、という話だ。

No.3スコードロンのトマホークは、しばらくシリアに駐留した後、また北アフリカ戦線に戻り、そこでハンス・ヨアヒム・マルセイユと戦うことになるんだけど、それはまた別の話だ。

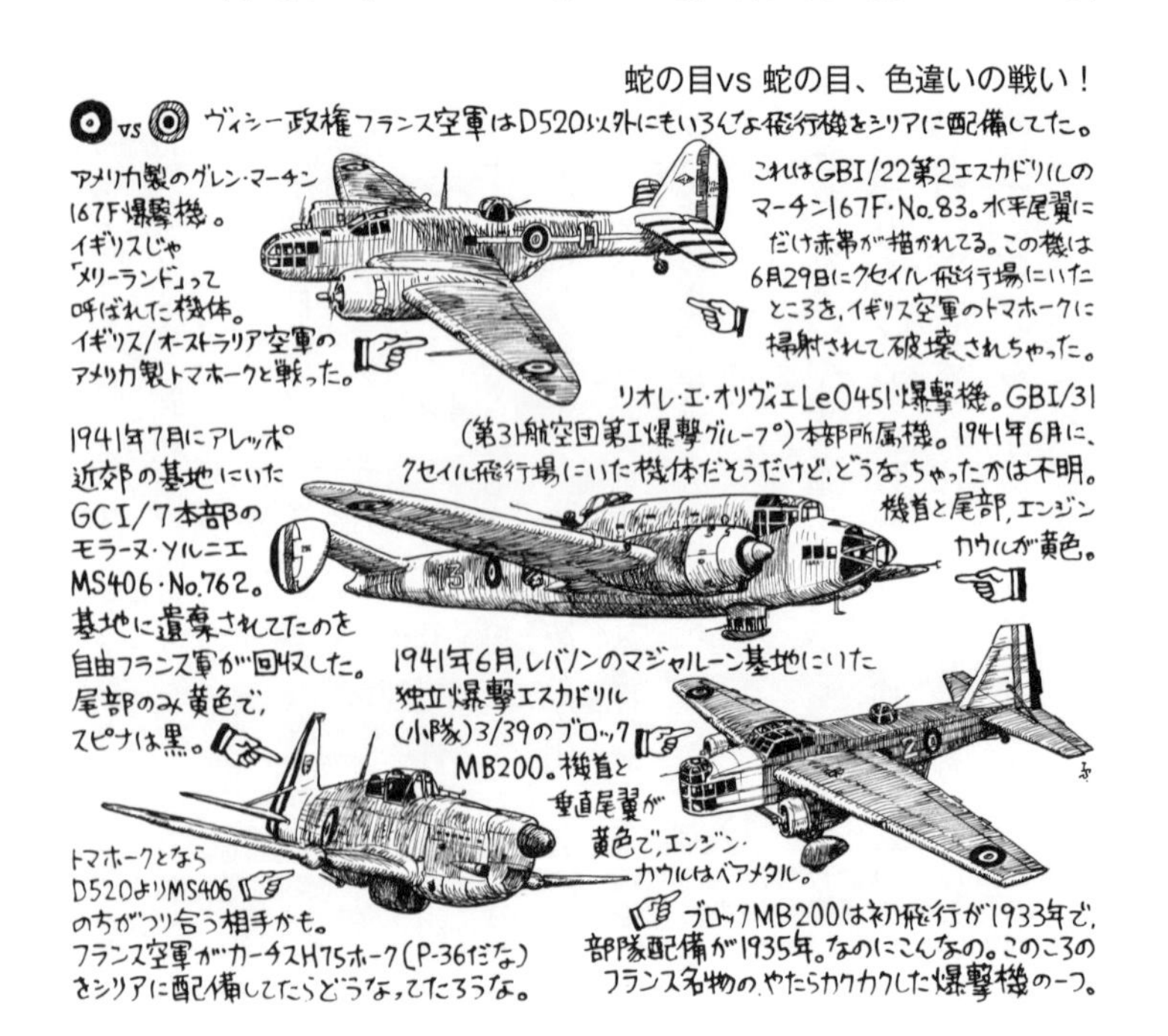

蛇の目vs蛇の目、色違いの戦い！

vs ヴィシー政権フランス空軍はD520以外にもいろんな飛行機をシリアに配備してた。

アメリカ製のグレン・マーチン167F爆撃機。イギリスじゃ「メリーランド」って呼ばれた機体。イギリス/オーストラリア空軍のアメリカ製トマホークと戦った。

これはGBI/22第2エスカドリルのマーチン167F・No.83。水平尾翼にだけ赤帯が描かれてる。この機は6月29日にクセイル飛行場にいたところを、イギリス空軍のトマホークに掃射されて破壊されちゃった。

リオレ・エ・オリヴィエLeO451爆撃機。GBI/31（第31航空団第I爆撃グループ）本部所属機。1941年6月に、クセイル飛行場にいた機体だそうだけど、どうなっちゃったかは不明。機首と尾部、エンジンカウルが黄色。

1941年7月にアレッポ近郊の基地にいたGCI/7本部のモラーヌ・ソルニエMS406・No.762。基地に遺棄されてたのを自由フランス軍が回収した。尾部のみ黄色で、スピナは黒。

1941年6月、レバノンのマジャルーン基地にいた独立爆撃エスカドリル（小隊）3/39のブロックMB200。機首と垂直尾翼が黄色で、エンジン・カウルはベアメタル。

トマホークとならD520よりMS406のほうがつり合う相手かも。フランス空軍がカーチスH75ホーク（P-36だな）をシリアに配備してたらどうなってたろうな。

ブロックMB200は初飛行が1933年で、部隊配備が1935年。なのにこんなの。このころのフランス名物の、やたらカクカクした爆撃機の一つ。

JM 018

あだ名がピッグとはあんまりな

ロッキード・ヴェンチュラ

VENTURA, Lockheed Model 37

ヴェンチュラMk. I の場合

全幅：20.0m（65ft 6in）
全長：15.7m（51ft 5in）
自重：7824kg（17,233lb）
全備重量：10,215kg（22,500lb）
エンジン：プラット＆ホイットニー・ダブルワスプ R-2800-S1A4-G
　空冷星型複列18気筒（1,850HP）×2
最大速度：502km/h（312mph）
実用上昇限度：7620m（25,000ft）
航続距離：1,488km（925miles）
武装：ブリティッシュ・ブローニング0.303-in.（7.7mm）機関銃×6または8
　（機首×2、胴体後方下面×2、胴体中央上面銃塔×2または4）
乗員：5名

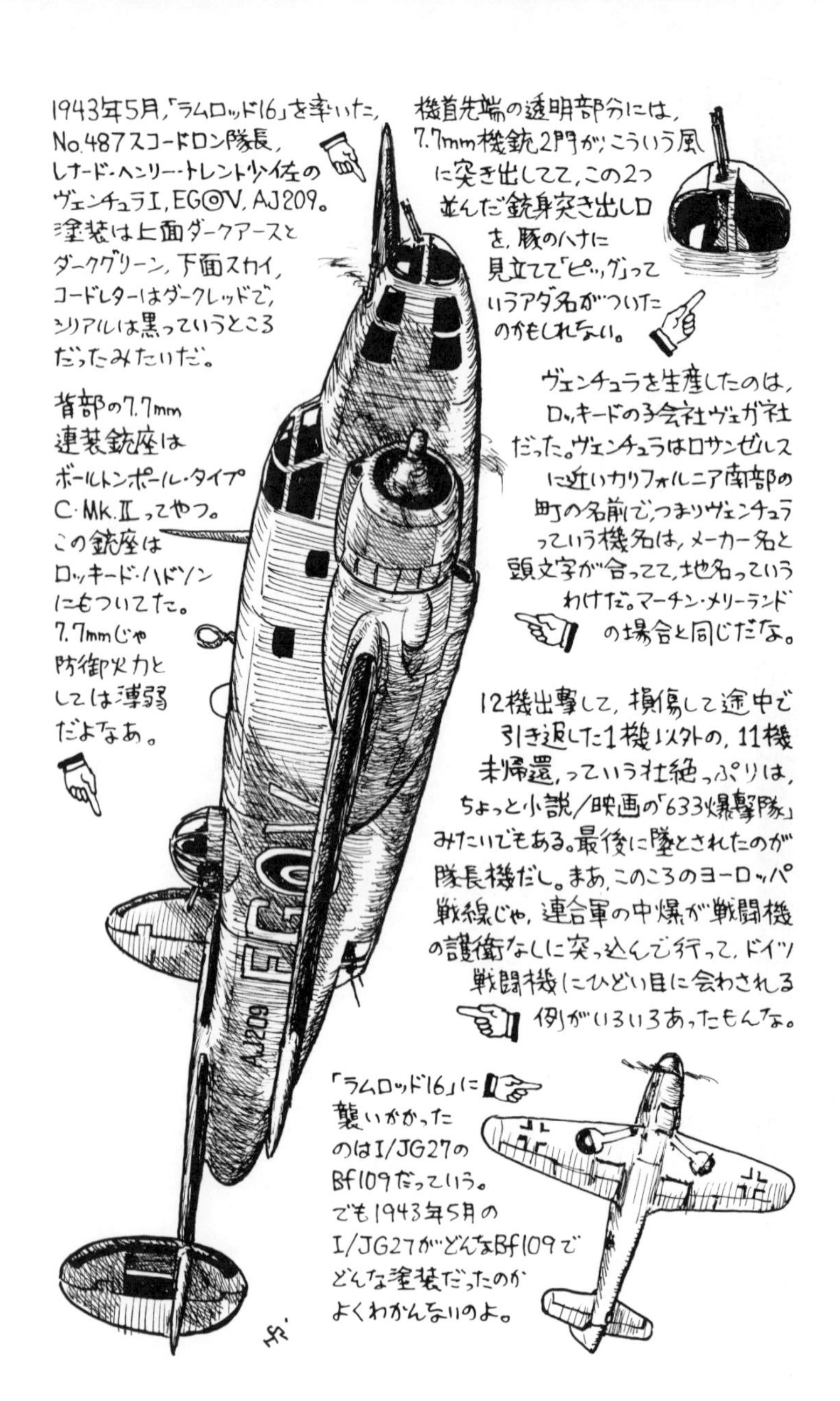
1943年5月,「ラムロッド16」を率いた,
No.487スコードロン隊長,
レナード・ヘンリー・トレント少佐の
ヴェンチュラI, EG◎V, AJ209。
塗装は上面ダークアースと
ダークグリーン, 下面スカイ,
コードレターはダークレッドで,
シリアルは黒っていうところ
だったみたいだ。
機首先端の透明部分には,
7.7mm機銃2門が,こういう風
に突き出してて,この2つ
並んだ銃身突き出し口
を,豚のハナに
見立てて「ピッグ」って
いうアダ名がついた
のかもしれない。
背部の7.7mm
連装銃座は
ボールトンポール・タイプ
C・Mk.IIってやつ。
この銃座は
ロッキード・ハドソン
にもついてた。
7.7mmじゃ
防御火力と
しては薄弱
だよなあ。
ヴェンチュラを生産したのは,
ロッキードの子会社ヴェガ社
だった。ヴェンチュラはロサンゼルス
に近いカリフォルニア南部の
町の名前で,つまりヴェンチュラ
っていう機名は,メーカー名と
頭文字が合ってて,地名っていう
わけだ。マーチン・メリーランド
の場合と同じだな。
12機出撃して,損傷して途中で
引き返した1機以外の,11機
未帰還,っていう壮絶っぷりは,
ちょっと小説/映画の「633爆撃隊」
みたいでもある。最後に墜とされたのが
隊長機だし。まあ,このころのヨーロッパ
戦線じゃ,連合軍の中爆が戦闘機
の護衛なしに突っ込んで行って,ドイツ
戦闘機にひどい目に会わされる
例がいろいろあったもんな。
「ラムロッド16」に
襲いかかった
のはI/JG27の
Bf109だっていう。
でも1943年5月の
I/JG27がどんなBf109で
どんな塗装だったのか
よくわかんないのよ。

◉12機中11機未帰還

1943年5月3日、イギリス本土からオランダに向かう双発機の編隊が、北海を超低空で飛行していた。「ラムロッド16」、ニュージーランド空軍No.487スコードロンのロッキード・ヴェンチュラ爆撃機12機。目標はアムステルダムの発電所。編隊は6機ずつに分かれ、第1編隊を隊長のトレント少佐が、第2編隊をダッフィル大尉が率いていた。

この作戦では本来の目標はオランダのアイミュイデンにある製鉄所で、そちらにはイギリス空軍No.107スコードロンのボストンIIIが低空で爆撃することになっていた。ヴェンチュラの「ラムロッド16」編隊は、その陽動攻撃だった。ドイツ軍の迎撃が激しいことは予想されていたが、オランダ国内の抵抗運動を勇気づけるためにも、この爆撃は敢行しなくてはならなかった。もちろんイギリス空軍もコールティサルのスピットファイア航空団3個スコードロンと、さらに1個スコードロンのスピットファイアを護衛にあてることとしていた。

ところがヴェンチュラのクルーは知らなかったのだが、この日、目標に近いハールレムをナチスのオランダ総督が訪問して、ドイツ軍は厳戒態勢をとっていた。しかもヴェンチュラ部隊の護衛にあたるはずのスピットファイア部隊は会合時間を間違え、30分早くオランダ海岸に進出してしまったうえに、戦闘時に優位に立とうと高高度に上がっていたので、ドイツの防空レーダーに発見され、ドイツ戦闘機が迎撃に発進し、スピットファイアと戦闘に入った。

スピットファイア部隊はFW190と交戦するうちに燃料が乏しくなり、ヴェンチュラ部隊の到着前に帰還しなければならなくなった。護衛部隊の指揮官は、ヴェンチュラ部隊に引き返すよう連絡したが、無線は通じなかった。

ヴェンチュラ部隊はオランダ沿岸で約3600mへと高度を上げたが、そこでドイツ戦闘機70機に捉まった。第2編隊長ダッフィル大尉機はBf109に油圧系統をやられ、両エンジンが火災を起こし、乗員2名が負傷したが、なんとか墜落はまぬがれて、イギリス本土へと引き返していった。

続いて第2編隊の2機が墜とされ、さらに6機がたった4分間のうちに撃墜された。1機のヴェンチュラでは機長と他1名が、負傷した銃手にパラシュートをつけさせて機外に脱出させ、自分たちは脱出の機会を失って機と運命を共にした。また別のヴェンチュラは空中で分解、機体の尾部は乗員1名を乗せたまま滑空して着地、乗員は捕虜になった。

残るヴェンチュラは3機。トレント少佐は目の前に現れたBf109を機首機銃で撃墜したが、目標へと向かううちに、ヴェンチュラ1機が撃墜、もう1機も墜とされ、隊長機ただ1機のみとなった。

トレント少佐は高度約2100mで目標の発電所に爆弾を投下した。その直後、ヴェンチュラに高射砲弾が命中、トレント少佐と航法士は機外に放り出され、パラシュートで降下、他の乗員は脱出できなかった。「ラムロッド16」の12機のヴェンチュラのうち、イギリスに帰りついたのは、途中で被弾して引き返したダッフィル大尉機ただ1機だった。

という悲惨な目にあったヴェンチュラは、1939年にロッキード社がイギリス空軍に提案したことから生まれた機体だった。イギリスは1938年にロッキード・ハドソン哨戒機を買い入れることを決めて、ロッキード社はその後継として、モデル18ロードスター旅客機を元にした爆撃／哨戒機型を提案した。そもそもハドソンがモデル14スーパー・エレクトラ旅客機を哨戒機に仕立てた機体だし、ロードスターがスーパー・エレクトラの改良発展型だから、ロードスターの爆撃機型が出てきても不思議はないわけだ。

ロードスター爆撃機型、つまりロッキード・モデル37は、機首と腹部に旋回式の7・7㎜機銃を2挺ずつ、機首上面に固定式に2挺、背部に7・7㎜連装のボールトン・ポール旋回銃座の武装を持ち、爆弾1134kgを搭載、エンジンは1850HPのプラット&ホイットニーR－1850－S1A4－Gを装備した。同じ時期のマーチン・バルチモアと大体同じクラスの機体ってことになるけど、爆弾搭載量はこっちの方がちょっと多い。

イギリス航空省はロッキードの提案に満足して、1940年5月にヴェンチュラとして300機を発注、さらに翌年には375機を追加した。ヴェンチュラの試作機は1941年7月に初飛行して、最初の量産型ヴェンチュラⅠは9月にはフェリー飛行でイギリスに到着し始めた。

◉あだ名はピッグ

ところがイギリス空軍じゃ、本来だったらヴェンチュラをハドソンの後継として対潜哨戒に使うはずだったのが、なにしろブリストル・ブレニムⅣがすっかり旧式化してたんで、それに代わる爆撃機として使うことにしてしまった。この種の爆撃機としては、できればもっと敏捷なダグラス・ボストンの方がいいんだけど、ボストンも数が足らなかったのだ。

そんなわけでヴェンチュラは1942年5月からイギリス空軍No.21スコードロンに配備されることとなった。訓練段階から燃料タンクが漏れるとかポンプが止まるとか、いろいろ細かい問題があったけど、それはまあ新型機にはありがちな話だから良しとしよう。

良しとできないのは最大速度502km／hっていう性能と鈍重な運動性、それにぎごちない操縦性だった。とくにこのころには高速のデハヴィランド・モスキートが華々しく実戦に登場していたから、遅くて鈍いヴェンチュラをあてがわれた乗員たちが、ヴェンチュラにつけたあだ名は「ピッグ」。

No.21スコードロンのヴェンチュラは1942年11月に、オランダのヘンゲロ操車場に対して3機で初の実戦出撃を行なったが、1機が不時着した。3日後にはオランダ沖の船舶攻撃に出撃、今度は1機が未帰還になって、ヴェンチュラの実戦への滑り出しはあんまり芳しいもんじゃなかった。

その一方、1942年8月には、オーストラリア空軍No.464スコードロンと、ニュージーランド空軍のNo.487スコードロンがヴェンチュラ部隊として編成されて、実戦に向けて訓練を重ねてた。その訓練が完了した1942年12月、ヴェンチュラは大規模な爆撃作戦に投入されることとなった。それまでのNo.21スコードロンの作戦は実は小手調べ、この作戦がヴェンチュラが本当に低空侵攻爆撃に使えるかを確かめる正念場になるはずだった。

目標はドイツ軍のレーダー部品などの大きな供給元、オランダのアイントホーフェンにあるフィリップス社工場で、ヴェンチュラの3個スコードロンの他に、ボストンを装備する3個、モスキートの2個スコードロンも投入された。ヴェンチュラ部隊の隊員たちには、どうやら他の機体の方がうらやましかったらしい。なにしろ「ピッグ」だもんな。

総勢37機のヴェンチュラは高度60mの超低空でオランダに侵入したが、たちまち厳しい対空砲火を浴びることになり、ヴェンチュラは次々に被弾していった。ヴェンチュラや他の部隊の爆撃は、目標の工場に打撃を与え、操業が数日間停止することになったが、ヴェンチュラが払った代償は大きく、37機中9機が撃墜されて、27機が損傷、無傷だったのは1機だけ、という結果だった。損傷機の中には帰り道で鳥の群れに突っ込んでバードストライクをくらった機も多かったっていうけど、これでイギリス空軍も、遅くて鈍重で、武装も強くないヴェンチュラが低空で侵攻するのはやっぱり無理だ、と考えるようになった。そこでヴェンチュラは、戦闘機の護衛付きで中高度での爆撃に任務を切り替えたんだけど、それでもヴェンチュラは損害が多く、とうとう1943年5月の「ラムロッド16」の惨劇となったのだった。

◉また別の話

No.487スコードロンは戦力を立て直して、5月末には実戦任務に戻ったが、6月末にはヴェンチュラを手放して、モスキートFBⅥに転換する。そしてアミアン監獄爆撃など、モスキート部隊として奮迅の働きを見せることになるのだが、それはまた別の話。

次いで7月にはNo.464スコードロンが、9月にはNo.21スコードロンもモスキートFBⅥに機種転換して、乗員たちは「ピッグ」におさらばして「モッシー」を飛ばすこととなった。

他にイギリス空軍ではヴェンチュラは、哨戒機型GR.Vがコースタル・コマンドの3個スコードロンと地中海の4個スコードロンで対潜哨戒に使われて、地中海では1944年5月にU960を撃沈してる。あとは気象観測部隊や工作員輸送飛行隊で使われて、結局大戦の終結までヴェンチュラは飛び続けた。イギリスが発注した675機のヴェンチュラのうち、結局イギリス空軍の手に渡ったのは394機だけだった。

ヴェンチュラはまたオーストラリア空軍やニュージーランド空軍で、南太平洋での日本軍との戦いに使われたり、アメリカ海軍でPV-1として太平洋での爆撃や対艦船攻撃、哨戒に、大西洋での対潜哨戒に使われたりしたのだが、それもまた別の話。アメリカ陸軍名はB-34だった。南アフリカ空軍でも哨戒機として自国沿岸や地中海で使っていた。

大戦末期には大幅に改良したPV-2ハープーンも作られたが、重量が増えて性能はいくらか低下した。ハープーンは1945年3月からアリューシャン方面で実戦に参加、1948年にはアメリカ海軍から退役して、少数が日本の海上自衛隊に供与されたけど、それもまた別の話だ。それらヴェンチュラ〜ハープーン・シリーズの総生産数は3028機にのぼる。

で、「ラムロッド16」を率いたレナード・H.トレント少佐は、その指揮と勇気に対して戦時の最高位の勲章であるヴィクトリア十字章を授与された。捕虜となったトレント少佐は、いわゆる〝大脱走〟の際に収容所を脱走したが、間もなく捕まり、1945年5月にイギリス軍によって解放された。勲章の授与は1946年に

日本でも使われていたんだぞ

イギリス空軍の爆撃機としちゃ惨々だったヴェンチュラだけど、アメリカ海軍じゃPV-1として、洋上哨戒や対潜哨戒、艦船攻撃や爆撃に、南太平洋や大西洋でいろいろ働いたのでした。

蛇の目のヴェンチュラは、太平洋方面じゃオーストラリアとニュージーランドが、大西洋じゃカナダ、あと南アフリカが使った。

ハープーンはイギリスには渡らなかったけど、1955年にPV-2が12機と、武装強化型PV-2Dの5機が日本の海上自衛隊に供与されて、1960年まで使われた。日本じゃ機銃を外してたから、PV-2もD型も実質的には同じだった。

主尾翼前縁の防氷ブーツは南太平洋方面の機体じゃついてなかったりする。増加タンクがつくと、なんとなく強そう。

PV-1のアメリカ海軍用発展型PV-2ハープーン。初期には主翼の桁に問題があって、飛行停止になったこともあった。

北大西洋方面で対潜哨戒に働いたアメリカ海軍のPV-1は、どうせドイツ戦闘機も出てこないことだし、雲にまぎれるような、白とライトグレーの迷彩になってた。

行なわれたが、トレント少佐は周囲の騒ぎぶりに困惑していたという。

その後トレント少佐はイギリス空軍に復帰、ジェット機に転換して、デハヴィランド・ヴァンパイアやグロスター・ミーティアで脱出を経験したりしたが、ジェット4発爆撃機ヴィッカース・ヴァリアントのNo.214スコードロンの隊長を務め、大佐に昇進して退役してる。

JM 019

アメリカから来た空賊

ダグラス・スカイレーダー

SKYRAIDER A.E.W. 1, Douglas AD-4W

スカイレーダー A.E.W. 1
全幅：15.3m（50ft）
全長：11.7m（38ft 4 1/2in）
自重：6181kg（13,614lb）
全備重量：8,308kg（18,300lb）
エンジン：ライト ダブル・サイクロンR-3350-26WA
空冷星型複列18気筒(3,300HP)
最大速度：565km /h（351mph）
実用上昇限度：10,975m（36,000ft）
航続距離：1,608km（351miles）
武装：ー
探知装置：AN/APS 20A パルス探査レーダー
乗員：3名

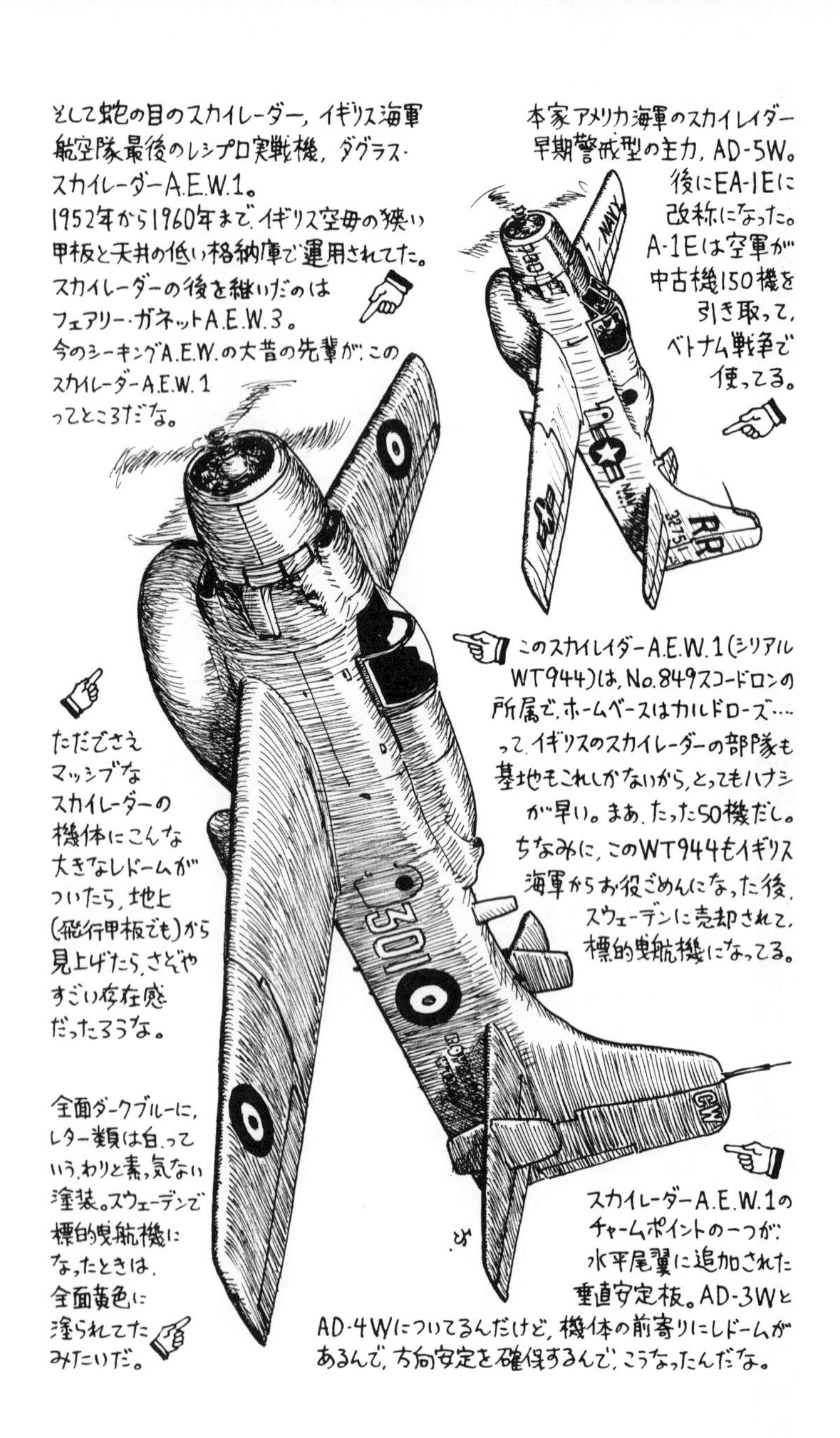

そして蛇の目のスカイレーダー，イギリス海軍航空隊最後のレシプロ実戦機，ダグラス・スカイレーダーA.E.W.1。
1952年から1960年まで，イギリス空母の狭い甲板と天井の低い格納庫で運用されてた。
スカイレーダーの後を継いだのはフェアリー・ガネットA.E.W.3。
今のシーキングA.E.W.の大昔の先輩が，このスカイレーダーA.E.W.1ってところだな。
本家アメリカ海軍のスカイレイダー早期警戒型の主力，AD-5W。後にEA-1Eに改称になった。A-1Eは空軍が中古機150機を引き取って，ベトナム戦争で使ってる。
NAVY
RR
このスカイレイダーA.E.W.1（シリアルWT944）は，No.849スコードロンの所属で，ホームベースはカルドローズ…って，イギリスのスカイレーダーの部隊も基地もこれしかないから，とってもハナシが早い。まあ，たった50機だし。
ちなみに，このWT944もイギリス海軍からお役ごめんになった後，スウェーデンに売却されて，標的曳航機になってる。
ただでさえマッシブなスカイレーダーの機体にこんな大きなレドームがついたら，地上（飛行甲板でも）から見上げたら，さぞやすごい存在感だったろうな。
301
GW
全面ダークブルーに，レター類は白っていう，わりと素っ気ない塗装。スウェーデンで標的曳航機になったときは，全面黄色に塗られてたみたいだ。
スカイレーダーA.E.W.1のチャームポイントの一つが，水平尾翼に追加された垂直安定板。AD-3WとAD-4Wについてるんだけど，機体の前寄りにレドームがあるんで，方向安定を確保するんで，こうなったんだな。

ベトナム戦争はその後の航空戦のあり方に大きな影響を与えた、っていうのはそうなんだけど、ベトナム戦争で働いた飛行機で、イギリス生まれのものはほとんどない。無理を承知でいうと、マーチンB-57がイングリッシュ・エレクトリック・キャンベラ爆撃機の親戚なのと、陸軍のC-7カリブー輸送機の出自がデハヴィランド・カナダ社っていうくらいだから、イギリスの飛行機はベトナム戦争には直接的には全然出番がなかったことになる。

逆に、ベトナム戦争を戦った飛行機でイギリスの空軍や海軍でも使われたのっていうと、F-4ファントムがあるけど、イギリスのファントムはエンジンから違う、いわゆるブリティッシュ・ファントムだし……あ、1980年代になってフォークランド派遣兵力の増勢のために、空軍がF-4Jの中古機を買ってるぞ……っていうツッコミが期待されるところだな、ここは。

いや、イギリス軍が使ったこともある飛行機で、ベトナム戦争で働いたのには、ダグラス・スカイレーダーがあった。ベトナム戦争じゃダグラスA-1スカイレーダー攻撃機は、海軍はもとより空軍でも、大きな兵装搭載量、とくにたくさんのハードポイントを使った弾数の多さと、戦場上空での滞空時間の長さを活かして対地近接支援攻撃に重用されて、トイレの便器を投下したり、北ベトナム空軍のMiG-17を撃墜したりもしてる。

そもそもスカイレーダーは、1943年にアメリカ海軍が従来の艦上雷撃機と艦上爆撃機の任務を1機でこなせる新型攻撃機を求めたときに、当初の案BTD-1じゃうまくいかなそうだと考えたダグラス社の主任設計者エド・ハイネマンらがワシントンのホテルの部屋で、一夜のうちに基本概念スケッチをまとめ上げたものが採用されたのが始まりだ。試作機はXBT2D−1って呼ばれてた。Xはもちろん試作、Bは爆撃、Tは雷撃、トーピードのTだな。2はこのメーカーの2番目の設計。で、Dはダグラスを示す。

XBT2D−1試作機の初飛行は1945年の3月で、これは予定より4か月も早かったそうだ。しかも機体の総重量も、発注契約時の保証重量より738kgも軽くできたんだと。近ごろの新機開発だと、スケジュールが遅れたり重量が増加したりするのが当たり前になってるのに比べると、スカイレーダーの場合は計画管理のお手本だな。こういう〝伝説〟がついてくるのが傑作機ってもんだ。

量産型は機種が爆撃・雷撃機のBTから攻撃機のAに変わって、AD−1と呼ばれて、1946年12月には最初の実戦部隊が作戦可能になった。

1950年、朝鮮戦争が始まったときには、スカイレーダーもAD−4が主力になっていて、空母航空部隊への配備も進んでいた。スカイレーダーはすぐさま戦闘に投入されて、対地攻撃に大いに働いた。1951年5月、空母プリンストン搭載のVA−195のAD−4が北朝鮮のダム破壊のために魚雷攻撃を行なってる。それ以後、VA−195は〝ダムバスターズ〟と呼ばれるようになって、空母ロナルド・レーガン搭載のCVW−5所属VFA−195になって、F／A−18Eを飛ばしてるいまもその名を名乗ってる。本当はイギリス空軍の№617スコードロンのほうが、先にダム破壊をしてるんだけどな。

その後、アメリカ空母航空団にはA−4Dスカイホークとかのジェット攻撃機が配備されて、スカイレーダーも次第に退役していった。１９６４年にアメリカがベトナムの内戦に介入、ベトナム戦争に突入したときには、さしものスカイレーダーももう旧式化してたんだけど、レシプロ機で低速なのが地上目標の識別にはかえって重宝で、近接支援には高速のジェット攻撃機よりずっと便利だった、っていうんでベトナム戦争で意外な活躍ぶりを見せることになったのだった。１９６２年の機種記号統合でスカイレーダーはA−1となった。

さて、スカイレーダーはなにしろ機体も搭載量も大きくて、胴体内の容積にも余裕があるんで、早いうちから胴体下に大型の捜索レーダーを装備して、レーダー手を乗せた早期警戒型が作られた。最初の早期警戒型試作機は１機だけのAD−1W、量産型としては31機のAD−3W、スカイレーダー中最もたくさん生産されたAD−4系じゃAD−4Wが１６８機作られてる。その後、前部胴体の幅を広げて並列コクピットにしたAD−5系でも、乗員４名の早期警戒機AD−5W（後にEA−1E）が２１８機作られてて、スカイレーダー早期警戒型としてはこれがいちばん多い。

で、ふ〜、やっと蛇の目のスカイレーダーの話になったぞ……イギリス海軍は１９５１年11月からAD−4Wを50機導入した。冷戦初期にアメリカが進めた「MDAP（相互防衛協力計画）」によるものだ。

太平洋戦争末期の日本軍の特攻機に対する艦隊防空戦の経験から、アメリカ海軍は空中早期警戒機を開発、実用化した。第二次大戦後、イギリス海軍も早期警戒機の必要性を感じたんだけど、ブラックバーン・ファイアブランドやフェアリー・ファイアフライじゃ小さすぎるし、単発の巨大なフェアリー・スピアフィッシュや双発のショート・スタージョンを搭載できるような大型空母は建造計画が中止になっちゃったんで、大きなレーダーと操作員を乗せられるような機体はイギリスにはなかった。そこでスカイレーダーが手に入ったんだから、これはありがたい。

イギリス名はダグラス・スカイレーダーA.E.W.1で、シリアルはWT943～969、WT982～987、WV102～109、WV177～185が与えられたんだけど、WT943とWT982、WT983、WV108、WV109の5機には、実際の機体には間違ってWT097、WT112、WT121、WT761、WT849と書き入れられたんだって。そうか……もう写真とシリアル番号リストが食い違っても、あんまり悩まなくてもよさそうだな。

これらのうち20機、WT944～963はアメリカ海軍のBu.No.127942～127961で、ダグラス社の工場から直送された機体だけど、他の30機はアメリカ海軍の保有機からイギリスに渡されたそうだ。

スカイレーダーA.E.W.1は、カルドローズ基地のイギリス海軍航空隊No.778訓練スコードロンにまず配備されて、空母イーグルで空母運用試験を受けた後、1952年7月からはNo.849スコードロンを編成した。これがイギリス海軍唯一のスカイレーダー部隊で、カルドローズ基地に司令部フライトを置いて、A～Dフライトの4個小隊を航海に出る空母に分遣した。

1953年1月、Aフライトが空母イーグルで最初の作戦航海を行ない、以後アークロイアルやアルビオン、セントーに搭載された。1953年10月にはCフライトが軽空母グローリーでマルタ島に移動してるんだけど、どうもこれは単に運ばれてっただけじゃないかな。あとヴィクトリアスには1958年にBフライトが搭載されたって『The Squadrons of the Fleet Air Arm』には書いてあるけど、それ以外にヴィクトリアスの記述がないんで、ひょっとするとスカイレーダーがヴィクトリアスに載ったのは、このときだけかもしれない。

イギリス海軍のスカイレーダーは、1956年のスエズ動乱のとき、イーグルとアルビオンに搭載されて、実戦に投入されてる。でもどのフライトかとか、どんな働きをしたかはよくわからない。まあ、早期警戒機だし、相手はエジプト空軍だから、スカイレーダーA.E.W.1が何か勇ましい働きをした、ってことは多分なかったんだろう。

イギリス海軍航空隊には1960年からフェアリー・ガネットの早期警戒型A.E.

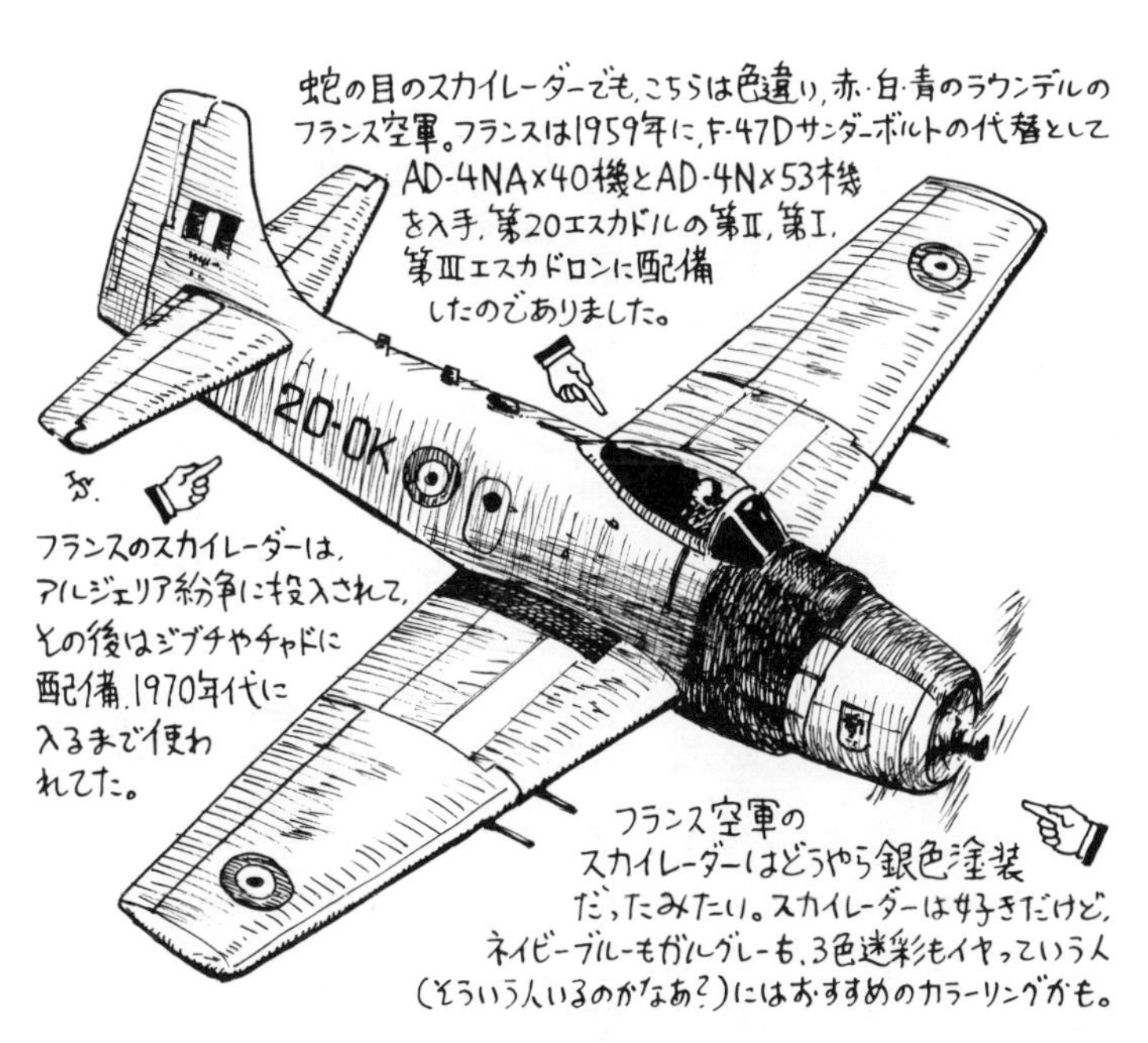

同じ蛇の目のスカイレーダーでも、フランスは空母を持ってたくせに、スカイレーダーを海軍じゃなくて空軍で使ったんだぜえ、っていうコラム。

W．3の配備が始まって、スカイレーダーA．E．W．1はこの年の11月には実戦任務から退役しちゃった。ただし訓練用機としてその後もしばらくは使われたそうだ。スカイレーダーはイギリス海軍航空隊最後のレシプロ実戦機、ってことになってて、いまも2機が海軍航空博物館に保存されてるんだそうだ。

退役したスカイレーダーA．E．W．1のうち12機は、1962年から1963年にかけて、スウェーデンの民間会社スヴェンスク・フリグティエンスト（って読むのかなあ？）社に売却されて、スウェーデン空軍のための標的曳航に使われた。

これらの機体は、スコッティッシュ・アヴィエーション社でレーダーやアレスティング・フックを撤去、かわりに胴体後部側面に標的観測用のバブルウィンドウを設けるとかの改造を施された。標的曳航用のウィンチがどこに装備されたかよくわからないんだが、現存機の写真を見ると、どうもレドーム撤去後の胴体下面にあったようだ。

スウェーデンの標的曳航用民間スカイレーダーは、さらに2機が部品取り用に購入されて、1970年代初期まで使われたそうだ。

じつはフランス空軍もアルジェリアの独立紛争に使うためにAD－4系を93機買ってる。ベトナム戦争やスエズ動乱、それにアルジェリア……って、スカイレーダーはなんだか19世紀の植民地主義の後始末にばっかり働かされてたみたいだな。

JM 020

解放者は海ではたらく

コンソリデーテッド・リベレーター

LIBERATOR, Consolidated Model 32

リベレーター GR Mk.Vの場合
全幅：33.5m（110ft）
全長：20.2m（66ft 4in）
自重：15,422kg（34,000lb）
全備重量：28,803kg（63,500lb）
エンジン：プラット＆ホイットニー R-1830-65 ツイン・ワスプ
空冷星型複列14気筒(1,200HP)×4
最大速度：488km /h（303mph）
実用上昇限度：8,534m（28,000ft）
航続距離：3,700km（2,300miles）
武装：ブリティッシュ・ブローニング 0.303-in（7.7mm）機関銃×4（尾部銃塔）
ブローニング 0.50-in.（12.7mm）機関銃×5（機首×2：または0.303機銃×1、
胴体側面×2：または0.303機銃×4、胴体上部銃塔×2）
乗員：10名

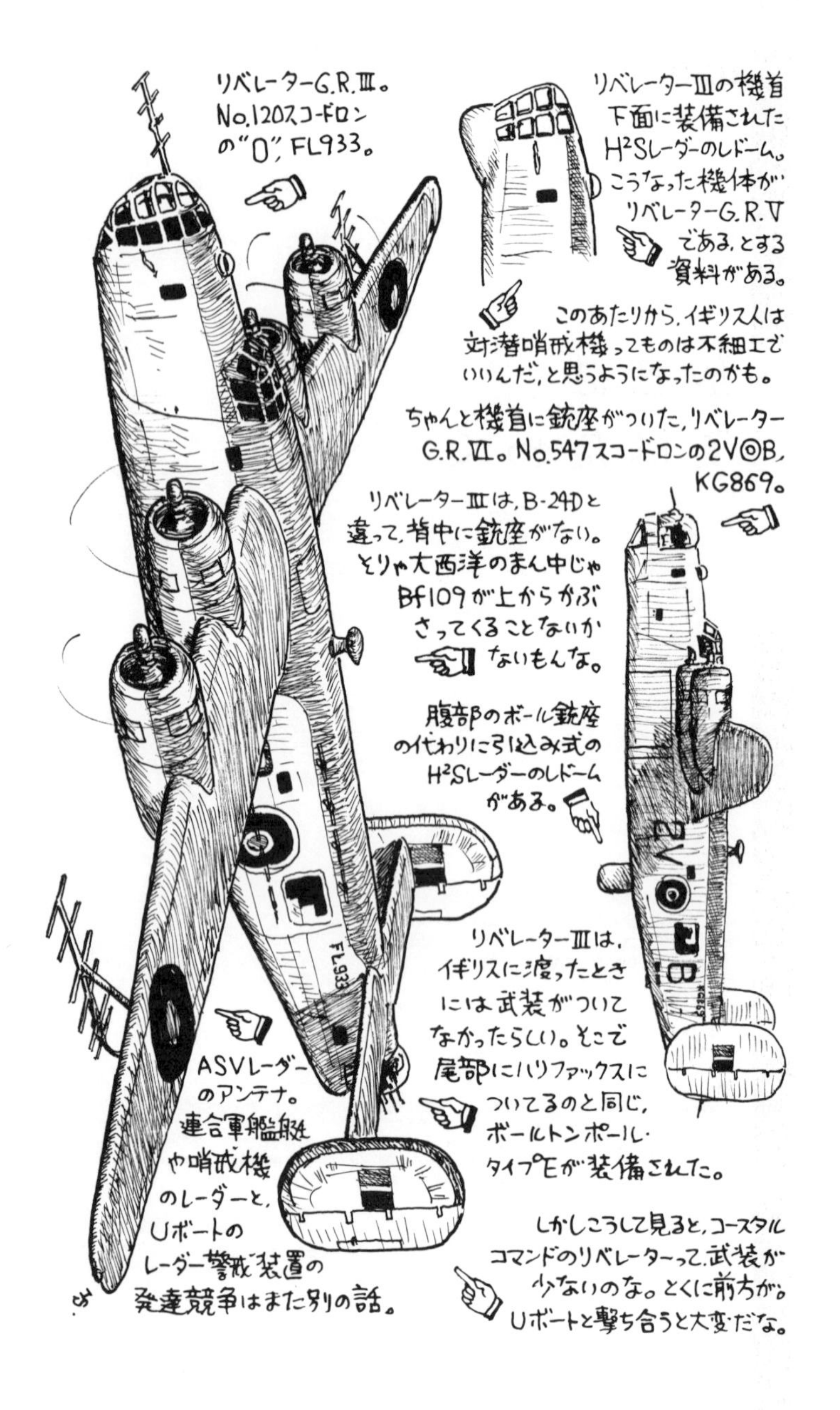
リベレーターG.R.Ⅲ。

No.120スコードロンの"O"、FL933。

リベレーターⅢの機首下面に装備されたH²Sレーダーのレドーム。こうなった機体がリベレーターG.R.Ⅴである、とする資料がある。

このあたりから、イギリス人は対潜哨戒機ってものは不細工でいいんだ、と思うようになったのかも。

ちゃんと機首に銃座がついた、リベレーターG.R.Ⅵ。No.547スコードロンの2V◎B、KG869。

リベレーターⅢは、B-24Dと違って、背中に銃座がない。そりゃ大西洋のまん中じゃBf109が上からかぶさってくることないかないもんな。

腹部のボール銃座の代わりに引込み式のH²Sレーダーのレドームがある。

リベレーターⅢは、イギリスに渡ったときには武装がついてなかったらしい。そこで尾部にハリファックスについてるのと同じ、ボールトンポール・タイプEが装備された。

ASVレーダーのアンテナ。連合軍艦艇や哨戒機のレーダーと、Uボートのレーダー警戒装置の発達競争はまた別の話。

しかしこうして見ると、コースタルコマンドのリベレーターって武装が少ないのな。とくに前方が。Uボートと撃ち合うと大変だな。

FL933
2V
B

⦿L.A.トリッグ、VC、DFC

1943年8月11日の朝、大西洋中部といっても赤道に近い北緯12度、西経20度の洋上、西アフリカの英領ガンビアのバサースト沖、1隻のUボートが浮上していた。艦長クレメンス・シャモング大尉のU486だ。

大西洋でイギリスの海上輸送路を脅かしていたUボートの猛威も、連合軍の組織的な船団護衛戦術や護衛空母の出現、それに長距離哨戒機によって、ようやく制圧されつつあったころのこと。このU468のように浮上するのはもはや危険になっていた。

案の定、U468の姿を1機のイギリス空軍機が発見した。バサーストの基地を未明に離陸した、コースタルコマンドNo.200スコードロンのコンソリデーテッド・リベレーターG.R.Mk.V、シリアルBZ832、〝D〟だ。機長はロイド・アラン・トリッグ中尉。No.200スコードロンは、ロッキード・ハドソンから機種転換して間もなく、この年の初めからNo.200スコードロンでハドソンを飛ばしてきたトリッグ中尉と、他の7人の乗員にとっては、これがリベレーターでの初めての実戦出撃だった。

トリッグ中尉はU468を目標に爆撃コースに入った。連合軍哨戒機に発見されたUボートは、たいてい急速潜航して姿をくらまし、敵機が去るのを待つのが常道だったが、U486は違った。リベレーターの攻撃を受けて立ったのだった。シャモング艦長の自信のとおり、U486の対空射撃は正確で、トリッグ中尉のリベレーターは20㎜機関砲弾の命中を受けて火災を起こし、主翼から尾翼まで炎につつまれた。

しかしトリッグ中尉は燃えるリベレーターを高度15mでまっすぐU468に向け続けた。開いた爆弾倉に機関砲弾が飛びこみながらも、リベレーターは6発の爆雷を投下した。

そこでリベレーターは力尽き、目標から270mの海面に突っ込んだ。トリッグ中尉以下8名の乗員に生存者はなかった。

だがリベレーターが落した爆雷のうち2発がU468の至近距離で爆発し、艦尾に大きな損害を与えた。U468は20分で沈み、51人の乗員中、半数近くが艦と運命を共にした。脱出した乗員にもさらに危難が待っていた。艦内の電池の損傷で発生した塩素ガスにやられた者や爆雷の爆発で負傷した者は海面に漂ううちに命を失い、さらに鮫に襲われて次々に死んでいった。艦長と数名は、トリッグ中尉のリベレーターから墜落のときに機外に放り出されたディンギー（小型ゴムボート）にしがみついた。

その様子を、哨戒中のイギリス空軍№204スコードロンのサンダーランド飛行艇が発見、その通報で海軍のフラワー級コルヴェット、クラーキアが現場に向かい、シャモング大尉と7名の生存者を救助した。

そのシャモング大尉の証言から、トリッグ中尉とリベレーターBZ832の最期が明らかとなり、トリッグ中尉にはイギリス軍人に贈られる最高位の勲章であるヴィクトリア十字章が追贈されたのだった。

◉"B-17輸送用の箱"

リベレーターはアメリカ陸軍名B-24、ヨーロッパ戦線の戦略爆撃じゃB-17と一緒に働いたけど、B-17のほうが操縦性が素直で、ひどい損傷にもよく耐えて、アメリカ陸軍の乗員の評判だとB-17のほうが分が良かった。「B-24はB-17を輸送するときに梱包する箱」なんて言われようだ。でもB-24にはB-24の良いところもあって、航続距離は長いし、それに機内容積が大きいんで貨物や人員の輸送機にも使えて、便利な飛行機だった。

そのB-24をイギリス空軍が使うことになったきっかけは、例のフランスの発注だった。フランスはコンソリデーテッド社に120機のB-24を発注したんだが、これはB-24っていっても、運用評価用の増加試作機YB-24に近い機体で、コンソリデーテッド社内名称LB-30ってものだった。LBはランド・ボマー、つまり陸上爆撃機のことだ。それがフランスの敗北で注文流れになったのを、イギリスが引き取ることにして、さらに165機を発注した。この数は諸説あって、イギリスが引き取ったのは135機ともいうし、どうもここらへんはよくわからん。

リベレーターっていうイギリス空軍名は、コンソリデーテッド社が用意してたニックネームをそのまま頂戴して命名された。LBだからリベレーターなのか、リベレーターっていう名前を先に考えたからLB-30って付けたのかは不明だ。

イギリスは早くリベレーターを入手したかったんで、まずは増加試作機YB-24仕様に防氷装置つきのLB-30Aを6機と、アメリカ陸軍のB-24A仕様のLB-30Bを20機引き渡してもらうことにした。これがリベレーターIで、最初の機体は1941年1月に初飛行して、3月にはイギリスに到着した。

ところがこの初期型LB-30AリベレーターI、装甲防御はないし、燃料タンクは防漏式じゃないし、つまりおよそ実戦機の体裁になってなかった。これじゃ爆撃には使えないんで、イギリス空軍じゃまず人員輸送、それもフェリーパイロットを大西洋の向こう側に運ぶのに使った。アメリカからカナダ経由で続々軍用機が運ばれてくるから、それを操縦してイギリスに到着したフェリーパイロットを、カナダに送り返すわけだな。

続いてちゃんと実戦機らしくなったLB−30B仕様の機体がイギリスに到着して、１９４1年6月からコースタルコマンドの№１２０スコードロンに配備された。当初の基地は北アイルランドのナッツコーナーだった。このリベレーターⅠは航続距離が３８００㎞もあって、コースタルコマンドじゃＶＬＲ（Very Long Range＝すごく長距離）機と呼ばれた。この航続距離があれば、それまで陸上哨戒機が届かなかった大西洋中部にも進出できて、連合軍の対Ｕボート哨戒能力は大きく向上することになるのだった。リベレーターⅠはＡＳＶ水上捜索レーダーのアンテナを機首や外翼下面、胴体後部に装備したり、前部胴体下面に12・７㎜機関銃4挺入りのパックを追加したりした。

その次のリベレーターⅡはアメリカ陸軍のＢ−24Ｃに相当するもので、イギリス空軍には１３９機が引き渡された。このリベレーターⅡは尾部と胴体背部に動力銃座がついて、機首が約80㎝伸びて、やっと本物の爆撃機らしくなってきた。リベレーターⅡは爆撃機として使われて、インド方面向けの予定だったけど、北アフリカでも実戦に投入された。

⊙大西洋上の〝リブ〟

Ｂ−24シリーズの最初の大量生産型になったのがＢ−24Ｄで、イギリス空軍じゃリベレーターⅢになった。リベレーターⅢはイギリスじゃ一部装備を撤去して燃料タンクを増設、コースタルコマンドのＶＬＲ哨戒機として使われた。とくに尾部銃座はマーチン社製12・7㎜連装銃座を、ボールトン・ポール製の7・7㎜4連装銃座に交換してる。どういう理由なんだろう。補給や整備の都合かな。それとも爆撃後にUボートに近距離から弾を浴びせるなら口径が小さくても弾数が多いほうがいい、っていうことなのかな。

リベレーターⅢはイギリス発注の機体に与えられた名称で、武器貸与法でアメリカから渡された機体はリベレーターⅢAって呼ばれて、リベレーターⅣもほとんど同じ機体だけど、これはフォード社のウィロウ・ラン工場で生産されたB－24Eのイギリス名、っていうのはもうほとんどどうでもいいな。

ここまでのリベレーターは前方の武装が手動の12・7㎜機関銃3挺だけだったたっていうのが弱点で、イギリス空軍でもリベレーターⅠの機銃パックや、機首下部左右にロケット弾4発の発射レールを張り出してみたりしたもんだった。でもアメリカのB－24Hからは機首に12・7㎜連装銃座が装備されるようになった。B－24Hとほぼ同じで、フォード社ウィロウ・ラン工場製なのがB－24Jで、機首銃座がコンソリデーテッド社製じゃなくて、エマーソン社製になってる。これも武器貸与法でイギリスに引き渡されて、リベレーターⅥになった。リベレーターⅥの前には当然リベレーターⅤってのがあるわけであって、これはB－24Jとほぼ同じ仕様だけど、ノースアメリカン社製の機体のことだっていう。

リベレーターⅥは東南アジア方面で爆撃機として使われたほかに、もちろんコースタルコマンドでもG．R．Ⅵとして、G．R．Ⅴと一緒にUボート狩りに働いた。トリッグ中尉のBZ832もG．R．Ⅴの1機だったんだな。じつはこれはOwen Thetfordの『Aircraft of Royal Air Force since 1918』を基にして書いてるんだけど、資料によっちゃG.R.Vっていうのはリベレーター III（つまりB-24D）の改造型で、機首下面にレーダーを装備した型だともいうし、No.59スコードロンの記録を見てもそうなってる。

これらのリベレーターは右主翼下面に「リー・ライト」っていうサーチライトを装備した。夜間に浮上して電池に充電してるUボートは、レーダーで発見されて、いきなりリー・ライトの光を浴びて、次の瞬間には爆弾が降ってくる、というわけだ。でも昔のレーダーで、海面からの反射電波のなかからUボートのエコーを拾い出して、目標を捕捉するのは大変だったろうな。

まあ、いずれにしてもコースタルコマンドじゃリベレーターは非常に重宝した。No.120スコードロンを皮切りに、コースタルコマンドのリベレーター部隊は、No.53、59、86、200、206、220、224、301、547の10個スコードロンに及ぶ。1942年11月には、北アフリカ上陸作戦のためにイギリスから地中海に向かう船団をUボートがつけ狙ってたのを、リベレーターがビスケー湾で2隻のUボートを沈めて、船団の脅威を取り除いたし、大戦末期の1945年3月には、5つのスコードロンからのリベレーターが6日間に7隻のUボートを撃沈してる。

B-24の戦争の使い方としても、「対潜哨戒のリベレーターは30回の出撃で商船6隻を救ったことになる。これをベルリン爆撃に使っても同じ出撃回数で爆弾を100トンほど投下して、家屋数軒を破壊、数十人の民間人を死亡させる程度だったろう。それに比べれば対潜哨戒に使う方が連合軍にとってどれだけ価値があったかは明らかだ」と、連合軍の対潜作戦のオペレーションズ・リサーチに携わったP.M.ブラケット教授っていいう人が大戦後に書いているくらいだ。

　でもＶＬＲ哨戒は大変な任務で、１回の出撃が15時間以上に及ぶことも普通だったという。後期のリベレーターⅥとかだと機体が重いんで12時間半程度に短くなったそうだ。

　ドイツ戦闘機が大西洋の真ん中に現れないのはいいんだが、Ｕボートのほうも対空兵装が強化されて、ときにはトリッグ中尉機のように刺し違えになることもあった。それと強敵は悪天候、例えば№59スコードロンが１９４４年に失った14機のリベレーターのうち10機は悪天候によるものだったっていう。

　イギリス空軍のリベレーターの最終型はＧ．Ｒ．Ⅷで、これはＧ．Ｒ．Ⅵの装

チャーチル専用リベレーター

リベレーターⅡの1機、AL504は1942年に、武装を外して、爆弾倉を客室に改造、ウィンストン・チャーチル首相の専用機になった。機名は「コマンドウ」。最初は双尾翼で、黒塗りだったけど、1943年9月にチャーチル専用機を引退した後、1枚尾翼に改造されて、ベアメタルになった。

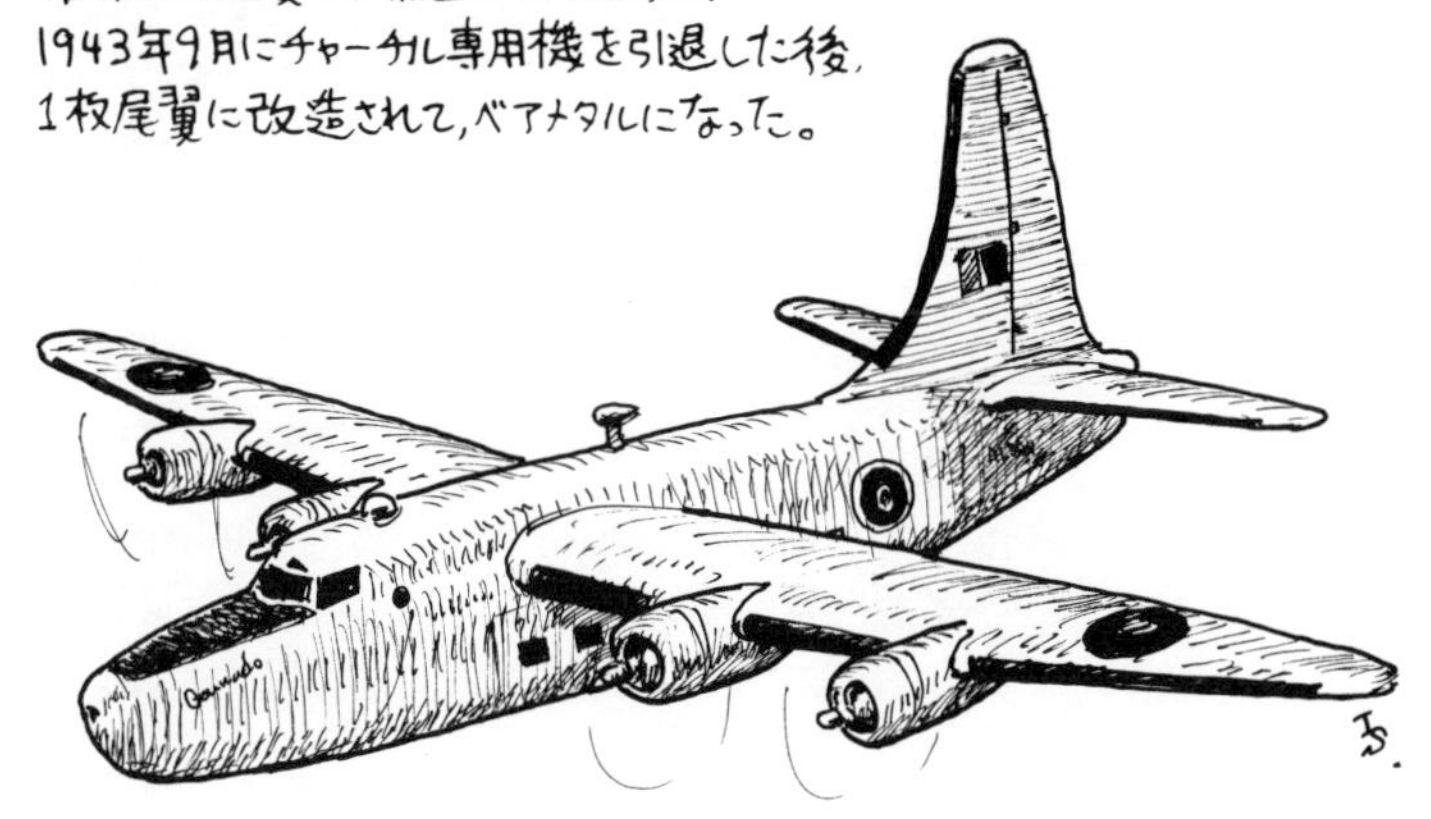

コマンドウは、チャーチルが乗るときは、たいていアメリカ人パイロットのウィリアム・J.ヴァンダークルートが操縦した。コマンドウはカイロやモスクワなど各地に飛び、チャーチル以外にも多くのVIPが搭乗した。でも1945年5月、アゾレス諸島を離陸した後、南大西洋上で消息を絶っちゃった。

備変更型ともＭｋ.Ⅷの改造型ともいう。とにかくイギリス空軍のリベレーターは各型合わせて、１８８９機に及ぶ。太平洋でもアメリカ海軍や陸軍のリベレーターが対潜哨戒や艦船攻撃に働いてるし、リベレーターって戦略爆撃だけじゃなくて、結構「海の飛行機」だったのかもな。

JM 021

アメリカが作るイギリス機

マーチン・バルチモア

BALTIMORE, Martin Model 187B

バルチモアⅠの場合
全幅：18.7m（61ft 4in）
全長：14.8m（48ft 6in）
自重：6,872kg（15,137lb）
全備重量：9,866kg（21,731lb）
エンジン：ライト GR-2600-A5B ツイン・サイクロン
空冷星形複列14気筒（1700HP）×2
最大速度：496km/h（798mph）
武装：ブリティッシュ・ブローニング 0.303-in.（7.7mm）機銃×8
（翼内4、胴体下後方向き4）、
ヴィッカースK 0.303-in.（7.7mm）機銃×2または4
（胴体上面×1または2、胴体下面後方×1または2）
爆弾搭載量～908kg（2,000lb）
乗員：4名

マーチン・バルチモア。アメリカのマーチン社がもっぱらイギリス向けに開発して生産して、
つまり「イギリスが使ったアメリカ機」というよりも「アメリカが作ったイギリス機」。
このAG697は最初の量産型バルチモアMk.Iで1942年に北アフリカの戦略偵察隊
に配属されて、その後マルタ島のNo.69スコードロンで洋上哨戒に使われた。
でも間もなく1942年8月に捜索救難任務から
未帰還になっちゃった。
モノクロ写真のトーンを
見ると、塗装は上面
ダークアースとダークグリーン
っぽいんだが…？

プレキシグラスで
太枠なしの機首がステキ。
胴体の断面積を小さくして
抵抗を減らしたいけど、
爆弾倉には大きな爆弾も
入れたいんで、胴体断面形は
タテに細長い…っていうのは
ハンドレーページ・ハムデンと同じような
考え方だな。そのおかげで
バルチモアの爆撃手席には
意外なものがついてる、という
のは次回で書くかも。

Mk.Iだから
カウリング上面の
空気取入口には
まだフィルターが
ついてない。

太目のエンジン
ナセルが主翼を
くわえこんでるところも、
バルチモアのチャーム
ポイントの一つだと思う
のよ。前作のモデル167
メリーランドはここまで
パワフルな感じ
じゃないな。
ダグラス・ボストンも
そうだけど、
R-2600エンジンの
カウリングって
かっこいいなあ。

妙に円っぽい垂直尾翼。
マーチンB-26の垂直尾翼の
スタイリッシュな形とも、同期
で同級のダグラス(A-20)・
ボストンの明快な形とも
違うけど、これはこれで
なかなかかわいくて好き。

自慢の
……かどうか
知らないけど、
後下方固定の
7.7mm機銃
×4門、"スケアガン"が
どういう具合についてたか
よくわかんないのが
ちょっと残念。

シリアル
ナンバーから
しても、写真
の元キャプションでも
「バルチモアMk.I」となってる
けど、どうも写真を見ると、背部
機銃は連装みたいに見え
なくもない。現地改造とか？

◎バルチモア
豆知識：
マーチン187を命名するにあたって、頭文字Mの
地名として「モントリオール」も候補になってたそうな。
でもこの機にカナダは全然関わってないもんな。

⦿メイド・イン・USA

第二次大戦じゃイギリスの空軍も海軍もアメリカ製の飛行機をいろいろたくさん使ってた。P–40とかF6Fとか、PBYとかB–25とかC–47とかAT–6とか。P–51マスタングなんてそもそもの生い立ちがイギリスからの注文だったもんな。でも中には本国アメリカじゃ全く使われなくて、アメリカ製のくせにイギリス（と他の外国）でしか使わなかった飛行機もある。双発爆撃機マーチン・バルチモアがそうだ。他にもヴァルティーA–35ヴェンジャンスやベルP–63キングコブラとかもアメリカ軍機としてはとっても影が薄いけど、とりあえずA–35は標的曳航機として第8空軍で使われたし、P–63は模擬弾が当たるとランプが灯るっていう面白い標的機として働いてる。それにP–63はソ連とフランスじゃ使われたけどイギリスは使ってないしな。

そのマーチン・バルチモア、会社名モデル187は、前作のマーチン・モデル167メリーランドの改良発展型だった。そもそもマーチン・モデル167はアメリカ陸軍が1938年に発した要求38–385に応じてマーチン社が提案した機体だった。ちなみに設計は当時マーチン社にいたジェイムズ・マクダネルね。マーチン社は1930年代初期に全金属単葉引っ込み脚のB–10で「戦闘機より速い爆撃機」を作ってたから、この種の機体についちゃ有力メーカーだったんだな。この要求38–385からいろいろあって採用になったのが、ダグラス社案とノースアメリカン社案で、ダグラス社案は後のA–20ハヴォック（爆撃機型のイギリス名はボストン）になって、ノースアメリカン社案は後にB–25ミッチェルに発展する。

マーチンのモデル167、陸軍名称XA–22は不採用になったんだけど、ちょうどフランスが空軍の増強と近代化を進めてて、１９３９年2月にフランスからたくさん発注をもらうことになった。この年の9月に第二次大戦が始まって、１９４０年5月にはフランスの追加発注に乗っかる形でイギリスもマーチン社から爆撃機を買うことにした。フランスはこのモデル１６７で納得してたが、イギリスの方は、これで引き渡しが１９４１年になったらモデル１６７のまんまじゃ旧式化しちゃってるんじゃないか、と心配した。

そこでマーチン社は、ちょうどアメリカ軍向けに温めてた、モデル１６７メリーランドのエンジンを強化した改良型、モデル１８７をイギリスに持ちかけた。モデル１８７は、翼幅とか翼面積はメリーランドと同じだけど、エンジンを１０００HP級のプラット&ホイットニーR−１８３０から、１６００HP級のライトR−２６００に換装して、胴体も深さを増して、尾翼の配置を改めた機体だった。イギリスとフランスはとりあえず、このマーチン・モデル１８７を４００機発注した。イギリスが２３３機、フランスが１６７機っていう内訳だったそうだ。

これにはアメリカ陸軍も多少の興味を持って、XA−23として試作機1機を発注したけど、すぐに中止にしちゃった。マーチン社は大口の輸出発注を手に入れたのはいいんだけど、その一方でアメリカ陸軍向けに期待の新型高速中爆B−26マローダーを作り始めてたから、モデル１８７に手をかけてるとB−26の生産が遅れちゃうことになる。そこでマーチン社はアメリカ陸軍と交渉して、B−26の納入を延ばしてもらって、モデル１８７を開発して輸出する許可をとりつけた。その代わりに、アメリカ陸軍向けB−26に自動防漏タンクや装甲板を追加するのをタダでやることにしたんだそうだ。

そうこうしてるときにフランスがドイツ軍の電撃作戦の前にあえなく負けちゃった。フランスが発注してたマーチン167はイギリスが引き取って、これがメリーランドとなった。マーチン社の頭文字Mに合わせて、マーチン社の本社のある地名、メリーランド州の名前をつけたんだな。

フランスがモデル１８７どころじゃなくなったんで、４００機の発注は全部イギリスが引き受けることになった。モデル187の機名は、マーチン社の本社のある都市、メリーランド州バルチモアからつけられた。ちなみにメリーランドと同じ要求で作られたダグラスの試作攻撃・爆撃機7Bが発展したのがイギリス空軍じゃマサチューセッツ州の町の名前からボストンと名付けられた。アメリカ陸軍の38−385要求から発展した爆撃機がイギリス空軍のボストンとバルチモアになったわけだ。イギリス空軍が一手引き受けになったバルチモアには、イギリス空軍の要求が採り入れられて、大きな爆弾を搭載できるようにしたり、熱帯地での運用に備えてエンジンの空気取り入れ口にフィルターを追加したりの改設計が施された。

それはそうと、実はマーチン社はこのころ大忙しだった。メリーランドは生産してるし、B−26は生産しつつ開発を続けなくちゃならないし、双発高高度爆撃機XB−27と4発高高度長距離爆撃機XB−33の計画はあるし、双発飛行艇PBMマリナーや4発大型長距離飛行艇PB2Mマースの設計もあった。そこにイギリス向けのバルチモアが加わったんだから、これはもう大変。バルチモアの開発は遅れて、アメリカ軍としてはマーチン社にあんまり手を広げないで、自分の方の機体の開発や生産を急いでほしかった。しかもイギリスも、機体購入代表団が1940年11月にB−26を見ると、こっちの方が高性能なんでB−26が欲しくなった。でもマーチン社は、もうバルチモアの開発は進んじゃってるし、部品も揃えてるんで、ここで中止すると余計混乱するって理由をつけて、なんとかバルチモアの開発を続けさせることに成功した。

マーチン社としては、B－26の価格が7万8000ドルだったのに対して、バルチモアは12万ドルで、ずっと儲けが大きいからっていう理由もあったんだろう、とグレン・マーチン・メリーランド航空博物館のWebサイトが書いてる。でも、機体規模もエンジン馬力もバルチモアよりひと回り以上大きいB－26の値段がバルチモアの4分の3ぐらい、っていうのはにわかには信じがたいんだが。

バルチモアは本来の予定だと、1941年初めには引き渡しを開始するはずだったのが、そんなわけでずるずる遅れて、試作1号機がE.D.シャノンの操縦で初飛行したのは1941年6月12日のことだった。写真を見ると、銀色無塗装でイギリス空軍のラウンデルがついていて、これはこれでなかなか珍しい姿でよろしい。

飛ばしてみると、バルチモアはエンジンパワーが大きいんで、なかなか威勢のいい飛行機だったらしい。とくに急降下テストじゃ900km／h近い速度に達しちゃったこともあったという。速度計の表示は640km／hどまりだったんだそうだけど、いろいろ調べるとそのぐらいの速度は出てた、ってことのようだ。そんなこともあったり、尾翼に間に合わせの改設計を施したり、それに脚や油圧系統、ブレーキ、エンジン、風防と細々した初期トラブルもあって、量産開始も予定より大分遅れることになった。その穴埋めにB－26の初期型52機がイギリスに引き渡されることになったんだって。

バルチモアがイギリスに到着したのは1941年10月のことだった。しかしこのころのバルチモアには、自動防漏タンクとか合計重量95・7kgの装甲板とか、実戦機らしい装備もついてたものの、まだいろいろ足りない部分があって、最初の150機にはエンジンのフィルターもついていなかった。

それより足りないのは防御武装で、最初の50機は背部機銃がヴィッカースK 7・7mm機銃1挺だった。これがバルチモアMk.Iで、その他の武装は主翼内に7・7mm機銃4挺、胴体腹部に7・7mm機銃1挺だ

バルチモアの前はメリーランド

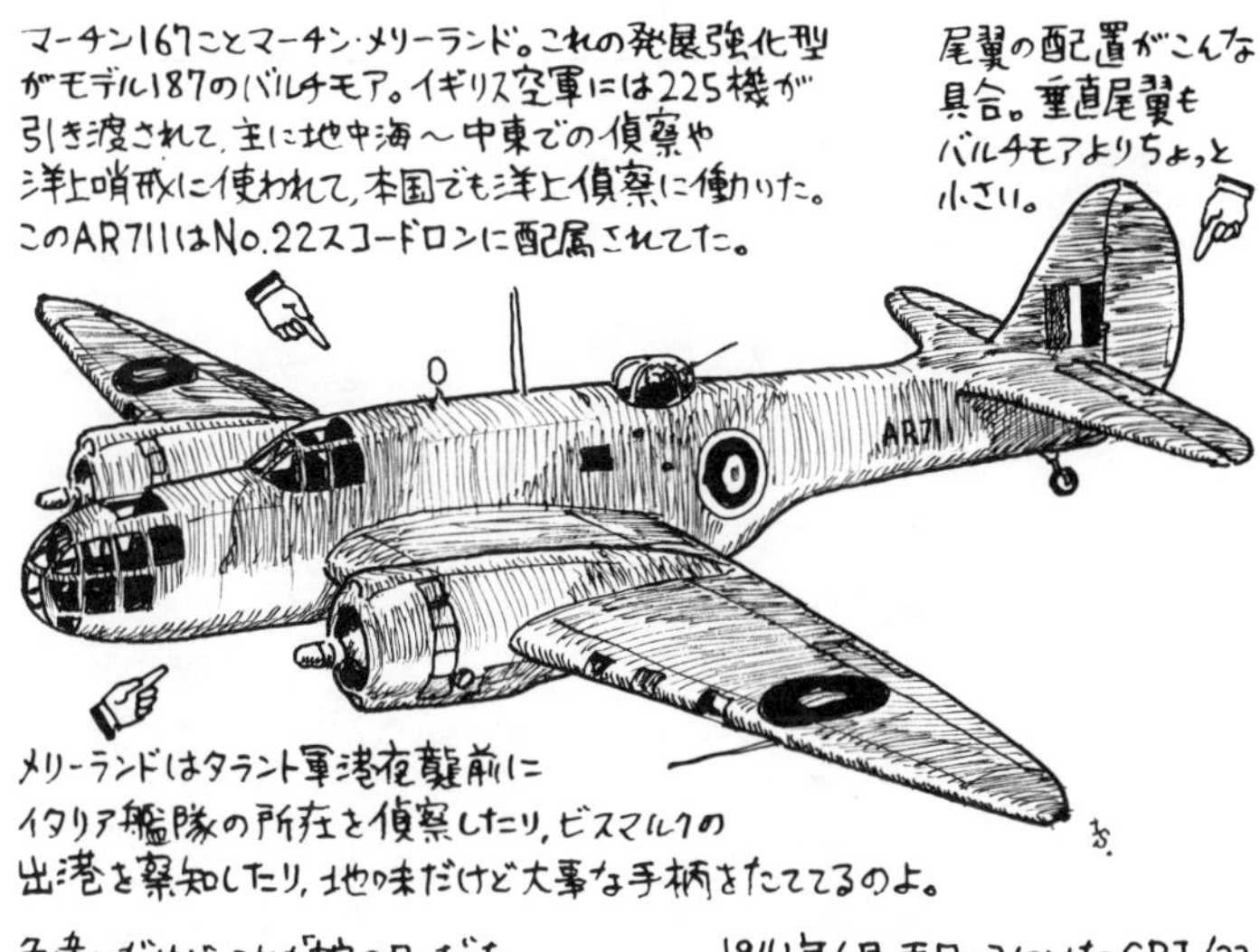

マーチン167ことマーチン・メリーランド。これの発展強化型がモデル187のバルチモア。イギリス空軍には225機が引き渡されて、主に地中海～中東での偵察や洋上哨戒に使われて、本国でも洋上偵察に働いた。このAR711はNo.22スコードロンに配属されてた。
尾翼の配置がこんな具合。垂直尾翼もバルチモアよりちょっと小さい。
メリーランドはタラント軍港夜襲前にイタリア艦隊の所在を偵察したり、ビスマルクの出港を察知したり、地味だけど大事な手柄をたててるのよ。

色違いだけど、これも「蛇の目」だな。
1941年6月、モロッコにいたGBI/22第2エスカドリルのマーチン167。

マーチン167はフランス空軍と海軍でも200機以上が使われて、ドイツとの戦いじゃフランス爆撃機の中でも損失率が低かったそうな。フランス降伏後は北アフリカや中東にも配備されて、ヴィシー政権下で連合軍と戦ったりした。

った。

ヘンなのは胴体腹部に7・7㎜機銃4挺が、下方9度、側方外向き1・5度の角度で固定装備されてたことで、これで低空を飛ぶときに地上を掃射したり、あるいは後下方の敵機を射撃したりするためだったらしい。もちろんそんな機銃で敵戦闘機が撃墜できれば余程の幸運なわけで、ここの機銃は「スケアガン（脅かし銃）」とか「スキャッターガン（ばら撒き銃）」とか呼ばれてた。つまり敵機が後下方から来たら、当たるまいが、とにかく弾をばら撒いて脅かそう、っていうことらしい。

バルチモアMk.Ⅰは、全幅が18・7m、14・8m、全高5・4m、翼面積は50・0㎡で、翼幅と翼面積は実はメリーランドと同じ。これに馬力が6割大きいエンジンがついて、自重は6872kg、総重量9866kgと、総重量はメリーランドの7624kgより3割ほど大きい。そのわりに最大速度は496㎞／hで、メリーランドの489㎞／hとさほど変わらない。爆弾搭載量も最大2000ポンド（907kg）で同じだけど、バルチモアの方が爆弾倉が大きくなってるんで、500ポンド（227kg）爆弾が4発積める。

そんなこんなバルチモアの方がメリーランドよりも馬力の余裕があって、爆撃機としての使い勝手は良かったんじゃないだろうか。

バルチモアMk.Ⅰは背部の防御火力が弱過ぎたんで、すぐに7・7㎜機銃2挺に増やされた。これがバルチモアMk.Ⅱで、100機が作られた。もちろん手動操作の連装機関銃でもろくな防御にならないのは明らかで、背部にボールトンポール社製の7・7㎜機銃4連装のタイプA動力銃座を装備することになった。これがバルチモアMk.Ⅲで、最初の発注分400機の残り、250機が作られた。銃座を装備するんで、胴体内には補強のために骨組みが追加されたんだけど、そこまでやったところで銃座のせいで後部脱出口がふさがっちゃうことに気づいて、その修正にまた時間がかかったんだそうだ。

イギリス発注分のバルチモアはここまでだけど、続いてアメリカが武器貸与法に基づいてイギリス向けにバルチモアを生産することになる。

⦿レンドリースのバルチモア

さて、イギリスからの発注分の後、1941年にはアメリカが武器貸与法に基づいてバルチモアを作ってくれることになった。アメリカ陸軍名はA-30っていうことになったけど、もちろんアメリカ軍が使うつもりは全然なかった。ただしほんの少数、アメリカでのテスト用にイギリスから逆貸しされた機体もあったから、スターマークつきのA-30がないわけじゃなかった。

アメリカが貸与したバルチモアの最初のモデルは、背部の銃座が12・7㎜連装のマーチン社製CE-250に替わったのが大きな特徴で、バルチモアMk.ⅢAとして281機が作られた。バルチモアⅢAは、銃座を動かす電気系統も新しくしなくちゃならなかったんで、その改設計に手間を取られて、量産開始が遅れて1943年になっちゃった。でもさすがに12・7㎜連装の火力は、それまでの7・7㎜4連装よりずっと頼もしかったから、乗員には評判が良かったんだと。

続いてエンジンを強化して、腹部の機銃も12・7㎜に替えたバルチモアⅣが294機作られて、これには一

1944年7月,イタリアのチェチーナに展開してりた,No.55スコードロンのバルチモアMk.V(FW287)"A"。試験的な夜間迷彩として全面マットブラックに塗られてた。

バルチモアを使った部隊は,イギリス空軍がNo.13,52,55,69,203,223,249,454(豪),459(豪),680の各スコードロンに,海軍航空隊がNo.728スコードロン。南アフリカ空軍がNo.15,21,60スコードロン。フランス空軍がGBI/17,ギリシャ空軍が第13飛行隊,イタリア空軍が第28グルッポ(第165と第190飛行隊),第132グルッポ(第253と第281飛行隊),トルコ空軍が第1爆撃連隊。

大げさな,というかごついというか,気化器インテークのフィルターがなかなかすてきなバルチモア後期型。こういうなりふりかまわないところが,いかにもアメリカ製「イギリス機」。

幅の狭い胴体の背中に,円い銃座をむりやり押し込んだもんだから,銃座基部まわりが張り出すことになっちゃった。こういう"やっつけ"感が,いかにもアメリカ製「イギリス機」。

バルチモアの秘密メカ。ガラス張りの爆撃手席の右側には折りたたみ式の操縦桿が,左側にはスロットルレバーがあって,パイロットが操縦できなくなったときは,爆撃手が代わりに操縦できるようになってた。でも機首の曲面ガラスで視界がひどくゆがむんで,着陸しにくいったらありゃしない,だったらしいぞ。

バルチモアのシリアルナンバーは分かりやすい。Mk.IがAG685~744,Mk.IIがAG735~834,Mk.IIIがAG835~999,AH100~184。アメリカから貸与のMk.IIIAがFA100~380,Mk.IVがFA381~674,Mk.VがFW281~880。

主翼内にも7.7mm機銃が4門入ってる。

マーチン動力銃座つきで,いろいろ改良した,最終型にして最多生産型のバルチモアMk.V。オーストラリア空軍No.454スコードロンのFW605。塗装はもちろん上面ミドルストーンとダークアース,下面エイジュアブルーの砂漠迷彩。イタリアに進出してからは,上面はダークアースとダークグリーンになった。マルタ島などで洋上哨戒に使われたバルチモアは,翼上面と胴体背部がエクストラ・ダークシーグレーとダークスレートグレー,その他白の塗装だった。

応アメリカ陸軍名がA－30Aとつけられてた。その後のバルチモアVが600機生産されて、これがバルチモアの最多生産型になった。バルチモアVはエンジンがさらに強化されて、腹部の武装も12・7㎜連装になった。それに風防がそれまでの曲面から平面になって、ワイパーもついたんで、夜間飛行のときに視界が歪んだりしなくなった。バルチモアVのアメリカ陸軍名はA－30Bっていうようだ。

もうひとつバルチモアVの改良点は、方向舵の操作が楽になるようにホーンバランスがついたことで、とくに滑走中のグラウンドループが防ぎやすくなるはずだった。でもおかげで方向舵がぐらぐらする癖がついちゃって、パイロットはしょっちゅう方向舵を動かしてなくちゃならなくなったし、その度に後部胴体に力がかかって外板がベコベコ音をたてるんだって。それで機体構造に疲労が生じたり壊れたりすることはなかったんで、慣れちゃえばそれで済むんだが、事情を知らない人間はけっこう怖い思いをしたんだと。でもまあ、とにかく気持ちのいいもんじゃないんで、少なくとも1個スコードロンは、退役した旧型バルチモアから尾翼をひっぱがしてMk.Vにくっつけたりしたともいう。

ここまでのバルチモアは軽爆撃機だったけど、地中海での洋上哨戒機としても使われた。そのため、洋上哨戒型として胴体を延長して機首上部にレドームをつけて、燃料タンクを拡大、魚雷も搭載できるようにするバルチモアⅣ（A－30C）も1943年末に2機が試作されたけど（1機だけとも）、翌年に中止になっちゃった。

バルチモアはアメリカでテストしたときには、パイロットから操縦性の癖が強くて扱いにくい、危ない、夜間飛行に不向きとか散々にいわれたが、イギリスのボスコムダウン航空機・兵装試験施設でのテストじゃ、イギリス人パイロットからは性能のよさも含めてとても好評だったんだそうだ。とくに片発停止で、停まった方のプロペラをフェザリングしなくても高度と速度を維持できるのがよいところとされた。ただし離着陸時に左右のエンジン出力が不揃いだと、クルリと回ってグラウンドループしちゃいやすいのが難点だったけど、着陸のときの操縦法を工夫することで一応この問題は回避できた。なによりイギリスでのテスト中に1度もエンジン交換をしないで済んだ、っていう信頼性の高さはよい評価になったみたいだ。

さてイギリス空軍は最初バルチモアⅠの40％、つまり最初の発注分４００機中の１６０機ぐらいをシンガポールに配備するつもりでいた。でもバルチモアのイギリス軍への引き渡しは１９４１年末から始まったんだけど、間もなくシンガポールは陥落しちゃったんで、極東配備は立ち消えになった。そこでバルチモアはもっぱら北アフリカ～地中海方面で使われることになった。

アメリカで作られたバルチモアは、分解して船積みされて西アフリカのタコラディに送られ、そこで組み立ててエジプトへと飛んで、部隊に配備されていった。最初のバルチモア部隊は、それまでエジプトでマーチン・メリーランドやダグラス・ボストンの乗員転換訓練を担当していた№２２３スコードロンで、１９４２年1月からバルチモアⅠの受領を開始した。もしこのころにシンガポールに配備されていたら、ろくに部隊の錬成も進まないうちに日本軍に追いまくられて散り散りになってたろうから、やっぱりバルチモアを北アフリカに回して正解だったんじゃないかな。

№２２３スコードロンのバルチモアは１９４２年5月から実戦に参加して、同じころに№55スコードロンがブレニムⅣからバルチモアⅠへの機種転換を始めた。さらに南アフリカ空軍№60スコードロンや、マルタ島の洋上偵察／哨戒部隊の№69スコードロン、同じく№203スコードロンにもバルチモアが少数ずつ配備されていった。

ところが1942年5月23日、その№223スコードロンの4機のバルチモアが、戦闘機の護衛なしに低空で爆撃に行ったところを、8機のBf109に襲われて、3機が撃墜され、残る1機も基地に帰りつけずに途中で不時着、全滅するっていう大損害を出した。このうち2機はハンス・ヨアヒム・マルセイユが墜としたともいうけど、なにしろバルチモアⅡでも背部の防御武装は7・7㎜機銃2挺だし、おまけにこれが実に不便にできてて、とても使えないと乗員に不評だったから、戦闘機に捕まって無事でいられるわけがない。

もちろん、こういう被害からバルチモアの武装強化が図られることになってくんだけど、そもそもこういう軽爆撃機を少数機で護衛なしで飛ばすほうが悪い。この後、バルチモアはもっと大きな密集編隊で、戦闘機の護衛をつけて、高度3600mぐらいの中高度で爆撃するようになっていった。

ちょうどバルチモアが実戦に加わり始めた時期は、1942年10月のエル・アラメインの戦いに至るころだったから、バルチモアの爆撃は連合軍の反撃準備に大いに役立った。まあバルチモアでなくちゃならなかったのかといわれれば、そんなこともなかったろうけど、とにかく北アフリカ戦線での軽爆撃機としてはバルチモアが主力だったし、幸いなことにバルチモアはそれなりに役に立つ飛行機で乗員たちからも比較的好かれてた。

とくにエル・アラメインの戦いでは、バルチモアを含む連合軍軽爆撃機部隊は、ドイツ軍の対戦車砲陣地の爆撃とか、反撃の支援にあたり、さらには戦線背後の輸送車列や物資集積所の爆撃にあたって、軽爆8個飛行隊の出撃数は10日間の戦いで約１２００ソーティ、そのうち３５２ソーティはバルチモアの№55スコードロンが行なったものだった。

バルチモアはその後、Ｍｋ.Ⅲが配備されるようになって部隊数も増え、北アフリカでの連合軍の反撃を助けた。さらにはシシリー島やイタリアへの上陸作戦を支援、バルチモア部隊はイタリア半島に進出して、地上部隊の支援や戦術爆撃に働いた。

それとともにバルチモアは洋上哨戒にも使われた。低空での操縦性は悪くないし、うまくすればＢｆ１０９Ｆにだって簡単には捕まらない。でもバルチモアは燃費があんまりよくないんで、ちょっとエンジンを回し過ぎるとたちまち燃料が足りなくなるから、洋上の長時間任務のときは燃料残量に気をつけなくちゃならなかったそうだ。

バルチモアは地中海での洋上哨戒や対地攻撃にも使われて、エーゲ海にも足を伸ばした。エーゲ海でもしばしば激しい戦闘があって、例えば１９４３年7月、クレタ島を連合軍のコマンドウ部隊が強襲した際に、ドイツ軍が民間人１００人を処刑したことがあって、それに対する報復として、連合軍はクレタ島のドイツ軍に大規模な航空攻撃を行った。主力は対地攻撃任務のハリケーン１４０機強で、バルチモアもオーストラリア空軍№.４５４スコードロンの8機が参加した。ところがドイツ軍の対空防御が予想以上に強力で、ハリケーン13機とバルチモア5機が撃墜されて、しかも爆撃はほとんど効果がなかった。これがバルチモアが1日で被った戦闘の損失としては最大のものとなったんだそうだ。

そうかと思うと、地中海で洋上哨戒中のバルチモアが敵機と遭遇することもあった。相手が戦闘機だともちろん分が悪いが、それ以外だとバルチモアの方が上手だったりもした。1944年2月、ロードス島近海を飛行していた南アフリカ空軍のバルチモア2機は、Ju88とBf109各4機と空中戦になり、バルチモアの方には損害なしに、Ju88とBf109を1機ずつ撃墜したこともあった。

そんなこんな、北アフリカから地中海、イタリア、エーゲ海、バルカン半島にかけて、イギリス空軍や南アフリカ空軍、オーストラリア空軍のバルチモアはとく

こんなバルチモアもありました

世にも珍しい、ベアメタルでスターマークつき、しかもアメリカ海軍のバルチモア。どうもイギリスから返してもらったⅢAかⅣっぽいようでもあるけど、この機の由来はよくわからない。

1946年に遷音速翼形の研究&テストに使われた機で、胴体上面にテスト翼と計測機マストを立ててる。急降下すると、このあたりの気流がマッハ0.82に達するんだそうだが、どうしてもバルチモアでなくちゃならなかったんだろうか？やっぱり急降下速度が速かったからか？

NAVY
02504

銃座を撤去して、フェアリングで覆って、胴体内に4～5人の客席を設けてた。イタリア空軍はバルチモアを何機か人員輸送機に改造してた。

こちらもベアメタルの、バルチモアⅤ改造人員輸送機。大戦後の1948年、フロシノーネの飛行訓練校で使われてた。

23

グレン・マーチン博物館のサイトによると、バルチモア旅客型は「ひどく乗り心地が悪かった」んだと。たぶんそうだったんだろうけど、なんで人員輸送機もバルチモアでなくちゃならなかったんだろう？

主翼下面にはラウンデルはなくて、緑で「B23」と大きく書いてる。

に華々しい戦歴もなく、目立たないながらも、与えられた任務を期待されたとおりに果たしたのだった。イギリス海軍航空隊でも1944年9月からマルタ島の№728スコードロンが哨戒機としてバルチモアを使ってた。

第二次大戦が終わると、イギリスやオーストラリア、南アフリカ空軍のバルチモア部隊はすぐに解隊して、バルチモアはスクラップになった。最後までバルチモアを使ってたのはケニヤに配備された№500スコードロンで、1946年中ごろまで殺虫剤散布などに働いてた。

またイタリアの降伏後、連合軍側に加わったイタリア空軍にバルチモアⅣとⅤが合計50機以上引き渡されて、1944年7月から緑・白・赤の蛇の目をつけて、イタリア北部のドイツ軍と枢軸軍側イタリア軍と戦った。

1943年にはギリシャ空軍№13スコードロンもバルチモアで編成され、イギリス空軍部隊と一緒に戦ってる。その他、第二次大戦終結後には中東でフランス空軍1／17爆撃グループ〝ピカルディ〟がバルチモアを使ってる。

そこまでが〝蛇の目〟のバルチモアで、おまけとして、大戦中には中立国トルコを枢軸側につけさせないようにするため、イギリスが手持ちのバルチモアの中から71機をトルコに供与して、これらはトルコ空軍の第1爆撃機連隊に配備されて、1950年代まで使われてたらしい。

バルチモアの生産数は全部で1575機にのぼったけど、現存してる機体は1機もない。

JM 022

俺にゃあ生涯米(しょうげえアメリカ)という強ぇ味方があったのだ

グラマンTBF/TBMアヴェンジャー

AVENGER dubbed TARPON, Grumman Model G-40

グラマンTBF-1の場合
全幅：16.5m（54ft 2in）
全長：12.4m（40ft 9in）
自重：4,788kg（10,555lb）
全備重量：7,444kg（16,412lb）
エンジン：ライト R-2600-8 サイクロン14
空冷星形複列14気筒（1,700HP）
最大速度：414km/h（257mph）
実用上昇限度：6523m（21,400ft）
航続距離：1,778km（1,105miles）
武装：ブローニング 0.50-in.（12.7mm）機関銃×3
（翼内×2、コクピット後部銃座×1）、
ブローニング 0.30-in.（7.62mm）機関銃×2
（カウリング右×1、胴体下面後方×1）、
227kg（500lb）爆弾×4 または 454kg（1,000lb）爆弾×1
または Mk XⅧ魚雷×1
乗員：2名

No.854スコードロンのアヴェンジャーII、JZ456。
1944年5〜7月、イングランド南東部ケント州のホーキンジ基地（バトル・オブ・ブリテン時のファイター・コマンドの基地で有名）にいて、ノルマンディ上陸作戦の支援とかを行なってたころの姿。
インヴェイジョン・ストライプを描くと、アヴェンジャーもけっこうりりしい。

1945年初夏、沖縄戦に参加してた空母フォーミダブル搭載のNo.848スコードロンのアヴェンジャーI（JZ114）「X-376」。たぶん何もパーソナル・マーキングは描いてなかっただろうと思うんだけど、元の写真じゃ主翼のカゲになってて胴体の前の方が見えなかったのよ。

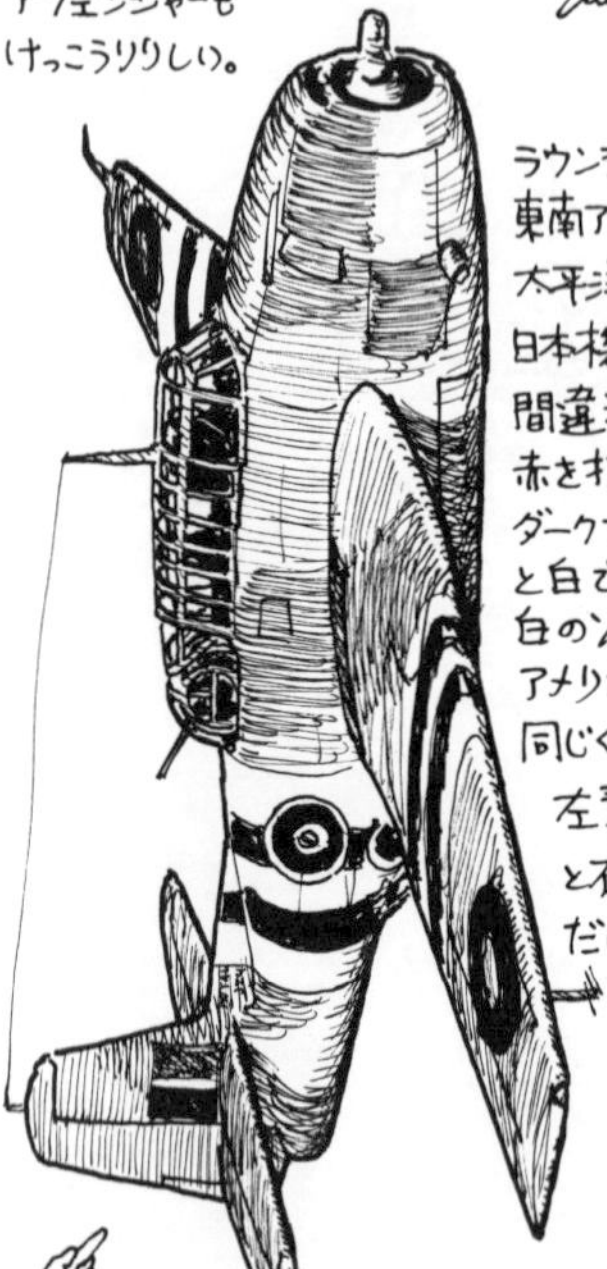

ラウンデルは東南アジア〜太平洋戦線の、日本機の日の丸と間違えないように、赤を抜いた、ダークブルーと白で、白のソデつき。アメリカ軍機と同じく、主翼には左翼上面と右翼下面にだけ描いてる。

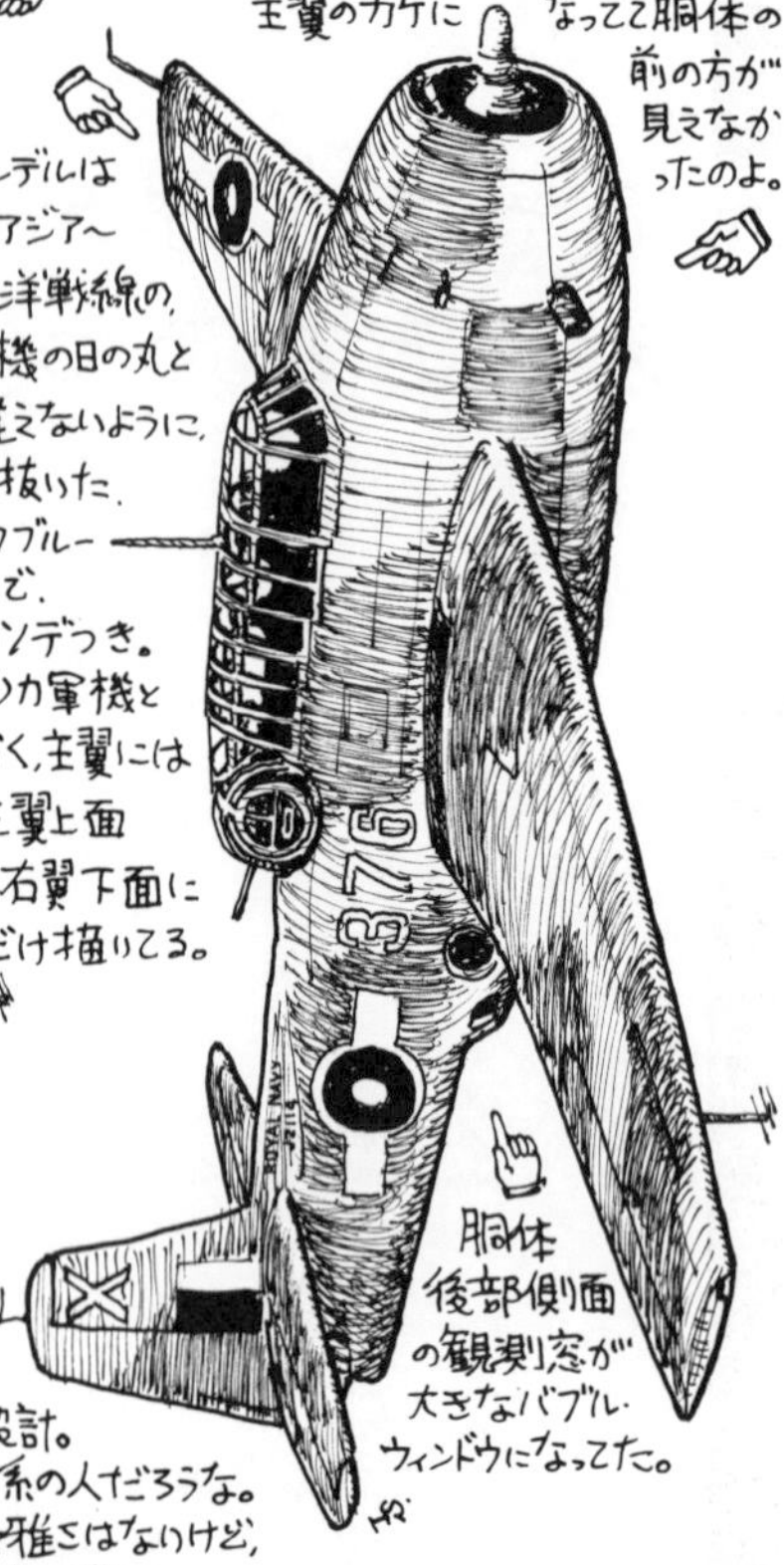

胴体後部側面の観測窓が大きなバブル・ウィンドウになってた。

アヴェンジャーは、F4Fワイルドキャットと同じく、ウィリアム・T・シュウェンドラーの設計。
シュウェンドラーって名前からすると、ドイツ系の人だろうな。
R.J.ミッチェルや堀越二郎みたいな優雅さはないけど、確実で必要十分な性能と高い実用性を備えた飛行機を作れる人みたい。

この東南アジア〜極東方面のイギリス空母搭載機のラウンデルは、ソデがなかったり、直径が小さかったり、どうも時期によっていろいろ違ってたみたいだ。

塗装は、上面がエクストラ・ダークシーグレーとスレートグレー、下面がダックエッググリーンの、空軍のコースタル・コマンドでもおなじみの海系の迷彩。戦後、予備部隊に残った機体や、対潜機のアヴェンジャーAS4〜6はミッドナイト・ブルーだったようだ。

◉艦上機はもっぱらアメリカン

イギリス海軍航空隊は、艦上攻撃機っていったら1939年の9月に第二次世界大戦がはじまったときには、複葉のフェアリー・ソードフィッシュしかもってなかった。その後継機のフェアリー・アルバコアがまた複葉機で、実戦部隊に配備されたのは1940年3月のことだった。

さすがにそれはまずいと思って、もちろん全金属製単葉引っ込み脚の艦上雷撃機兼急降下爆撃機のフェアリー・バラクーダを1937年から開発してたんだけど、いろいろあって初飛行が1940年12月になったし、しかもそれから先の開発がまたいろいろあってなかなか実戦配備にこぎつけられなかった。

しかしイギリスには、まだ参戦していなかったけどアメリカという強い味方があったのだ。イギリスは大戦の前からアメリカに飛行機を買い付けに行ってて、そこで1940年12月に開発中の新型艦上雷撃機の技術資料を見せてもらった。

それが、グラマン社が1939年から開発中だったTBF雷撃機だった。グラマン社はまだ比較的新しい会社で、艦上機は複葉のFF複座戦闘機とF2F〜F3F単座戦闘機、それに単葉のF4F戦闘機を作ってきたものの、雷撃機の経験はなかった。でもこのTBF、太い胴体に腹部は爆弾倉になってて、キャノピーの後部には動力銃座までついてて、よくできてるように見えた。

そこでイギリスは、まだ試作機も飛んでない1941年6月末に早くも200機を採用することにした。試作機はそれから1ヵ月とちょっとあとの8月7日に初飛行して、アメリカ海軍じゃTBF−1アヴェンジャーとして採用されることになった。

イギリスにはＴＢＦは武器貸与法によって提供されて、イギリス海軍じゃＴＢＦはグラマン・ターポンと名付けられた。ターポンっていうのは大西洋の暖かいあたりに住む魚で、日本だとカライワシとかイセゴイに近い種類で「タイセイヨウイセゴイ」っていう名前がついてる。ターポンは育つと１ｍを越えて、食べても美味しくないらしいが、釣ると激しく暴れるんで、スポーツフィッシングでは人気があるんだそうだ。

でも１９４３年初めにイギリス海軍に実戦配備になってから1年足らずの１９４４年1月、アメリカとイギリスで同じ機体を使ってるのに名前が違うといろいろ面倒だということで、名前はアヴェンジャーに変更された。ここでもとりあえずアヴェンジャーに統一して書いておきますね。

イギリス仕様はアメリカ海軍の機体とほとんど同じだけど、装備品がいろいろ違うほかに、腹部銃座の７・７㎜機関銃のかわりに偵察カメラが装備されて、後部胴体側面の窓がバブル型になってたのが目立った相違点だった。

それとイギリスのアヴェンジャーは、無線マストが折りたたみ式になってた。なにしろイギリスのイラストリアス級空母は、飛行甲板に装甲を施したんで、重心を低くするために格納庫の天井も低くなってた。そこに地上高の高いアヴェンジャーをしまうとなると、無線マストがつかえちゃうんで、折りたたみ式にしたんだそうだ。

最初のアヴェンジャーⅠ（つまりターポンⅠね）は、アメリカのＴＢＦ−１Ｂ／Ｃに相当して、イギリスにはシリアルＦＮ７５０〜９４９、ＪＴ７７３、ＪＺ１００〜３００の合計４０２機が引き渡された。次のアヴエンジャーⅡは、ジェネラル・モータース製ＴＢＭ−1相当で、ＪＺ３０１〜ＪＺ６３４の３３４機、アヴェンジャーⅢはＴＢＭ−３／３Ｅ相当で、エンジンが強化されたりこまごまとした改良が施された機体で、ＪＺ６３５〜７４６とＫＥ４３０〜４５９の１９２機が引き渡された。

このほかにアヴェンジャーⅢの最後の30機とＴＢＭ−４相当のアヴェンジャーⅣの70機が終戦で引き渡しキャンセルになってて、イギリスに引き渡されたアヴェンジャーは各型合計で９２８機になる。

イギリス海軍のアヴェンジャーの最初の実戦部隊は、№８３２スコードロンだった。この部隊、フェアリー・アルバコアを装備して空母ヴィクトリアスに搭載されて地中海〜北アフリカで戦ったあと、本国で洋上哨戒や機雷敷設任務に就いてた。１９４３年12月、北アフリカ上陸作戦の支援を終えたヴィクトリアスがアメリカで整備を受けるときに、№８３２スコードロンもいっしょに乗って行ったんだけど、ひょっとするとヴィクトリアスのアメリカ行きのときは、機体はなくて要員だけ乗ってったのかもしれない。

アメリカのノーフォークで、№８３２はアヴェンジャーに転換するんだけど、これはイギリス海軍向けの機体じゃなくて、アメリカ海軍の手持ちのＴＢＦ−1を融通してもらったようだ。だからこの時点での№８３２スコードロンの使用機は厳密には、グラマン・ターポンⅠじゃなくて、ＴＢＦ−1アヴェンジャーってことになるんだろうな。

アメリカの基地でアヴェンジャーに転換した№８３２は、整備の終わったヴィクトリアスとともにパナマ運河を通って太平洋に出て、５月には珊瑚海方面の哨戒にあたった。その翌月、№８３２はアメリカ空母サラトガに乗って、中部ソロモン諸島での上陸作戦の支援にあたった。いわば「出向」してたわけで、外国空母に飛行隊が臨時に搭載されるっていうのは、あんまり例のないことだ。

その後、№832は7月にはヴィクトリアスに戻って、パールハーバー経由でイギリス本国に帰還、そこでイギリス海軍のアヴェンジャーに、つまりこのころはターポンに機種転換した。アメリカ仕様のアヴェンジャーを本国まで持って帰ったのか、それとも機体はアメリカで降ろして、また要員だけ本国に帰ったのか、そこらへんはよくわからない。

この№832の機種転換とその後の実戦参加はかなり変則的だけど、これに続いて次々にアヴェンジャー部隊が編成された。これらのアヴェンジャー部隊でおもしろいのは、いずれも機種転換した部隊じゃなくて、最初からアヴェンジャー装備部隊として新編されたことだ。それに編成されたのもイギリス本国じゃなくて、アメリカの東海岸、ヴァージニア州ノーフォークやクォンセットとかのアメリカ海軍基地だった。

つまり要員だけがアメリカに送り込まれて、そこでアヴェンジャーを受領、転換訓練もアメリカで受けて、アメリカで建造された護衛空母がイギリスに送られるのに乗って、実戦アヴェンジャー部隊としてイギリス本国に帰還してくるという、そういう編成方式を採ってたのだな。なかなか合理的ではある。

そんな具合に、1943年の2月から12月までに、№845、848、846、849、850、851、852の7個スコードロンがアヴェンジャーで編成され、1944年1月から4月にかけて、さらに№854、853、855、856、857の5個スコードロンが誕生した。

その後1944年10月には、それまでフェアリー・バラクーダを装備してたNo.820スコードロンがアヴェンジャーに機種転換して、もうヨーロッパでの戦いも先が見えてきた1945年2月になって、最後にNo.828スコードロンがやはりバラクーダからアヴェンジャーに転換してる。合計で第二次大戦のイギリス海軍航空隊のアヴェンジャー部隊は15個だったわけだ。

アメリカ製のアヴェンジャーがイギリス海軍航空隊の主力艦上攻撃機になってたわけだけど、イギリスにはちゃんと国産の艦上攻撃機、フェアリー・バラクーダがあったのにアヴェンジャーを使ったのは、やっぱりアヴェンジャーのほうがバラクーダより性能も良かったし、使いやすかったからだろうな。

とはいったものの、イギリス海軍航空隊にアヴェンジャーが配備されたころには、地中海のイタリア海軍相手の戦いはケリがついてたし、大西洋でドイツの軍艦の大物はほとんど出てこなくなってた。それでも艦上攻撃機に仕事がないわけじゃなくて、イギリス本国に配備されたアヴェンジャーは護衛空母に搭載されて、ノルウェー方面の機雷敷設や対艦船攻撃、大西洋やロシア航路の輸送船団を護衛して、対潜哨戒に働いたのだった。ただし甲板が狭くて速力の遅い護衛空母からの対潜哨戒には、操縦しやすいフェアリー・ソードフィッシュが重宝されてた。

本国艦隊で活動したアヴェンジャー部隊は、No.846、850、852、853、856の各スコードロンで、搭載した護衛空母はナボブ、トラッカー、トランペッター、プレミアー、エンプレス、フェンサー、クイーン、サーチャー、パンチャーだった。これらの護衛空母のアヴェンジャー・スコードロンには、しばしば1

個小隊のワイルドキャット戦闘機も付属していた。

イギリス本国配備の最初のアヴェンジャー飛行隊になった№８４６スコードロンは、１９４４年４月に空母トラッカーに搭載されてロシア向け船団ＲＡ－58の護衛任務についていたあいだに、駆逐艦ビーグルと協同してＵ３５５を撃沈、数日後には№８１９スコードロンのソードフィッシュと協同でＵ２８８を撃沈している。このスコードロンのアヴェンジャーはさらにヨーロッパでの戦争終結の直前の１９４５年５月４日にも、ノルウェー近海でＵ７１１を沈めている。

イギリス本国のアヴェンジャーは、ほかに陸上基地に配備されて、空軍のコースタル・コマンドの指揮下で活動してた部隊もある。

アメリカ製vs イギリス製、艦上攻撃機でこうも違う

アメリカ製艦攻グラマン・アヴェンジャーと、イギリス国産艦攻フェアリー・バラクーダを比べると……

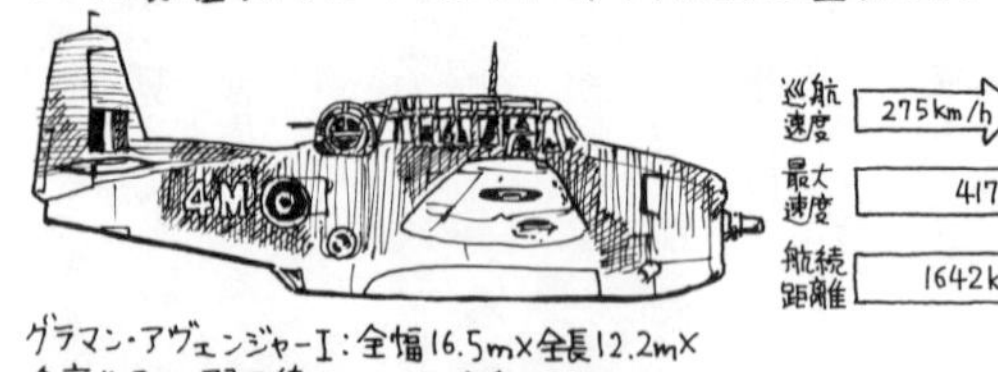

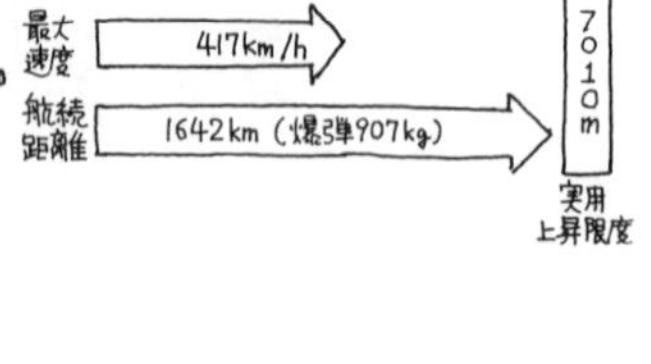

グラマン・アヴェンジャーⅠ：全幅16.5m×全長12.2m×全高4.8m，翼面積45.5m²，自重4808kg，総重量7394kg，エンジン：ライトR-2600-8（1850hp），乗員3名，魚雷×1または爆弾最大907kg。

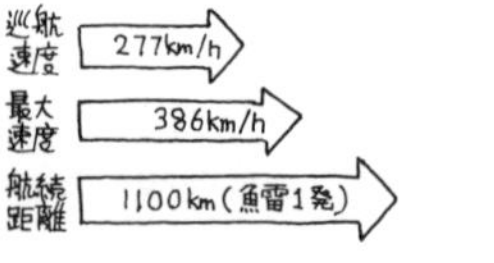

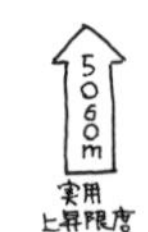

フェアリー・バラクーダⅡ：全幅15.0m×全長12.1m×全高3.7m，翼面積38.5m²，自重4907kg，総重量6464kg，エンジン：ロールスロイス・マーリン32（1640hp），乗員3名。魚雷1または爆弾726kg。

という具合で，バラクーダは搭載量でも性能でもアヴェンジャーに全然負けてて，しかもトラブルが多くてクセが悪いときたら，そりゃあアヴェンジャーの方が重宝されるわけだ。まあ，バラクーダの方にも，予定していたエンジンが中止になったり，開発が遅れて，実戦化を急かされたりとか，いろいろかわいそうな事情もあるんだが。

№８４８、８４９、８５２、８５５がそうで、１９４４年の春から夏にかけて北海やイギリス海峡での対潜哨戒や機雷投下、対艦船攻撃にあたって、とくに6月にはノルマンディー上陸作戦のための洋上封鎖作戦に従事した。このころはアヴェンジャーももちろんインヴェイジョン・ストライプを描いてて、太平洋のアメリカ海軍の青いアヴェンジャーとはまた違って、けっこうかっこいいかも。これらのアヴェンジャーがＶ−１を２機撃墜した、っていう話もあるにはあるんだが、ちょっと怪しい。

でもこれら本国のアヴェンジャー部隊のなかには、ヨーロッパの戦いの帰趨がほぼ決まっちゃうと、早々に解散する部隊も現れた。№８５２は１９４３年11月の編成から1年もたたない１９４４年10月に解散、№８５５は１９４４年2月に編成されて、８か月ほどの１９４４年10月に解散になったし、№８５０も同年12月には解散してる。でもそのあとで、イギリス海軍のアヴェンジャーは今度は東南アジアから太平洋で、またひと働きすることになる。

⊙太平洋のアヴェンジャー

イギリス海軍航空隊のアヴェンジャー部隊（ほんとはまだターポン部隊ね）は１９４３年の2月から続々と編成されたんだけど、大西洋方面じゃすでにドイツ海軍の大型艦はほとんどいなくなってたんで、アヴェンジャーがドイツの戦艦や巡洋艦を攻撃するようなことはなかった。

イギリス本国でのアヴェンジャー部隊は、ノルウェーや北海での艦船攻撃や哨戒、ソ連向け輸送船団の護衛、対潜哨戒、それにノルマンディー上陸作戦のための洋上哨戒がおもな仕事で、１９４４年の10月からは解散す

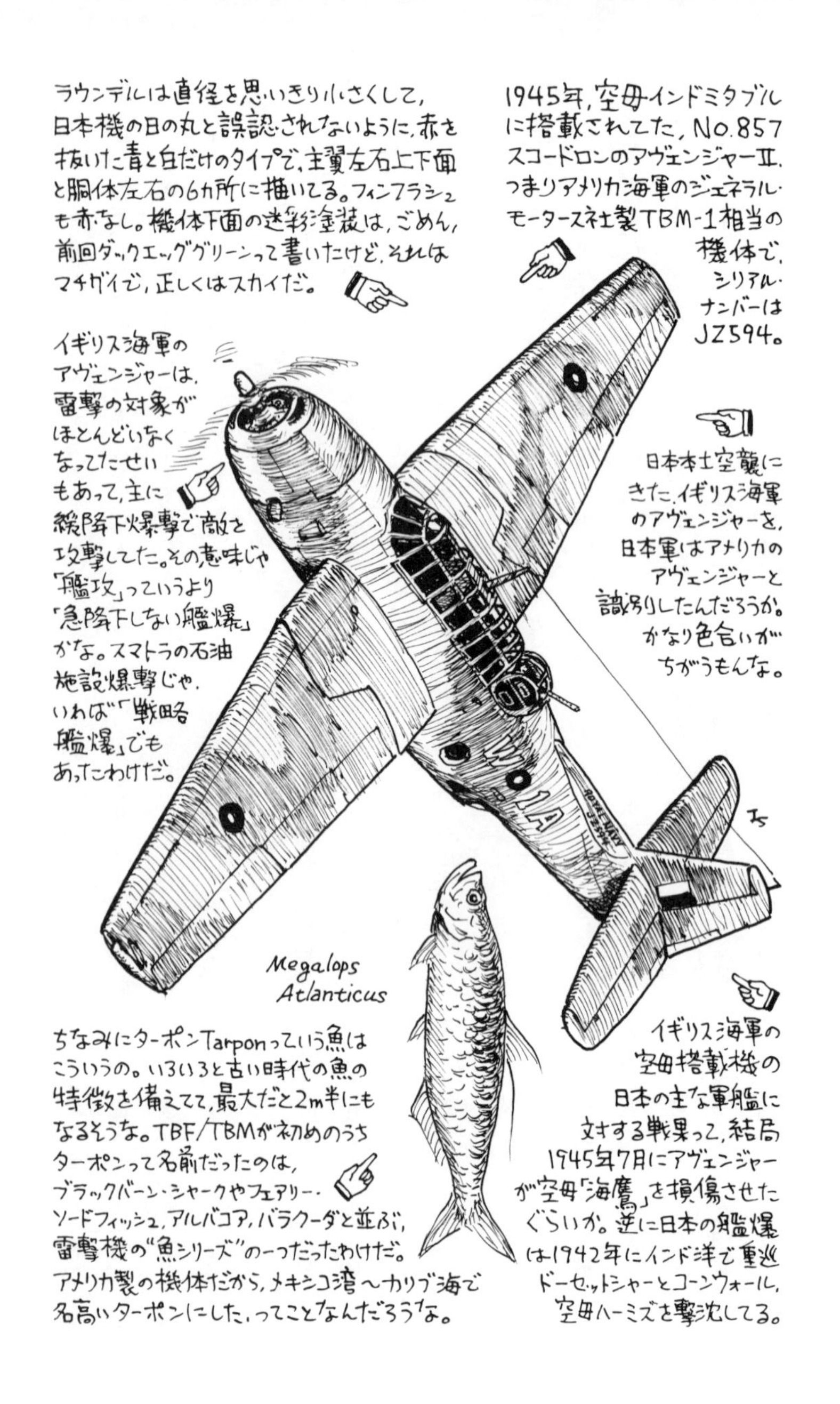
ラウンデルは直径を思いきり小さくして、
日本機の日の丸と誤認されないように、赤を
抜いた青と白だけのタイプで、主翼左右上下面
と胴体左右の6カ所に描いてる。フィンフラシュ
も赤なし。機体下面の迷彩塗装は、ごめん、
前回ダックエッググリーンって書いたけど、それは
マチガイで、正しくはスカイだ。
1945年、空母インドミタブル
に搭載されてた、No.857
スコードロンのアヴェンジャーII、
つまりアメリカ海軍のジェネラル・
モータース社製TBM-1相当の
機体で、
シリアル・
ナンバーは
JZ594。
イギリス海軍の
アヴェンジャーは、
雷撃の対象が
ほとんどいなく
なってたせい
もあって、主に
緩降下爆撃で敵を
攻撃してた。その意味じゃ
「艦攻」っていうより
「急降下しない艦爆」
かな。スマトラの石油
施設爆撃じゃ、
いわば「戦略
艦爆」でも
あったわけだ。
日本本土空襲に
きた、イギリス海軍
のアヴェンジャーを、
日本軍はアメリカの
アヴェンジャーと
識別したんだろうか。
かなり色合いが
ちがうもんな。
ROYAL NAVY
JZ594
Megalops
Atlanticus
ちなみにターポンTarponっていう魚は
こういうの。いろいろと古い時代の魚の
特徴を備えてて、最大だと2m半にも
なるそうな。TBF/TBMが初めのうち
ターポンって名前だったのは、
ブラックバーン・シャークやフェアリー・
ソードフィッシュ、アルバコア、バラクーダと並ぶ、
雷撃機の"魚シリーズ"の一つだったわけだ。
アメリカ製の機体だから、メキシコ湾〜カリブ海で
名高いターポンにした、ってことなんだろうな。
イギリス海軍の
空母搭載機の
日本の主な軍艦に
対する戦果って、結局
1945年7月にアヴェンジャー
が空母「海鷹」を損傷させた
ぐらいか。逆に日本の艦爆
は1942年にインド洋で重巡
ドーセットシャーとコーンウォール、
空母ハーミズを撃沈してる。

る部隊も現れはじめたのだった。

でもそれでイギリス海軍のアヴェンジャーの戦いが終わったわけじゃなくて、アヴェンジャーはインド洋〜東南アジア方面のイギリス東インド艦隊に送られて、日本軍と戦うことになった。1944年11月にはさらに日本に迫るための戦力として、手の空いた本国から派遣された主力艦艇を中心にイギリス太平洋艦隊も編成された。

そんなわけで、本国に配備されていたアヴェンジャー部隊のなかからも№848や№849スコードロンが、東南アジア〜極東での戦いに振り向けられていった。

またアメリカに乗員を送ってアヴェンジャーへの転換訓練を受けて、アメリカ製護衛空母でイギリス本国に戻り、そこからアジア方面に派遣されていったアヴェンジャー・スコードロンもある。№845や№857がそうだ。№851スコードロンは、アメリカ東海岸のノーフォークで編成されて、護衛空母シャーに搭載。パナマ運河を通って太平洋に出て、オーストラリアのフリーマントル経由で、インド南部のコーチンに到着している。ほかに№820や828のように東南アジア方面でバラクーダを使っていたのに、アヴェンジャーに転換した部隊もある。

1943年5〜7月、空母ヴィクトリアスの南太平洋派遣に伴って、アメリカ海軍からTBFを借りてイギリス海軍で最初にアヴェンジャーを使った部隊になった№832スコードロンも、借りもののTBFをアメリカ海軍に返して本国に戻った後、1944年には再び東南アジア方面に進出してる。こうして1944年以降に日本軍と戦ったイギリス海軍航空隊のアヴェンジャーは8個スコードロンになる。これらの部隊は、護衛空母で運ばれていったりしたものもあるが、イラストリアス級／改イラストリアス級の正規空母の極東回航に搭載されていった部隊もある。

でも日本海軍の主要な艦艇は、インド洋や東南アジアよりも太平洋でアメリカ海軍と戦っていたから、イギリス東インド艦隊・太平洋艦隊のアヴェンジャーが日本の軍艦と戦う機会はほとんどなく、アヴェンジャーは陸上の目標、とくに日本軍占領下のオランダ領東インド（つまりいまのインドネシア）の石油施設の攻撃にあたることとなった。

日本軍はスマトラ島南部のパレンバンなどの施設からの石油に大きく依存していたから、これらの石油施設攻撃はいわば戦略的な攻撃だった。ヨーロッパ戦線でいうならばルーマニアのプロエスチ油田攻撃みたいなもんだろうか。ヨーロッパでB-24がやった仕事を、極東じゃアヴェンジャーがやったわけだな。

その最初となったのが、1944年5月の攻撃で、№832と№845スコードロンのアヴェンジャー16機が空母イラストリアスから発進して、アメリカ空母サラトガの搭載機といっしょに、スラバヤの港湾や石油施設を攻撃してる。

東南アジア～太平洋方面のイギリス空母勢力は増強されて、1945年1月24日にはイラストリアス、ヴィクトリアス、インドミタブル、インディファティガブルの4隻から、№854スコードロン（イラストリアス）と№849（ヴィクトリアス）、№820（インドミタブル）、№857（インディファティガブル）の合計43

機が500ポンド爆弾4発を搭載、ロケット弾装備のファイアフライ戦闘攻撃機や、掩護のコルセアとヘルキャット、シーファイア50機とともにパレンバン北方のプラドジョウ精油施設を爆撃した。日本軍の迎撃や対空砲火は激しくて、阻塞気球も上がってたけど、攻撃は成功して、石油施設に大きな被害を与えてる。でもこの攻撃じゃイギリス艦上機部隊は全部で32機を戦闘と着艦事故で失ってる。

この「メリディアンI」作戦の4日後、「メリディアンII」作戦として、同じプラドジョウ精油所とソエンゲイ・ゲロン蒸留施設を、アヴェンジャー48機とファイアフライ12機、掩護の戦闘機40機が攻撃した。もちろん日本軍は攻撃を予期していて、陸軍の戦闘機が迎撃にあたり、対空砲火も正確だったが、アヴェンジャーは主要施設に命中弾を与え、貯油施設にも大きな火災を引き起こした。目標上空で失われたアヴェンジャーは4機、ほかにファイアフライとコルセア各1機が失われた。

この「メリディアンI/II」作戦によって、スマトラ島の燃料生産量は3分の2に落ち込んで、後の東南アジアや沖縄での日本軍の作戦能力を大きく低下させたっていう。まあ、スマトラでいくら燃料油を生産しても、輸送するタンカーがアメリカ軍の潜水艦や飛行機に沈められて、日本国内の施設や工場も爆撃されてちゃどうしようもないんだけど。とにかくイギリス海軍のアヴェンジャーは「戦略爆撃」に成功を収めたことになる。

イギリス太平洋艦隊の空母部隊にはさらにフォーミダブルも加わり、1945年3月から5月にかけては沖縄侵攻作戦の支援にあたって、№820、828、848、849、854、857の6個スコードロンのアヴェンジャーが、台湾や先島群島の日本軍航空基地への攻撃を行なってる。この作戦じゃ各空母とも日本軍の特攻機の突入を受けてる。

しかしイギリス海軍は伝統的に、地中海でもインド洋でも2～3日航行すれば補給基地に戻れるのが普通だったが、オーストラリアぐらいしか補給拠点のない太平洋での戦いは、結構補給の面で苦しかったらしい。

正規空母が太平洋艦隊に配備された一方、東インド艦隊じゃ護衛空母のベガムやシャーに搭載された№83 2と№851スコードロンは、インド洋での船団護衛や対艦船哨戒っていう、波乱のない任務についたり、あるいはミャンマー（当時はビルマだな）侵攻作戦に伴って、アンダマン諸島の日本軍を攻撃した。5月15日には№851スコードロンのアベンジャーが、重巡洋艦「羽黒」を爆撃したけど、至近弾1発を与えただけで、逆に1機が撃墜された。

太平洋艦隊のアヴェンジャー部隊は、沖縄戦の後、7月24日にフォーミダブル搭載の№848とインプラカブル搭載の№828スコードロンのアヴェンジャーが屋久島を攻撃し、同日に№848と空母ヴィクトリアス搭載の№849スコードロンのアヴェンジャーが、別府湾で日本の護衛空母「海鷹」を爆撃、火災を発生させた。「海鷹」はその後、アメリカ空母の搭載機の攻撃で沈没してる。イギリス海軍機が日本空母を攻撃した例はこの「海鷹」だけ。

第二次大戦最後の日となった1945年8月15日には、空母インドミタブルから発進した№820スコードロンのアヴェンジャーが東京周辺の攻撃に参加してる。イギリス軍機が日本本土を直接攻撃したのはこれが最初で最後だった。

こうして第二次大戦を戦ったイギリス海軍のアヴェンジャーだったけど、戦争が終わってしまうともう用はなかった。アヴェンジャー・スコードロンのほとんどは、搭載していた空母がイギリス本国に帰還した1945年10月〜12月に解散、最後まで残っていた№820と828スコードロンも、終戦後にしばらくオーストラリアとニュージーランドに展開した後、機体を残して本国に帰還、1946年半ばに解散してる。インド洋〜太平洋で戦ったアヴェンジャー部隊は、本国に帰還するときに、もう機体は使わないから海に投棄していったともいう。

蛇の目のマークをつけたアヴェンジャーには、ほかにニュージーランド空軍でアメリカ仕様のTBF−1が48機、1943年9月から1944年2月にかけて引き渡されてる。ニュージーランド空軍じゃ、№30と、その後№31スコードロンでブーゲンヴィル島での近接支援やラバウルの日本軍基地への爆撃に使われた。ときには№31スコードロンのアヴェンジャーは、爆弾倉に特別改造したタンクを装備、そこからディーゼル油を日本軍の畑に散布して、日本軍の食料を断とうとしたりもしたそうだ。

第二次大戦後には、対潜哨戒機としてカナダ海軍とフランス海軍がTBF／TBMを使ってるから、それもまた広義の「蛇の目」アヴェンジャーってことになるな。

それと、実はイギリス海軍は、1953年になってもう一度アヴェンジャーを採用してる。今度は艦上・陸上の対潜哨戒機としてで、100機を調達して、アヴェンジャーAS4とAS6として1957年まで使ってた。それだったら太平洋での戦いが終わったときに、捨てないで保管しておけばよかったのにね。

話が出たことでもありますし、ニュージーランドのを

もう一つの"蛇の目"アヴェンジャー、ニュージーランド空軍のTBF-1C、No.30スコードロンに配属されてたNZ2508。

アヴェンジャーを使った「空軍」は、ニュージーランド空軍だけじゃなかったはずだな。

ニュージーランド空軍のアヴェンジャーは、グラマン社製のTBF-1が6機（シリアルNZ2501〜2507）と、TBF-1Cが42機（NZ2508〜2548）。塗装はどうやらアメリカ海軍の3色迷彩だったみたい。

胴体のラウンデルは、イギリス空軍のタイプCに白フチ・白ソデつき。主翼左右上面は、タイプCよりもっと青部分が幅広くて、赤が小さいもので、フチなしで白ソデつき。アメリカのスターマークに上描きしたか？

フィン・フラッシュはすごく細長い。

JM 023

傑作機は皆、自主開発？

マイルズ・マスター

MASTER, Miles M.9

マスターⅠの場合
全幅：11.9m（39ft）
全長：2.3m（30ft 5in）
自重：1,982kg（4,370lb）
全備重量：2,528kg（5,573lb）
エンジン：ロールスロイス ケストレルXXX
液冷V型12気筒(720HP)
最大速度：363km /h（226mph）
武装：ー
乗員：2名

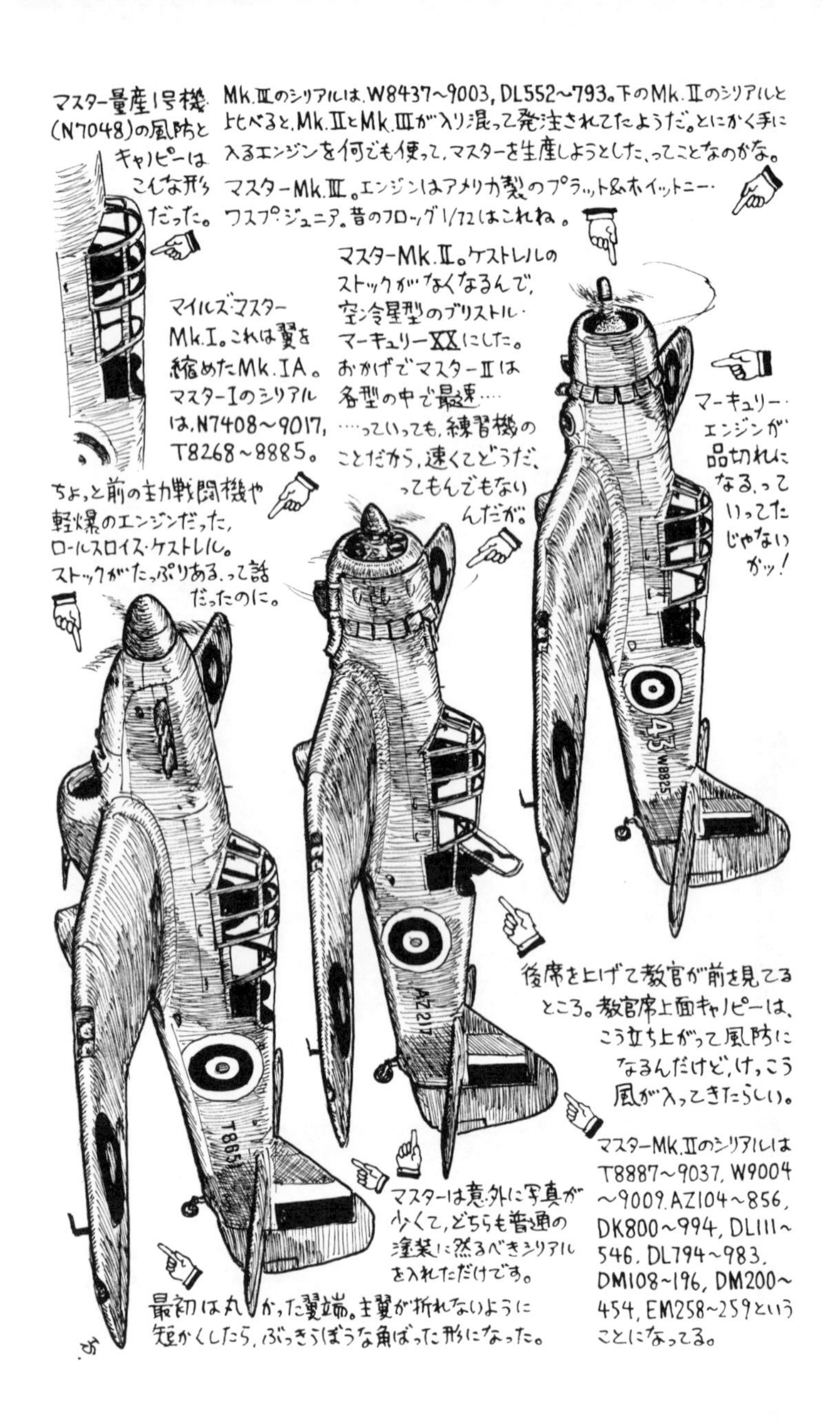
マスター量産1号機(N7048)の風防とキャノピーはこんな形だった。

Mk.Ⅲのシリアルは、W8437～9003、DL552～793。下のMk.Ⅱのシリアルと比べると、Mk.ⅡとMk.Ⅲが入り混って発注されてたようだ。とにかく手に入るエンジンを何でも使って、マスターを生産しようとした、ってことなのかな。

マスターMk.Ⅲ。エンジンはアメリカ製のプラット&ホイットニー・ワスプ・ジュニア。昔のフロッグ1/72はこれね。

マスターMk.Ⅱ。ケストレルのストックがなくなるんで、空冷星型のブリストル・マーキュリーXXにした。おかげでマスターⅡは各型の中で最速……

……っていっても、練習機のことだから、速くてどうだ、ってもんでもないんだが。

マイルズ・マスターMk.Ⅰ。これは翼を縮めたMk.ⅠA。マスターⅠのシリアルは、N7408～9017、T8268～8885。

マーキュリー・エンジンが品切れになる、っていってたじゃないかッ!

ちょっと前の主力戦闘機や軽爆のエンジンだった、ロールスロイス・ケストレル。ストックがたっぷりある、って話だったのに。

43
W8825
AZ217
T8651
後席を上げて教官が前を見てるところ。教官席上面キャノピーは、こう立ち上がって風防になるんだけど、けっこう風が入ってきたらしい。

マスターMk.Ⅱのシリアルは T8887～9037、W9004～9009、AZ104～856、DK800～994、DL111～546、DL794～983、DM108～196、DM200～454、EM258～259ということになってる。

マスターは意外に写真が少くて、どちらも普通の塗装に然るべきシリアルを入れただけです。

最初は丸かった翼端。主翼が折れないように短かくしたら、ぶっきらぼうな角ばった形になった。

あるイギリス人によると、「イギリスの傑作機はすべて自主開発で作られてきた」んだそうだ。なるほどホーカー・ハートとかフェアリー・ソードフィッシュ、デハヴィランド・モスキートはみんな自主開発だし、アヴロ・ランカスターだってそうだもんな。マイルズ・マスター練習機がそういう飛行機と並ぶ傑作機かどうか、まあちょっと微妙なところもあるんだが、マスターもその出自はマイルズ社の自主開発だった。

マイルズ社は1932年に、飛行機設計家のフレデリック・G.マイルズと飛行学校経営者のチャールズ・ポウィスが、ロンドンの西60㎞ぐらいのレディング近くのウッドレーに設立した会社で、低翼単葉複座の軽飛行機M2ホークを手始めに、2～4席の軽飛行機M3ファルコンを作り、スマートで軽快な軽飛行機メーカーとしてささやかな成功をおさめていった。

それが1936年に6～8人乗りの小型双発旅客機M8ペリグリンを作って、小型機メーカーからの成長を目指すようになり、1937年には空軍の初等練習機、低翼単葉のM14マジスターを初飛行させ、とうとう軍用機を作るまでになった。このころのマイルズ社は従業員全員を合わせて800人程度、社風はどうもかなり家族的だったみたいで、3月20日のマジスター命名式の後のお祝いでは、143リットル入りのビール樽10個が、2時間で空になったんだそうだ。よく飲むなあ、イギリス人。

そんなマイルズ社が次に送りだしたのが、自主開発の高等練習機、単葉引っ込み脚のM9だった。エンジンは、ついこないだまで主力機だったホーカー・ハート爆撃機やフューリー戦闘機に使われてたのと同じロールスロイス・ケストレル液冷V型12気筒、それのXVI型745HPを装備して、機体はマイルズ社得意の全木製構造で、主翼は軽い逆ガル、脚はその下面にひねって収める。コクピットは枠の少ないキャノピーで覆われてた。

このM9、猛禽類の名前をつけるマイルズ社の伝統に従ってケストレルと名付けられ（一説ではケストレルはエンジン名で、機体名じゃないともいうんだが）、1937年6月に初飛行して、ヘンドン航空ショーではスマートな姿で大きな注目を集めることとなった。最大速度は476km／h、ハートの練習機型が300km／h程度だったのより断然速いし、単葉引っ込み脚の新鋭フェアリー・バトル単発爆撃機の414km／hよりまだ速い。

ところがイギリス航空省は、2~3座の単発多用途練習機の仕様T6／36をすでに出していたもんだから、マイルズがこの仕様と関係なく自主開発したM9にはことのほか冷淡で、およそ興味を示さなかった。しかしそのT6／36仕様は中途半端な要求だったんで、結局航空省は途中で投げ出してしまった。おかげでT6／36仕様で採用されたデハヴィランド・ドンが何の役にも立たずに終わった、っていうのはまた別の話。

このせいでイギリス航空省は、戦争の気配も濃くなってきてるのに、ハリケーンやスピットファイアにパイロットがすんなり進めるような高性能な練習機がなくなっちゃった。そういえば、マイルズ社が頼みもしないのに引っ込み脚の練習機を開発してたじゃないか、こりゃシメコのウサギ……と航空省が思ったかどうかは定かでないが、航空省は1938年になって、やっとマイルズM9に目を向けて、6月には早くもM9の軍用練習機型マスターを500機発注、8月にはその実用機仕様16／38を提示した。

マイルズ社はそれ以前にM9を小改造して、ラジエーターを大きくして位置を前進、後部胴体を深くしてた。

教官席を離着陸のときは高くして前方視界を良くする、っていうギミックはどうもこの時に採り入れられたみたいだ。後席キャノピーの天井部分は前方に開いて、高くなった後席の風防になる。

マイルズ社はＭ９を改修してマスターの原型機にした。社内名称Ｍ９Ａ、シリアルはＮ３３００だった。でも航空省は、マスターのエンジンに７１５HPのケストレルＸＸＸを使うように指示してきたもんだから、馬力が30HP減って、最大速度は３６３km／ｈに落ちちゃった。他にも量産機Ｍ９Ｂ、マスターＭｋ．Ｉになると、ラジエーターの位置が後退して主翼前縁あたりの胴体下面になったり、せっかく枠なしだった風防もキャノピーも枠の多いものになって、垂直尾翼も背の高い形に変わったりした。

とにかくこれでイギリス空軍には、第一線戦闘機とそれほど性能や飛行特性の差のない高等練習機ができたことになる。しかし機体ができた、っていうのとそれが手に入るっていうのは別問題だった。なにしろマイルズ社はそれまで軽飛行機やスポーツ機を少しずつ手作り同然で作ってたのに、マスターの発注でいきなり大量生産しなくちゃならなくなったのだ。

マイルズ社は工場を新設（ボールトン・ポール社が工場建設を受注、地元企業を主契約者に立てたそうだ）したけど、とくに手作り時代のクセで品質管理の意識が薄かったり、生産態勢の立ち上げはなかなか大変だったようだ。そんなこんなで、量産機の完成にはけっこう時間がかかって、１９３９年の3月になっちゃった。

おかげでこの年の９月に第二次大戦が勃発したとき、空軍に引き渡されてたマスターはたった7機だったんですと。

それでも生産が軌道に乗るとあとは早くて、1940年9月、バトル・オブ・ブリテンの最中には500機が納入されてた。マスターのおかげでこのイギリス存亡の危機に、戦闘機パイロットの養成が間に合ったのだ、とマイルズ社の概史の本には書いてあるけど、本当のところはどうだったんだか。

それはともかく、実は初期のマスターは訓練飛行中に普通の機動をしてて翼桁が破壊、主翼が折れて墜落っていう事故が多かった。逆ガル翼の内翼部の桁が弱かったんだが、これで失われたのは少なくとも19機にものぼったそうだ。問題の解決は単純明快、主翼を切り縮めたのだ。翼幅11・9mから10・9mに、左右で50cmぐらいずつも縮めちゃったんだから、結構乱暴な話だが、既存の完成機の主翼も短く改修して、とにかくこれで主翼が折れる事故はなくなった。最初から主翼を短く作った機体は、マスターⅠA（社内名称M9C）と呼ばれる。

それでも飛行学校のポーランド人訓練生の飛行中にいくつか事故が続いて、ひょっとして戦意過剰なポーランド人が機体を振り回しすぎて過荷重になったのかも、と思われたが、設計者のジョージ・マイルズその人が、自分でテストして、通常の荷重限界6Gを越えて8Gをかけてもマスターの機体は問題なかったんだと。

またバトル・オブ・ブリテン直前の1940年6月には、マスターⅠを改造して、翼内に7・7mm機関銃6挺を装備、単座にした戦闘機型（あとからM24になった）が25機作られた。戦闘機が足りなくなった場合に備えたわけだけど、イギリス空軍もよっぽど必死、というかマスターの性能がそれなりに戦闘機に近かった、っていうことにしておこう。

実はマスターIの量産準備中に、マイルズ社は航空省からとんでもないことを聞かされる。エンジンのロールスロイス・ケストレルのストックが尽きちゃうんで、エンジンを空冷星型9気筒のブリストル・マーキュリーⅨX870HPに替えてほしい、というのだ。

えー、ロールスロイスがエンジン供給に協力してくれるんじゃなかったっけ？　といったところでどうしようもない。ロールスロイスはマーリンの生産で忙しいし、たかが練習機のためにケストレルの追加生産なんかしてくれるわけがない。しかたなく、マイルズ社は水冷V型エンジンを前提に設計したマスターの機体に、空冷星型エンジンをくっつけなくちゃならなくなった。後の日本陸軍の川崎キ61とキ100の関係みたいなもんだな。マスターのほうがだいぶショボいけど。

これがマスターMk.Ⅱ（M19）で、試作機はマスターIから改造されて1939年11月に初飛行した。マスターIが475機、IAが400機作られたのに続いて、マスターⅡは1747機が生産された。エンジンの馬力が大きくなったおかげで、マスターⅡは最大速度が389km／hに向上した。

ところが！　また航空省はマスターのエンジンを替えてくれ、と言いだした。ブリストル・マーキュリーもストックがなくなってきたんだそうだ。今度はアメリカのプラット&ホイットニー社製ワスプ・ジュニア空冷星型9気筒にするんだと。試作機はやっぱりマスターIの1機を改造して作られて、1940年の12月には初飛行した。エンジンの出力はマーキュリーよりちょっと小さくて825HP、そのせいで最大速度は373km／hに低下したけど、練習機としては充分なんでまあいいか、とされた。

これがマスターMk.Ⅲ（M27）となったんだが、試験中に「……実は……その、マーキュリーのストックがまだあるのがわかってさ……」というようなことを航空省が言ってきて、結局マスターⅡの生産も継続、マスターⅢはそれと並行して生産されることになった。でもマスターⅡは工場2カ所で作られたのに、マスターⅢは1カ所でしか生産されなかったんで、生産数は602機だった。

イギリス空軍は、当初マスターをカナダや南アフリカにも送って「英連邦航空訓練計画」で使おうと考えてた。でも南アフリカで使ってみると、全木製のマスターの機体は、暑さと湿気に弱くて稼働率が大きく落ちちゃった。結局イギリス空軍の外地でのパイロット養成には、アメリカ製のノースアメリカン・ハーヴァード（T-6テキサンの系列）が主用されて、5000機以上のハーヴァードが引き渡されたのだった。

マスターの生産は1942年に合計3450機で終了した。イギリス航空省としてはハーヴァードがたくさん手に入ったんで、マイルズ社にはスピットファイアの生産協力と、新型の標的曳航機のほうを生産してもらいたかったようだ。

その標的曳航機が、マスターから発展したマーチネットで、1945年までに1700機も作られた。社内名称はM25、1946年に65機が作られた無線操縦の標的機型クイーン・マーチネットはM50だ。

マイルズ社は1942年の中ごろにマスターⅡの一部を、グライダー曳航機に改造してる。正確な機数がわからないんだけど、875HPのエンジンだから、たぶん練習グライダーのエアスピード・ホットスパーぐらいしか引っ張れなかったんじゃないかな。

マスターの教官席は離着陸時に高くできて、キャノピーが後席の風防になる、って書いたが、この仕掛けはけっこうすきま風がひどくて、評判がよくなかったらしい。イギリス人はすきま風が嫌いみたいだな。そこで最初から後席を一段高くするマスターMk.Ⅳ(M31)が計画されて、Mk.Ⅱの1機が原型とされたんだけど、実際に高い後席の形態になったかどうか、その形態で初飛行したかどうかは不明だ。

ケストレルはこうしてマスターになりました（けっこういろいろ改造されてます）

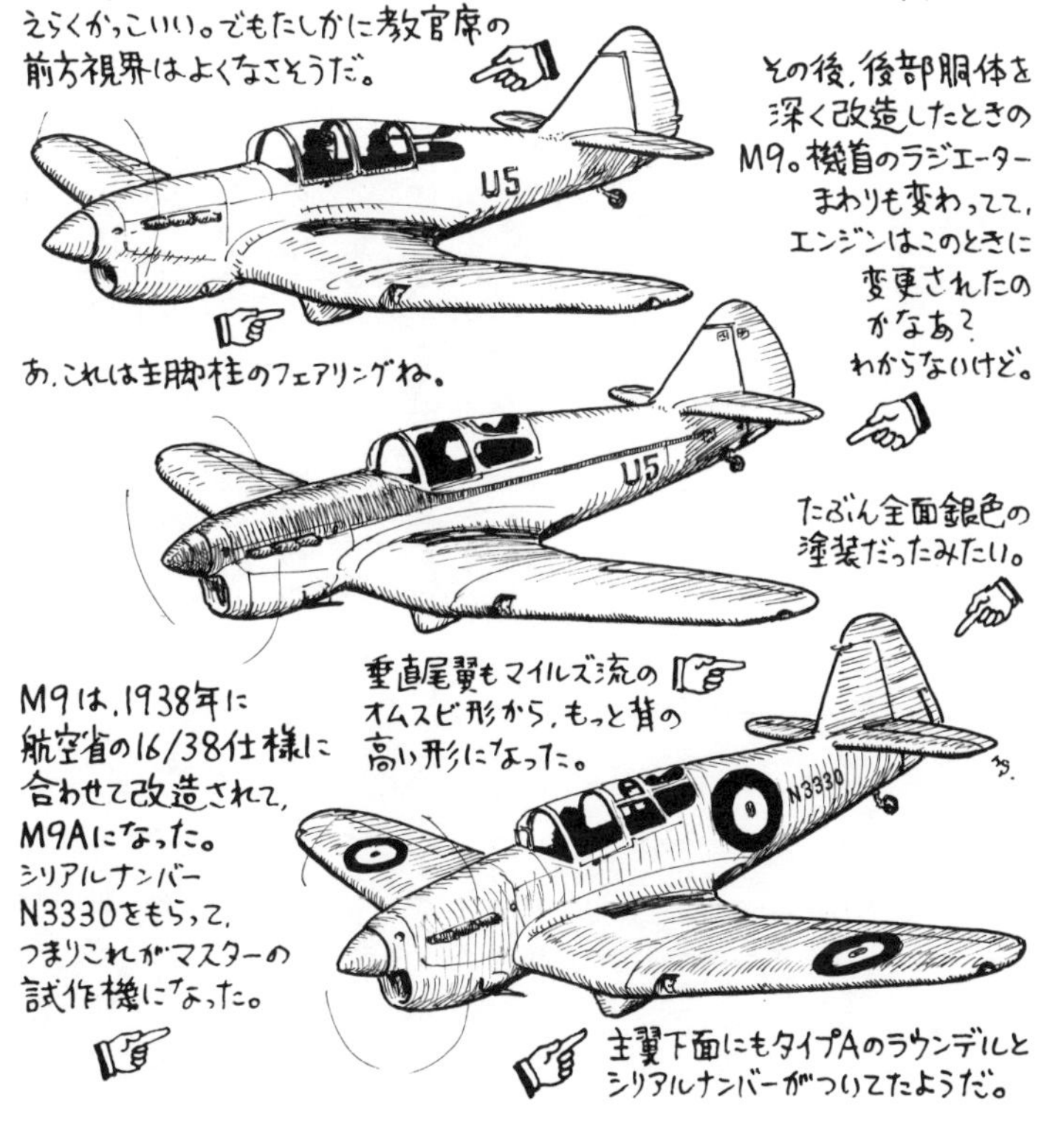

マイルズ社が自主開発で、つまり好き勝手に作った練習機、M9ケストレル。

1937年6月3日にF.G.マイルズその人の操縦で初飛行したときの姿。

えらくかっこいい。でもたしかに教官席の前方視界はよくなさそうだ。

U5
あ、これは主脚柱のフェアリングね。

その後、後部胴体を深く改造したときのM9。機首のラジエーターまわりも変わってて、エンジンはこのときに変更されたのかなあ？ わからないけど。

U5
たぶん全面銀色の塗装だったみたい。

垂直尾翼もマイルズ流のオムスビ形から、もっと背の高い形になった。

M9は、1938年に航空省の16/38仕様に合わせて改造されて、M9Aになった。シリアルナンバーN3330をもらって、つまりこれがマスターの試作機になった。

N3330
主翼下面にもタイプAのラウンデルとシリアルナンバーがついてたようだ。

マスターはイギリス空軍の他に海軍航空隊でもちょっと使われて、Mk. IIがエジプトに26機、トルコに18機、ポルトガルにも1機が引き渡された。さらにアメリカ陸軍航空隊とアイルランド航空隊にMk. IIIが1機ずつ送られてる。でもマイルズ・マスターは3700機以上作られたのに、なんだか影が薄い。第二次大戦のイギリスの高等練習機っていわれて思い出すのは、むしろハーヴァードのほうだ。

マスターは現存する機体が1機もない。イギリスのバークシャー航空博物館でマーチネットが復元されてるだけ。ものもちのいいイギリス人にしちゃ、マスターを残していないのが不思議なくらいだけど、全木製だったのが災いしたのかしら。小さな会社が一所懸命に作って、よく働いた練習機なのに、マスターってなんだかかわいそうだな。

JM 024

ひっそりと可憐に咲いた練習機

パーシヴァル・プロクター

PROCTOR, Percival P.28 / P.31 PROCTOR IV

プロクターⅣの場合
全幅：12.0m（39ft 6in）
全長：8.6m（28ft 2in）
自重：1,075kg（2,375lb）
全備重量：1,588kg（3,500lb）
エンジン：デハヴィランド ジプシー・クィーンⅡ
倒立直列6気筒（210HP）
最大速度：257km /h（160mph）
実用上昇限度：4267m（14,000ft）
航続距離：4,265km（2,650miles）
武装：ー
乗員：4名

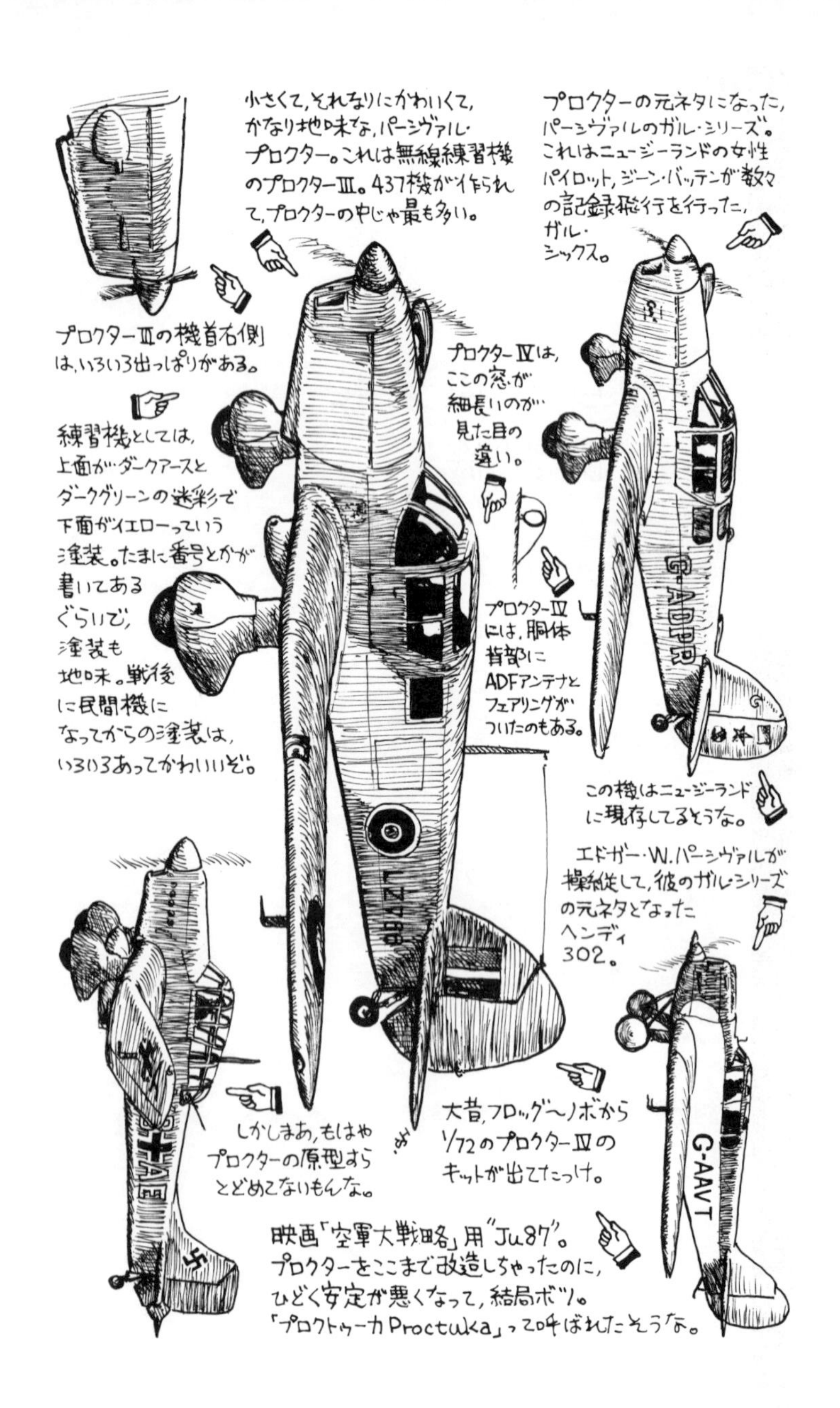
小さくて，それなりにかわいくて，
かなり地味な，パーシヴァル・
プロクター。これは無線練習機
のプロクターIII。437機が作られ
て，プロクターの中じゃ最も多い。
プロクターの元ネタになった，
パーシヴァルのガル・シリーズ。
これはニュージーランドの女性
パイロット，ジーン・バッテンが数々
の記録飛行を行った，
ガル・
シックス。
プロクターIIIの機首右側
は，いろいろ出っぱりがある。
練習機としては，
上面がダークアースと
ダークグリーンの迷彩で
下面がイエローっていう
塗装。たまに番号とかが
書いてある
ぐらいで，
塗装も
地味。戦後
に民間機に
なってからの塗装は，
いろいろあってかわいいぞ。
プロクターIVは，
ここの窓が
細長いのが
見た目の
違い。
プロクターIV
には，胴体
背部に
ADFアンテナと
フェアリングが
ついたのもある。
G-ADPR
LZ788
この機はニュージーランド
に現存してるそうな。
エドガー・W.パーシヴァルが
操縦して，彼のガル・シリーズ
の元ネタとなった
ヘンディ
302。
大昔，フロッグ〜ノボから
1/72のプロクターIVの
キットが出てたっけ。
しかしまあ，もはや
プロクターの原型すら
とどめてないもんな。
G-AAVT
映画「空軍大戦略」用"Ju87"。
プロクターをここまで改造しちゃったのに，
ひどく安定が悪くなって，結局ボツ。
「プロクトゥーカProctuka」って呼ばれたそうな。

第二次大戦のイギリス軍の飛行機って、いろいろ重要な部分をアメリカ製で補ってたのね。実戦機だと、中爆はノースアメリカン・ミッチェルをたくさん使ったし、軽爆はダグラス・ボストンやマーチン・バルチモアだった。艦上戦闘機でもグラマン・マートレット～ワイルドキャット、ヘルキャット、ヴォート・コルセアが多用されたもんな。

練習機でも、初等練習機はさすがに自国製のデハヴィランド・タイガーモスとマイルズ・マジスターだったけど、そこから先の高等練習機になると、ノースアメリカン・ハーヴァードがイギリス本国だけじゃなくて、南アフリカやカナダでの訓練の主力になった。自国製のマイルズ・マスターもあったんだけど、それだけじゃ足りなくて、ハーヴァードが大量に導入されたのだった。

双発機や4発機の操縦訓練には、そのための多発機練習機ってのも必要で、イギリスじゃエアスピード・オックスフォード、あだ名は〝オックスボックス〟が使われた。それに加えて、カナダでの訓練にはアメリカ製のセスナAT−17をクレインの名前で使ったりもした。

でも爆撃機や飛行艇、哨戒機とかの乗員養成にはパイロットの訓練だけじゃなくて、航法手や無線手、機関士や銃手の訓練もしなくちゃならない。そっちの訓練には、いわゆる機上作業練習機が要るわけで、オックスフォードをはじめとして、アヴロ・アンソンやデハヴィランド・ドミニ（ドラゴンラピード旅客機の軍用型ね）、それに単発のパーシヴァル・プロクターが使われた。

ここでやっと名前が出てきたパーシヴァル・プロクターは、そもそもは連絡機として航空省の1938年10

月の20／38仕様で作られて、試作機（シリアルＰ５９９８）は仕様提示から1年後、第二次大戦開戦から１カ月後の１９３９年10月8日に初飛行した。

しかしこういう連絡機をまったくの新設計で作ることはめったにないのであって、プロクターの場合もちゃんと元ネタ、というか原型があった。パーシヴァル社のヴェガ・ガル軽旅客機だ。

そもそもパーシヴァル社は、オーストラリア人のエドガー・ウィクナー・パーシヴァルっていうパイロットが、１９３４年に作った会社だった。実はパーシヴァルさんは、それより2年前の１９３２年に、自分で設計した軽旅客機ガルってのを作って飛ばしてる。そのガルを基に3人乗りのガル・フォーを売り出して、さらにエンジンを６気筒のデハヴィランド・ジプシーシックスにした改良型ガル・シックスを１９３４年から作り始めた。

そもそも……って、またそもそもなんだけど、このパーシヴァル・ガルは、パーシヴァル自身が操縦したことのあるヘンディ３０２っていう単座スポーツ機の設計に似ていて、つまりいわば元ネタにしていて、木製骨組みに合板と羽布ばりの構造で、技巧を凝らして軽量っていうよりは、重量はかさんでも手堅く頑丈なのが特徴だったらしい。

おもしろいのは、もちろん陸上機なのに主翼が折り畳み式だったことで、固定式の主脚取り付け部より外側の翼の後縁を上に折って、後方に畳むようになっていた。こうすると格納庫の中で場所を取らなくて、たぶん飛行場での駐機料金とか格納庫使用料とかも安くなったんじゃないのかな。

それにパーシヴァル・ガルは元がスポーツ機だけに性能も悪くなくて、信頼性も高かったようで、ニュージーランドの女性飛行家、ジーン・バッテンがガル・シックスを操縦していろんな長距離・速度記録飛行を達成したり、イギリスのエイミー・ジョンソンもガル・シックスで長距離・速度記録飛行を行なってる。そんなわけでパーシヴァル・ガルは当時のイギリスの飛行家に評判がよくて、48機が作られた。この時代の軽旅客機としてはなかなかの成功作だったんじゃないかな。

そのガル・シックスを4人乗りにして、複操縦装置とフラップを付けた改良型が、1935年に初飛行したヴェガ・ガルで、これも好評で90機が作られた。とくに1937年にはベルリンとブエノスアイレスのイギリス大使館の駐在空軍武官の連絡機として使われて、それが縁だったのかイギリス航空省の目に止まって、空軍の連絡機として28／30仕様が出されたのだった。

ちなみにパーシヴァル社はミューガルっていう単座のレーサーを作ってて、これがアレックス・ヘンショウ（後にスピットファイアのテスト・パイロットになる）の操縦で、1937年と1938年のイギリスの飛行機レース、キングズカップで優勝してる。ミューガルは白くて小さくてかっこいい飛行機だよ。

1939年10月に初飛行したプロクターI連絡機はこのヴェガ・ガルを基に、ちょっと胴体幅を広げて、機体構造を強化した機体で、いろいろ軍用装備を追加したりもしたんで重量が増えて、ヴェガ・ガルの4人乗りから3人乗りに戻した機体だった。

プロクター（Proctor）っていうのはイギリスじゃ「大学の学生監」のことなんだそうで、パーシヴァルと頭文字がPで重なるのは、イギリス空軍がよくやる命名の流儀だ。でも、こういう教育関連の名前を付けるのは、イギリス空軍じゃ練習機の命名法で、プロクターっていう名前は連絡機より練習機っぽい。それを考えると、ひょっとするとイギリス空軍は最初からプロクターを練習機にするつもりで、とりあえず連絡機として採用したのかもしれない。

それはともかく、プロクターⅠは２４５機作られて、２２０機はパーシヴァル社で、25機はF．ヒルズ＆サンズ社で製造された。なにしろパーシヴァル社は小さい会社なんで、生産能力にも限りがあったんだな。このF．ヒルズ＆サンズ社は、第二次大戦前にチェコスロヴァキアのＣＫＤプラガ社設計のＥ１１４っていう木製で2人乗りの小型軽量スポーツ機を、ヒルソン・プラガって名前でライセンス生産したことのある会社だ。第二次大戦中には、離陸時には複葉、離陸したら上翼を投棄する「スリップウィング」を研究して、バイ・モノって名前の小型実験機を作ったりしてるけど、それはまた別の話。

プロクターⅠ連絡機に続いて、１９４１年にパーシヴァル社に生産仕様が出されたプロクターⅡが、最初から無線練習機として50機作られた。プロクターⅡはⅠ型とは複操縦装置がないのと装備が変更になったのが違いだけど、同じく3人乗りだったし、外見も変化なかった。

その次がやっぱり3人乗りの無線練習機のプロクターⅢだけど、プロクターⅡとどこがどう違うのかよくわからない。でも生産仕様は１９４２年にF．ヒルズ＆サンズ社に出されてるから、ひょっとすると単に製造会社と発注時期が違うだけ、っていう可能性もあるんじゃないのかなあ。プロクターⅢはF．ヒルズ＆サンズ社が437機生産した。

しかし3人乗りの無線練習機って、乗ってるのはパイロットと教官と訓練生だから、一度の飛行で1人しか訓練できないわけだ。イギリス空軍もそこを不便と思ったらしくて、1941年にT9／41仕様を出して、4人乗りの無線練習機を求めてる。これなら訓練生が2人乗れるもんな。同じく無線練習機として使われてたデハヴィランド・ドミニは双発で5～6人乗りだったから、訓練生を3～4人乗せられたんだろう。訓練の費用や効率はどうだったんだろうな。

このT9／41仕様の無線練習機として採用されたのがプロクターⅣだった、っていうよりもプロクターの拡大改良型を求めて提示したような仕様だったのかもしれない。プロクターⅣは、胴体の幅と深さと長さを広げた機体で、最初はプリセプター（Preceptor）、つまり「指導教官」っていう名前に変えるはずだったけど、結局プロクターのⅣ型ってことになった。プロクターⅣはパーシヴァル社で作った試作機2機と生産型4機、それにF.ヒルズ&サンズ社で生産した250機の合計256機が作られた。

プロクターは連絡機・人員輸送機としてイギリス空軍の№24、31、117、173、267、510の各スコードロンと中東連絡スコードロン、海軍航空隊の№752、754、755、756、758、771の各スコードロンで使われて、無線練習機としても空軍の№2と4無線訓練校、№2と4信号訓練校で使われた。

イギリスの練習機でもタイガーモスはドイツ軍の上陸に備えて攻撃機になりかけたり、アヴロ・アンソンは元が哨戒機だからそれなりに武勇伝があるんだけど、どうもプロクターにはそんな勇ましい話や妙な経歴もなくて、ただただ小さくて簡単で、とくに悪癖もない連絡機・練習機として働いて第二次大戦を過ごしたようだ。プロクターで訓練を受けた無線手が、ボマーコマンドの爆撃機やコースタルコマンドの哨戒機に配属されてったんだから、プロクターはそういう形でイギリスの勝利に貢献した、ってことなんだろう。

第二次大戦が終わって無線手養成の必要が減ると、プロクターは連絡機になって、１９５５年までイギリス軍で使われ続けた。あまった機体は民間に払い下げられて、社用機や軽旅客機、自家用機になった。イギリスだけじゃなくて、フランスやイ

パーシヴァル傑作選

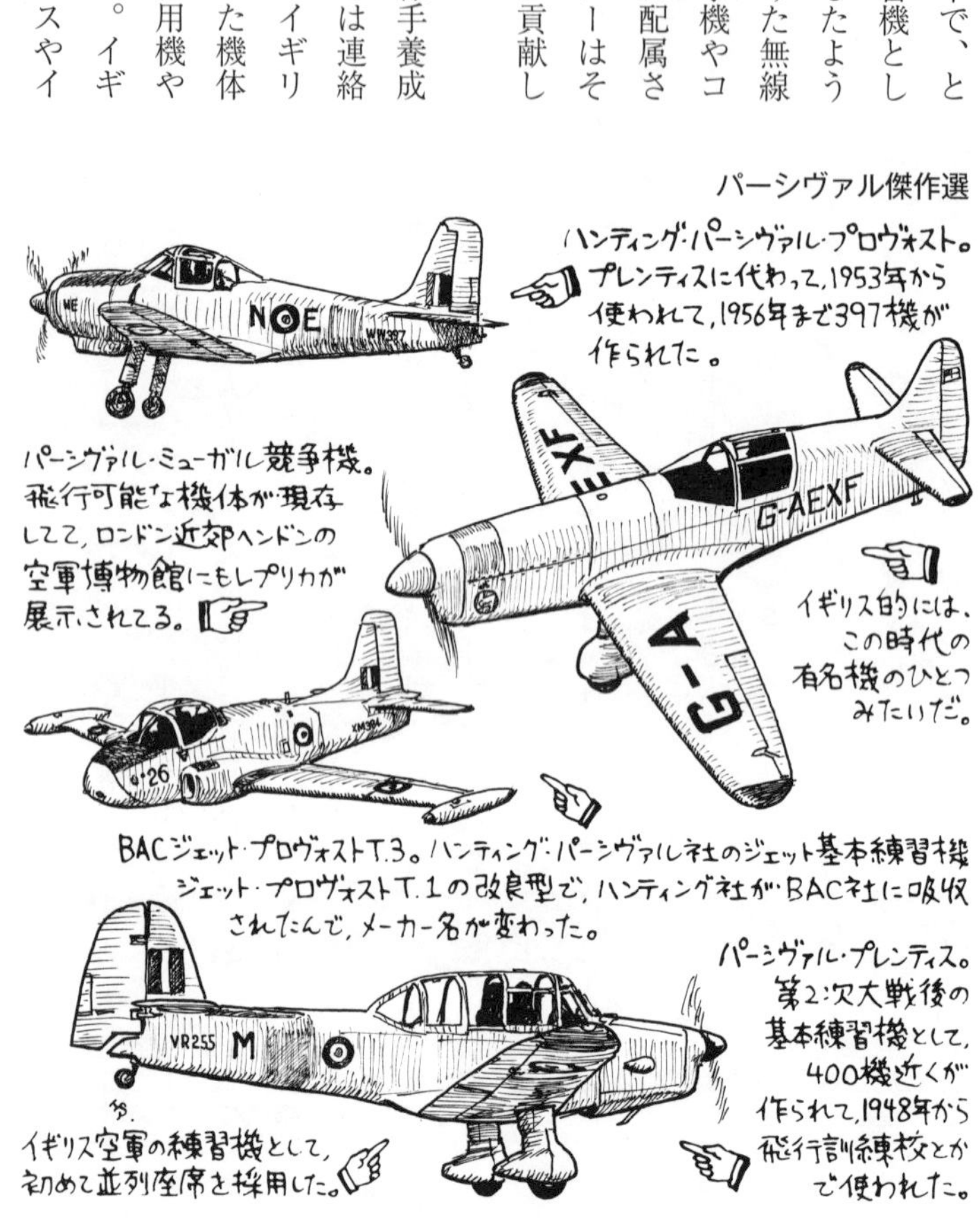

タリア、ヨルダンとかいろんな国でも、プロクターは少数だけど連絡機として採用されてる。さらにパーシヴァル社は戦後になって4人乗りの軽旅客機として、プロクターVっていうのを１５０機生産した。

そんなプロクターだったけど、なにしろ木製構造だったんで、次第に経年変化が忍び寄ってった。１９４８年には、主翼部材が乾燥不足で劣化したのが原因で墜落事故が起きたし、接着剤の劣化で１９６０年代には多くのプロクターが飛行停止になって、廃機になっちゃった。

それでも今でもイギリスじゃ数機が飛行可能状態で保存されてるし、ジーン・バッテンの愛機だったガル・シックスをはじめ、いくつかの博物館にプロクターが展示されてる。

実はプロクターは、映画『空軍大戦略（Battle of Britain）』の撮影のためにMk.ⅢとⅣとVの3機が、遠目にJu87ストゥーカに見えるように逆ガル翼になって、胴体上部も大改造された。この「プロクトゥーカ」、飛ばしてみたら安定性がおかしくてまともに飛ばせられないことが判明して、結局映画の撮影には使われなかった。

パーシヴァル社は１９４４年にハンティング社と合併、第二次大戦後にはプレンティス練習機やプロヴォスト練習機、その発展型でジェット化したジェット・プロヴォスト、双発高翼の小型輸送機ペンブロークとかを作って、今じゃBAEシステムズになってる。パーシヴァル・プロクターは、華やかな艶やかさも大輪の輝きもないけど、蛇の目の花園の片隅に小さく、そしてひっそりと可憐に咲いてるんだよ。

COLUMN 花園ひとくちメモ

スピットファイア愛 04

でもね……スピットファイアだって完璧ではなかったのであって…

Mk.VIIIはイタリアや東南アジアで使われた。

まず、スピットファイアは航続距離が短かった。最初のMk.Iなんか627kmしか飛べない。

本来の目的がイギリス本土の防空だから仕方ないともいえて、バトル・オブ・ブリテンじゃたしかにそれで良かったんだけど、後々困ることになった。

胴体下面に「スリッパー・タンク」をつけたMk.VIII。これで航続距離は1000km以上に伸ばせた。

グリフォン・エンジンつきのシーファイアMk.XVはエンジンが強力なぶん、いわゆるプロペラ・トルクも強くて、スロットル操作で機首が振られやすい。しかも前方視界が悪いんだから、空母への着艦進入も着艦も大変…というかヤバかったそうだ。

スピットファイアは機首が長いから、地上での滑走や着陸のときに前が良く見えない。とくに艦上戦闘機のシーファイアじゃ着艦時に前方が見えなくて、事故が多かった。

それにスピットファイアは主脚の間隔が狭いうえに、あんまり脚が頑丈じゃなかった。ドイツのメッサーシュミットBf109ほど地上でのクセは悪くなかったらしいけど、シーファイアが空母に乱暴に着艦すると、脚が折れたりもした。

スピットファイアMk.Vよりちょっとエンジンが強化されたシーファイアMk.III。

薄くて大きい楕円翼が特徴のひとつなんだけど、じつは1930年代にはドイツのハインケルHe70やHe112、日本の九六艦戦みたいに、楕円翼が流行ってて、スピットファイア独自のものというわけではない。スピットファイアの楕円翼は、むしろ設計段階のけっこう後のほうになって採用されたみたいだ。

そんなわけで、スピットファイアは第二次大戦の各国戦闘機のなかでも活躍度や貢献度からいったら格別な戦闘機といっていいんじゃないだろうか。でも航続距離が短くて、ドイツ本土爆撃の護衛任務に就けなかったのが残念なところ。おかげで「第二次大戦の最優秀戦闘機」っていうと、アメリカのノースアメリカンP-51マスタングのほうが選ばれることになっちゃってる。

1941年8月、アメリカ人でカナダ空軍に入隊、イギリスに派遣されたジョン・ギレスピー・マギー少尉は、スピットファイアMk.Iで飛んだ感慨を「High Flight」という詩で表した。彼は間もなく訓練中に空中衝突で落命してしまったんだけど、彼の詩はいまでも飛行機と飛ぶことを主題とした文学作品の傑作に数えられてる。それもスピットファイアの功績に入るかな。

JM 025

傑作機は
初等練習機から
生まれる

デハヴィランド・タイガーモス

TIGER MOTH, De Havilland D.H.82A

デハヴィランドD.H.82Aの場合

全幅：8.9m（29ft 4in）
全長：7.3m（23ft 11in）
自重：506kg（1,115lb）
全備重量：803kg
エンジン：デハヴィランド　ジプシー　メジャー1／1F
空冷倒立直列4気筒(130HP)　または
ジプシー・メジャー1C（145HP）
最大速度：175km/h
実用上昇限度：4,145m（14,000ft）
航続距離：486km（300miles）
武装：ー
乗員：2名

イギリスの空軍と飛行機の歴史にサンゼンと光輝く、デハヴィランドDH82タイガーモス練習機。第2次大戦を戦ったイギリス空軍パイロットの多くを育て、大戦後も予備役訓練に1951年まで働いた。もちろん、どうってことない飛行機といえば、たしかにそうなんだけど、初等練習機としては申し分のない機体だった。

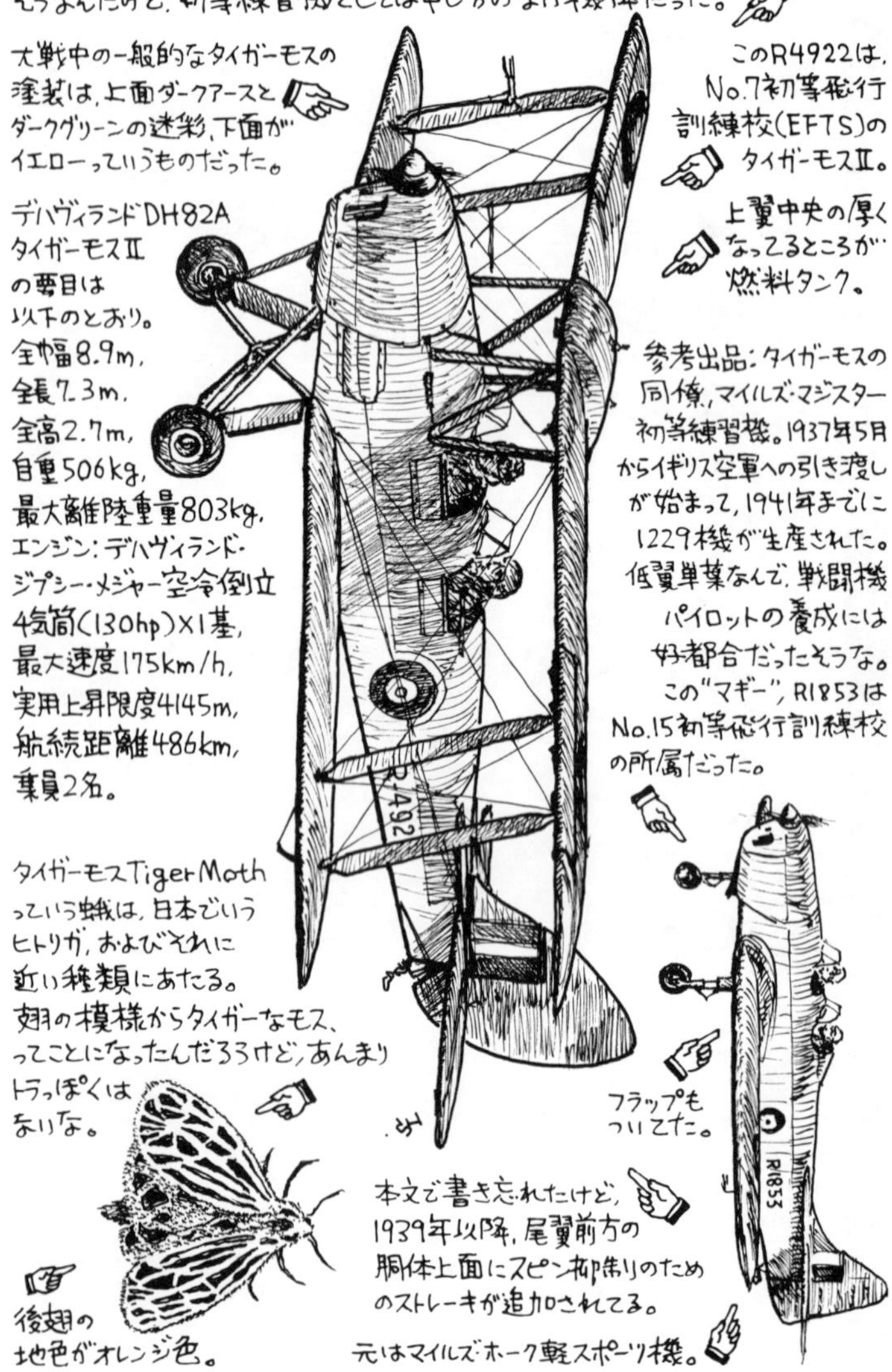

大戦中の一般的なタイガーモスの塗装は、上面ダークアースとダークグリーンの迷彩、下面がイエローっていうものだった。

このR4922は、No.7初等飛行訓練校(EFTS)のタイガーモスII。

上翼中央の厚くなってるところが燃料タンク。

デハヴィランドDH82A タイガーモスII の要目は以下のとおり。全幅8.9m、全長7.3m、全高2.7m、自重506kg、最大離陸重量803kg、エンジン：デハヴィランド・ジプシー・メジャー空冷倒立4気筒(130hp)×1基、最大速度175km/h、実用上昇限度4145m、航続距離486km、乗員2名。

参考出品：タイガーモスの同僚、マイルズ・マジスター初等練習機。1937年5月からイギリス空軍への引き渡しが始まって、1941年までに1229機が生産された。低翼単葉なんで、戦闘機パイロットの養成には好都合だったそうな。この"マギー"、R1853はNo.15初等飛行訓練校の所属だった。

タイガーモスTiger Mothっていう蛾は、日本でいうヒトリガ、およびそれに近い種類にあたる。翅の模様からタイガーなモス、ってことになったんだろうけど、あんまりトラっぽくはないな。

フラップもついてた。

本文で書き忘れたけど、1939年以降、尾翼前方の胴体上面にスピン抑制のためのストレーキが追加されてる。

後翅の地色がオレンジ色。

元はマイルズ・ホーク軽スポーツ機。

練習機、とくに初等練習機は傑作機になりやすいみたいだ。そもそも初等練習機は、初めて飛行機を操縦する訓練生でも飛ばせるように、安定性がよくて操縦性がよくて、しかもシンプルで信頼性が高くて、多少乱暴な着陸をしても壊れないように頑丈にできてる、っていう飛行機としての基本的な美徳が備わってなくちゃならない。つまり初等練習機として成功するってことは、飛行機そのものとしてよくできてるってことだ。

それにパイロット側から見れば、初等練習機で初めて自分の手で飛行機を操縦して空を飛ぶわけだから、夢も希望も、喜怒哀楽も初等練習機と共にすることになる。当然、愛着も懐かしさも湧いてくるわけだ。「あの飛行機はヤだった、二度と乗りたくない」なんて思われるようじゃ、初等練習機としては失敗作で、当然不採用になったり、早々と使われなくなったりする。

だから第二次大戦でも、各国の主力初等練習機はおしなべて「いい飛行機」、「名機」、「傑作機」って言われる。日本じゃ海軍の九三式（最初は中間練習機だった）と陸軍の九五式、アメリカじゃ複葉のステアマンPT−17系や単葉のフェアチャイルドPT−19、同じく単葉のライアンPT−22とかだ。ソ連ならポリカルポフPo−2、ドイツだったらビュッカーBu131ユングマン、イタリアならカプロニCa100があった（あれ？フランスの初等練習機ってなんだ?）。

そしてイギリス空軍の第二次大戦の初等練習機は、ご存じ複葉のデハヴィランド・タイガーモスだ。ほかにも単葉のマイルズ・マジスターがあった。飛行機にあだ名をつけるのが大好きなイギリス人のことだから、タイガーモスは「ティギー」、マジスターは「マギー」と呼ばれたそうな。

デハヴィランドDH82タイガーモスは、1925年に初飛行したデハヴィランド社の単発軽飛行機DH60モスを源流としてる。最初のモスは空冷4気筒のADCシーラス・エンジンで、それなりの高性能と高い信頼性で数々の記録飛行に使われて有名になった。それが1927年にデハヴィランド社製ジプシー・エンジンに換装したDH60Gジプシー・モスに発展、胴体の骨組みを木製から鋼管に換えた構造強化型DH60Mモスも作られた。モス・シリーズは飛ばしやすくて信頼性が高くて、評判のよい機体だった。

イギリス空軍はシーラス・エンジンつきのモスを22機、空冷星型エンジンのアームストロング・シドレー・ジェネットを装備したジェネット・モスを6機採用して、飛行学校で使ったけど、数が多かったのがジプシー・モスで、134機が作られて、1931年からいくつもの飛行学校のほかに、基地の連絡機としても使われたのだった。

その一方、デハヴィランド社はさらに強力な倒立4気筒のジプシーⅢエンジンを開発、これを装備したDH60GⅢが1932年に初飛行した。そのエンジンは後に改良型のジプシー・メジャーに換装されて、モス・メジャーと呼ばれるようになる。

それより少し前、イギリス空軍はジプシー・モスみたいに信頼性が高くて、もうちょっと性能がよくて、しかもジプシー・モスが操縦しやす過ぎたので、もうちょっと練習し甲斐のある機体が欲しくなった。そこで航空省はデハヴィランド社にジプシー・モスの発展型の新練習機仕様23／31を出したのだった。仕様が求めたのは、とくに前席の乗員が簡単に脱出できることだった。ジプシー・モスは胴体の前席両側に、上翼を支える支柱が立ってて、あわてて脱出するときにはこの支柱が邪魔になりかねなかった。

そこでデハヴィランド社は、上翼を支える支柱をもっと前に移すことにした。でも、それに合わせて主翼を前進させちゃうと、揚力中心と重心が合わなくなっちゃうから、主翼に後退角をつけた。エンジンは120馬力のジプシーⅢ、倒立型だからシリンダーが機首上面に突き出してることもなくて、前方視界も良くなった。

これがＤＨ60Ｔタイガーモスで、基本的な構造はＤＨ60Ｍと同じだから機体もすぐにできて、1931年9月には8機作られた前量産型のうちの2機、Ｇ−ＡＢＮＪとＧ−ＡＢＰＨがマートルシャム・ヒースで航空省のテストを受けた。この後者のＧ−ＡＢＰＨ、主翼の後退角と、下翼の上反角を増して、これが量産型ＤＨ82の原型になった。

この仕様で作られた最初の機体、まあこれがつまりタイガーモスの直接の試作機ってことになるんだろうけど、民間登録Ｇ−ＡＢＲＣは1931年10月に初飛行、空軍の初等練習機として採用されて、1931年にまず35機が発注された。タイガーモスはもちろん飛行訓練が主目的だけど、発注分のごく少数は、射撃訓練や爆撃訓練、写真偵察訓練にも使える多用途練習機型だったそうだ。

タイガーモスはイギリス空軍の中央飛行学校や各地の訓練学校に配備された。それとともに外国にも輸出されて、ブラジルやデンマーク、ポルトガルなど25ヵ国に売れた。さらに民間機としても作られて、民間の飛行学校で使われた。

イギリスじゃ1925年から、本職の空軍士官以外の、空軍予備部隊や各地の補助空軍のパイロットは民間の飛行学校に委託して飛行訓練を受けるようになっていた。しかし1930年代半ばに、ナチス・ドイツが再軍備宣言をして戦争の気配が濃くなってくると、イギリスも空軍の増強に乗り出す。1936年には空軍にトレーニング・コマンドが設立されるとともに、志願予備制度が作られた。この制度の下、パイロット希望者は民間の飛行学校で訓練を受けられるようになった。だから民間の飛行学校でタイガーモスが使われたのも、別に自家用機パイロットになりたい人がたくさんいたわけじゃなくて、民間飛行学校もイギリス空軍のパイロット養成計画と関係してたということなんだな。

タイガーモスは1934年にさらに50機の発注を受けたんだけど、この発注分はエンジンを130馬力のジプシー・メジャーに換装して、羽布ばりだった後部胴体背面を合板張りに改め、後席に計器飛行訓練用の暗幕が装備された。これがDH82Aで、空軍じゃタイガーモスIIと呼ばれた。タイガーモスのエンジンがジプシー・メジャーになったのはこのときだから、確かに見た目じゃDH82タイガーモスはDH60GIIIモス・メジャーに似てるけど、モス・メジャーの軍用練習機型というわけじゃない。モス・メジャーの姉妹というよりも従妹みたいなもんかな。

DH82Aもイギリス空軍以外に各国向けや民間向けに生産されて、1937年にはカナダ空軍向け25機がデハヴィランド・カナダ社で作られることになった。1939年9月、第二次大戦が始まったときには、タイガーモスはすでにデハヴィランド社のハットフィールド工場から民間向けを含めて1150機が、デハヴィランド・カナダ社で227機が、ニュージーランドで1機が、ロンドン飛行クラブでデハヴィランド航空技術学校によって3機が作られてた。空軍のタイガーモスは1939年には44の初等飛行訓練校と予備役飛行訓練校に配備されてた。

　戦争突入とともにイギリス空軍のパイロットの養成も急がれることになった。1939年までのイギリス空軍のパイロット訓練課程は、基礎訓練8週間の後に初等飛行訓練校で10週間、それから実務飛行訓練校（まあ中間～高等飛行訓練だな）が16週間、それが完了するとウィングマークをもらって、それからさらに実戦転換訓練部隊で4～6週間の訓練を受けて、実戦部隊に配属、というものだった。戦争の初期には6ヵ月、150飛行時間ぐらいの訓練で部隊に送りだされていったようだ。タイガーモスは、このうちの初等飛行訓練で使われたわけだ。

　でもこの訓練課程を短縮して、早くパイロット

タイガーモスのできるまで

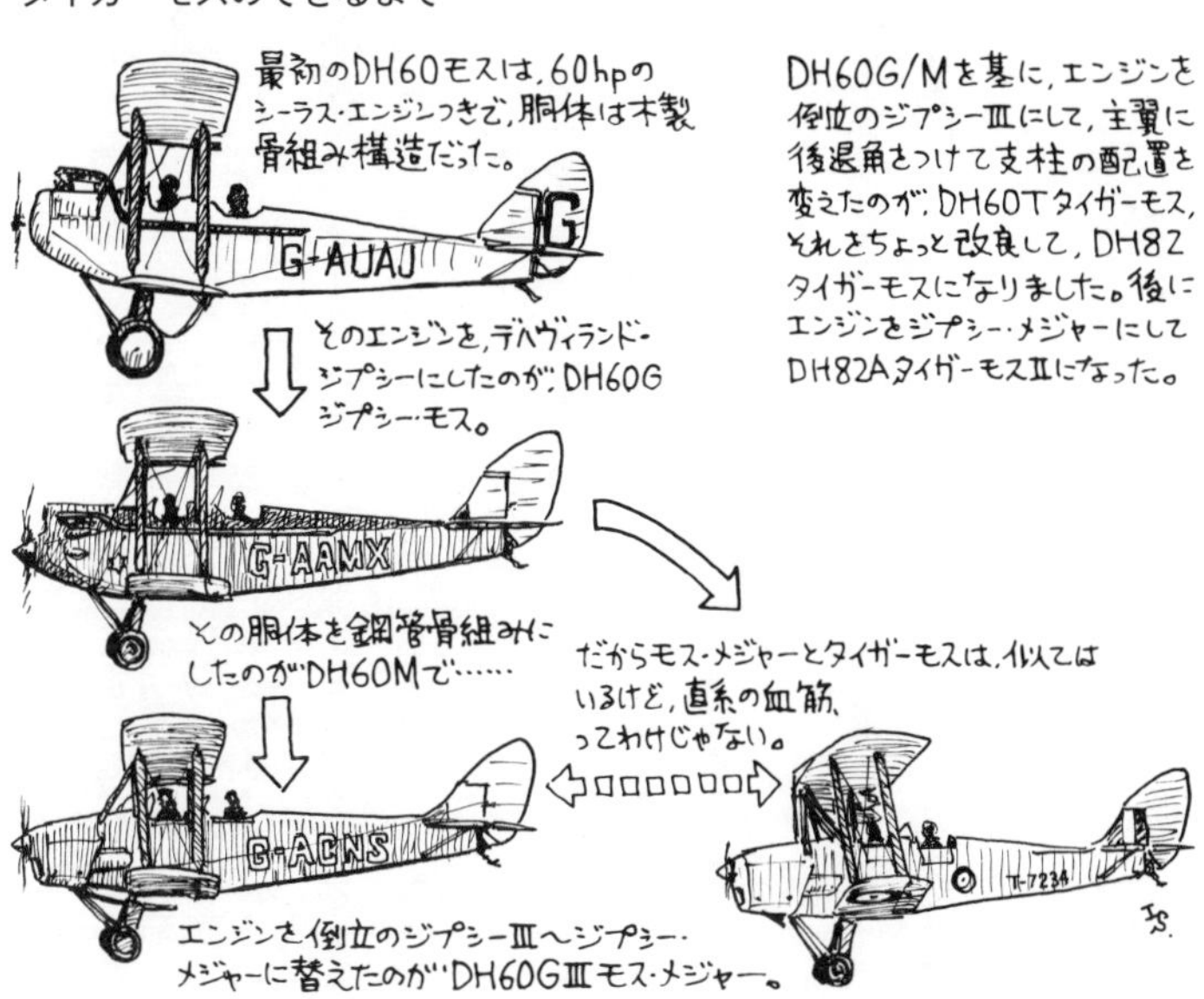

を実戦部隊に送り出そうとしても、訓練基地も教官も、もちろん練習機も足りなかった。バトル・オブ・ブリテンのときの新米パイロットたちには、そういう速成訓練で操縦を習って、実戦転換部隊でもほんのわずかな教育しか受けずに実戦部隊に配属されていったのが多かったんだろうな。

そこでイギリスは、英連邦諸国に訓練の協力を仰いで、カナダや南アフリカ、ローデシア（今のジンバブエだな）、オーストラリア、インドなど9ヵ国でパイロット訓練を行なうようになる。終戦までに、タイガーモスはイギリス本土で28、カナダで25、オーストラリアで12、ニュージーランドで4、南アフリカで7の飛行訓練校で、また訓練校の数は不明だがインドでも使われたのだった。

大戦が進むにつれ、イギリス空軍のパイロットも初期ほど不足することもなくなって、訓練課程も次第に長く充実したものになっていった。1944年には途中でさまざまな教育や選抜が行なわれて、期間も18〜24か月、200〜320飛行時間をかけるようになった。もちろんそのころでも、初等訓練の10週間をタイガーモスと共に過ごすパイロットがたくさんいたわけだ。

そして第二次大戦が勃発すると、当然タイガーモスの生産も加速されることになった。開戦前にデハヴィランド社はハットフィールドの工場でタイガーモスを1150機作ってたんだけど、それから1941年までにさらに795機を送りだしたのだった。

でもこの年にはハットフィールド工場はモスキートの生産を担当することになって、場所を開けなくちゃならなくなった。そこでタイガーモスの生産は自動車会社のモーリス社に移された。鋼管骨組みに羽布ばりの構造だから、生産にはあんまり難しい技術は必要なかったんだな。

結局１９４５年2月にオーストラリア空軍向けの機体で生産を終了するまでに、タイガーモスはイギリス空軍向けの機体だけでデハヴィランド社で１２２５機、モーリス社で３４４３機の合計４６６８機が作られ、さらにデハヴィランド・カナダ社やオーストラリア、ニュージーランドも合わせて２７５１機、全部で７４１９機が作られた。これに民間向けの機体や外国向け、ライセンス生産も加えると、総生産数は８０００機を越えることになる。いろんな資料の生産数を計算すると、どうもいろいろ数字が合わなくなってくるんだけど、とりあえずそんな感じということで勘弁しておいてくださいな。

そのカナダ製タイガーモスは、カナダ空軍の現地仕様になっていた。エンジンは当初はジプシー・メジャー１Ｃだったけど、後にイギリスからのエンジン輸送が困難になったので、アメリカ製の１２５馬力メナスコ・パイレートに変更された。エンジンカウリングは機首上面中心線で開くかたちになり、主脚の車輪にはブレーキがついて位置も前進、尾ソリも車輪に変わった。なによりカナダは寒いので、コクピットにはキャノピーがついて密閉式になった。あと主翼の翼間支柱も細い鋼管に替わっている。このカナダ型タイガーモスはＤＨ82Ｃと呼ばれて、１５２０機が作られた。

カナダ製ジプシー・メジャーつきタイガーモスのうち２００機はアメリカがＰＴ−24として買い上げて、カナダ空軍に供与してる。

こうしてタイガーモスは初等練習機として、イギリス空軍だけじゃなく英連邦諸国空軍のパイロット養成を

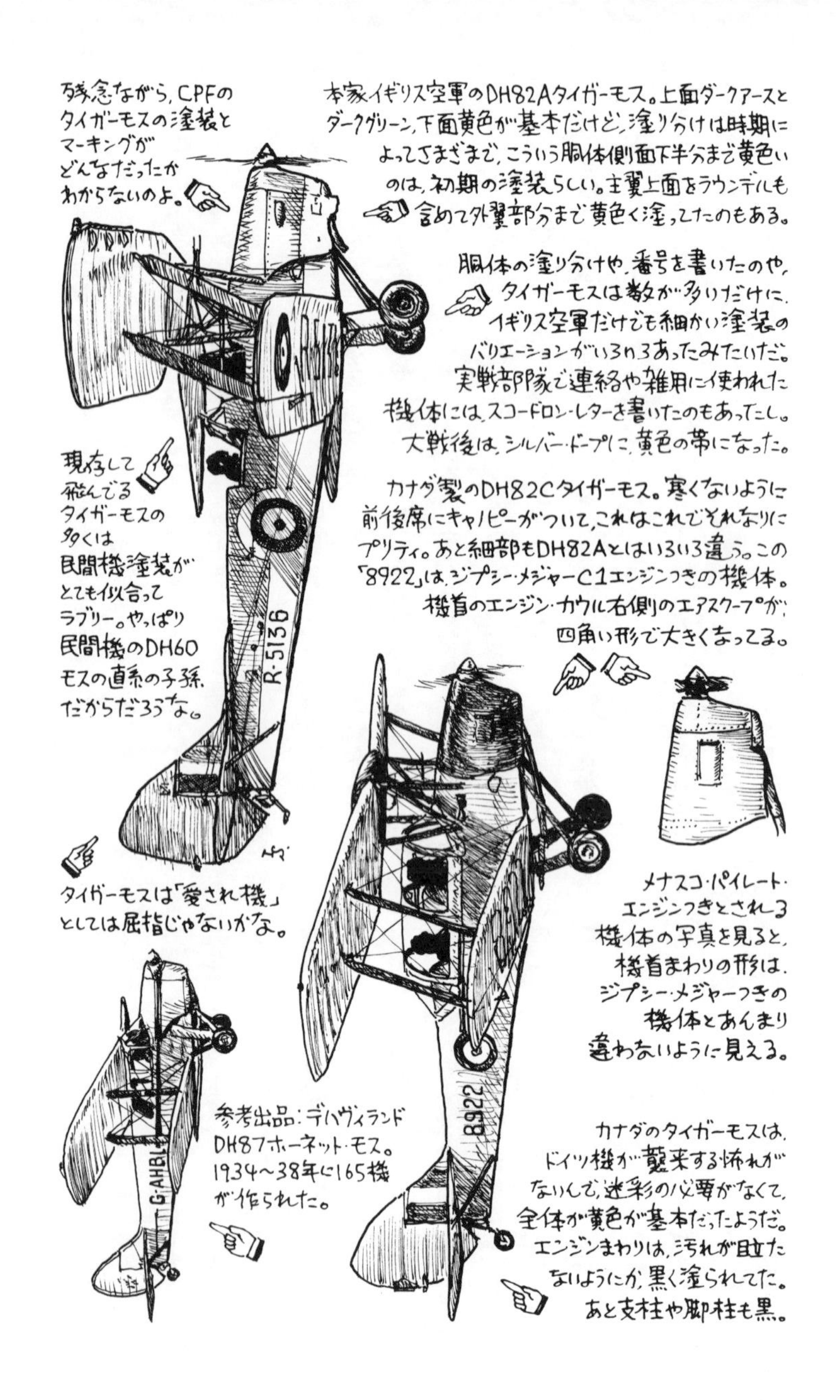

残念ながら、CPFのタイガーモスの塗装とマーキングがどんなだったかわからないのよ。

本家イギリス空軍のDH82Aタイガーモス。上面ダークアースとダークグリーン、下面黄色が基本だけど、塗り分けは時期によってさまざまで、こういう胴体側面下半分まで黄色いのは、初期の塗装らしい。主翼上面をラウンデルも含めて外翼部分まで黄色く塗ってたのもある。

胴体の塗り分けや、番号を書いたのや、タイガーモスは数が多いだけに、イギリス空軍だけでも細かい塗装のバリエーションがいろいろあったみたいだ。実戦部隊で連絡や雑用に使われた機体には、スコードロン・レターを書いたのもあってたし。大戦後は、シルバー・ドープに、黄色の帯になった。

現存して飛んでるタイガーモスの多くは民間機塗装がとても似合ってラブリー。やっぱり民間機のDH60モスの直系の子孫だからだろうな。

R-5136
カナダ製のDH82Cタイガーモス。寒くないように前後席にキャノピーがついて、これはこれでそれなりにプリティ。あと細部もDH82Aとはいろいろ違う。この「8922」は、ジプシー・メジャーC1エンジンつきの機体。機首のエンジン・カウル右側のエアスクープが、四角い形で大きくなってる。

タイガーモスは「愛され機」としては屈指じゃないかな。

メナスコ・パイレート・エンジンつきとされる機体の写真を見ると、機首まわりの形は、ジプシー・メジャーつきの機体とあんまり違わないように見える。

8922
G-AHBL
参考出品：デハヴィランドDH87ホーネット・モス。1934〜38年に165機が作られた。

カナダのタイガーモスは、ドイツ機が襲来する怖れがないんで、迷彩の必要がなくて、全体が黄色が基本だったようだ。エンジンまわりは、汚れが目立たないようにか、黒く塗られてた。あと支柱や脚柱も黒。

支えた。スピットファイアもハリケーンも、モスキートもランカスターも、そのパイロットの多くがタイガーモスで最初の飛行を習ったんだろう。

そのタイガーモスが実戦に投入されたこともある。１９３９年12月、イギリス空軍のコースタル・コマンドはドイツ潜水艦による海上輸送路攻撃の脅威に直面して、戦力を増強しようとしたんだけど、アヴロ・アンソンやアメリカ製ロッキード・ハドソンみたいなちゃんとした哨戒機はまだ数が少なかった。

そこでコースタル・コマンドはタイガーモスを装備する№１〜№５の５個の「コースタル・パトロール（沿岸哨戒）・フライト」、ＣＰＦを編成したのだった。あともうひとつ、№６ＣＰＦは民間から徴用した密閉キャビンの軽旅客機デハヴィランド・ホーネットモスで編成されてた。

対潜爆弾も積めないタイガーモスでＵボートをどうしろと？　というところだが、ＣＰＦは別名「スケアクロウ（案山子）・フライト」というくらいで、イギリス沿岸航路の商船をつけ狙うＵボートが浮上しているところに、とにかく飛行機の姿を見せて脅かして、急速潜航させることが目的だった。

Ｕボートが浮上航行で船団攻撃に有利な位置につこうとしていても、Ｕボートを潜航させてしまえば、水中速力は遅いから、船団はＵボートから逃げることができる。またＵボートのほうは、電池に蓄えた貴重な電力を無駄遣いすることになり、とにかくＵボートの邪魔をするのが目的だったのだ。

６個の案山子フライト、いや沿岸哨戒フライトはスコットランドの北海側や、イングランド北部アイルランド海側、ウェールズ、コーンウォールに配置された。各フライトは機体６機以上、パイロット９名で編成された。武装は信号弾発射用のヴェリー・ピストル1丁のみ、無線機はないから前席に伝書鳩2羽を入れた籠を搭載した。パイロットの装備は、普通の飛行服に毛皮つきのジャケット、あとはいろんな私物で温かくして、救命胴衣の代わりに自動車タイヤのチューブを半分ほど膨らませたのを身に付けた。

タイガーモスは2機ひと組で飛行して、もしUボートを見つけたら、1機が基地に引き返して、ちゃんとした爆撃機なり哨戒機なりの出撃を要請し、もう1機はUボートの付近を旋回して味方の到着を待つことになっていた。付近に海軍の艦艇がいたら、ヴェリー・ピストルで緑の信号弾を撃ちあげてUボートの所在を知らせて、タイガーモスは目標上空を旋回する、という段取りだ。

CPFは1939年12月14日に、スコットランド沿岸で実戦飛行をはじめた。その2日後には、早くも1機のタイガーモスが潜望鏡を発見した。タイガーモスが急降下すると、潜望鏡はすぐに海面下に消えてしまったが、これでCPFの任務としては成功だった。

しかし1939年から1940年にかけての冬は、ヨーロッパじゃ歴史に残るくらいの厳しい寒さだった。CPFのタイガーモスの哨戒飛行、通称「ジム・クロウ」ミッションは、めちゃくちゃ寒いし、ただただ海の上をのろのろ飛ぶだけで退屈だし（速く飛ぶのはタイガーモスじゃ無理だ）、それはそれで過酷な任務だった。

当然パイロットの中には「ジム・クロウ」任務中に居眠りしてしまう者も出る。あるパイロットは車輪が海面をこすってるのを感じて目が覚めたし、またあるパイロットは、基地に帰ってみたら、尾ソリに海草がからまってるのに気づいたけど、どうしてそうなったかまるで記憶がなかったそうだ。

それでも1940年1月25日、ダイス基地を離陸した№1CPFのタイガーモス2機、ホイル中尉のN6841とチャイルド少尉のN6845は、1時間の飛行の後、海面に浮いた油が一定速度でゆっくりと移動しているのを発見した。ホイル中尉はヴェリー・ピストルを発射して付近にいた海軍の駆逐艦に合図し、自分は急降下を繰り返して、駆逐艦に油の位置を示した。急降下に夢中になるあまり、駆逐艦の舳先と競走になりそうになったりもしたが、駆逐艦が油の位置に爆雷を投下すると、大量の油が浮きあがり、油の移動も止まった。

これがCPFの作戦の最大の見せ場だったんだけど、結局Uボートの撃沈とはならなかった。CPFは、まともな哨戒機の配備が進んだ1940年6月には全て解散してる。

ところが1940年の6月といえば、フランスが敗北、いよいよイギリスにドイツ軍の侵攻の危機が迫ってきた時期だ。ドイツ軍の上陸を撃退するためには、とにかくなんでも使える兵器をかき集めるのだ、というわけで当然タイガーモスもドイツ軍への攻撃に投入することが考えられた。

デハヴィランド社じゃタイガーモスを爆撃訓練に使うつもりもあって、20ポンド爆弾8発を吊るす爆弾架を取り付けて、投下テストも行なっていた。テストの結果が悪くなかったんで、爆弾架1500機分が作られて、飛行訓練学校に配備された。ドイツ軍が上陸してきたら、訓練学校のタイガーモスが飛んでいって、20ポンド爆弾をぱらぱら降らせるのだ。

また、操縦席から手榴弾を落とせるように、投下用のシュートを装備することも考えられた。低空からドイツ軍の頭の上に手榴弾を落としてやろうというわけだ。これなら簡単だしいい考えだと思われたようだが、パイロットから、安全ピンを抜いて手榴弾を落とそうとしてシュートの途中で引っかかったらどうするんだ、という至極もっともな反対意見が出て、この案は中止になった。

さらにタイガーモスの1機は、降下してくるドイツの空挺隊員のパラシュートを切り裂くために、胴体下に刃渡り46cmの鎌を、長さ2・4mの柄の先に取り付けてテストした。この「パラスラッシャー」はテストでは成功したが、実用化は見送られた。たしかにドイツの空挺部隊が、タイガーモスの行動半径の中に下りてくるか、空挺降下が始まってから、タイガーモスが出撃して間に合うのか、いろいろ問題点が多いもんな。

もっと剣呑なアイデアとして、タイガーモスの前席に薬剤タンクを設けて、主翼下に散布装置を取り付け、「パリス・グリーン」という非常に毒性の高い粉末殺虫剤を上陸してくるドイツ兵の上に撒く、「対人農薬

タイガーモスがこんなになりました

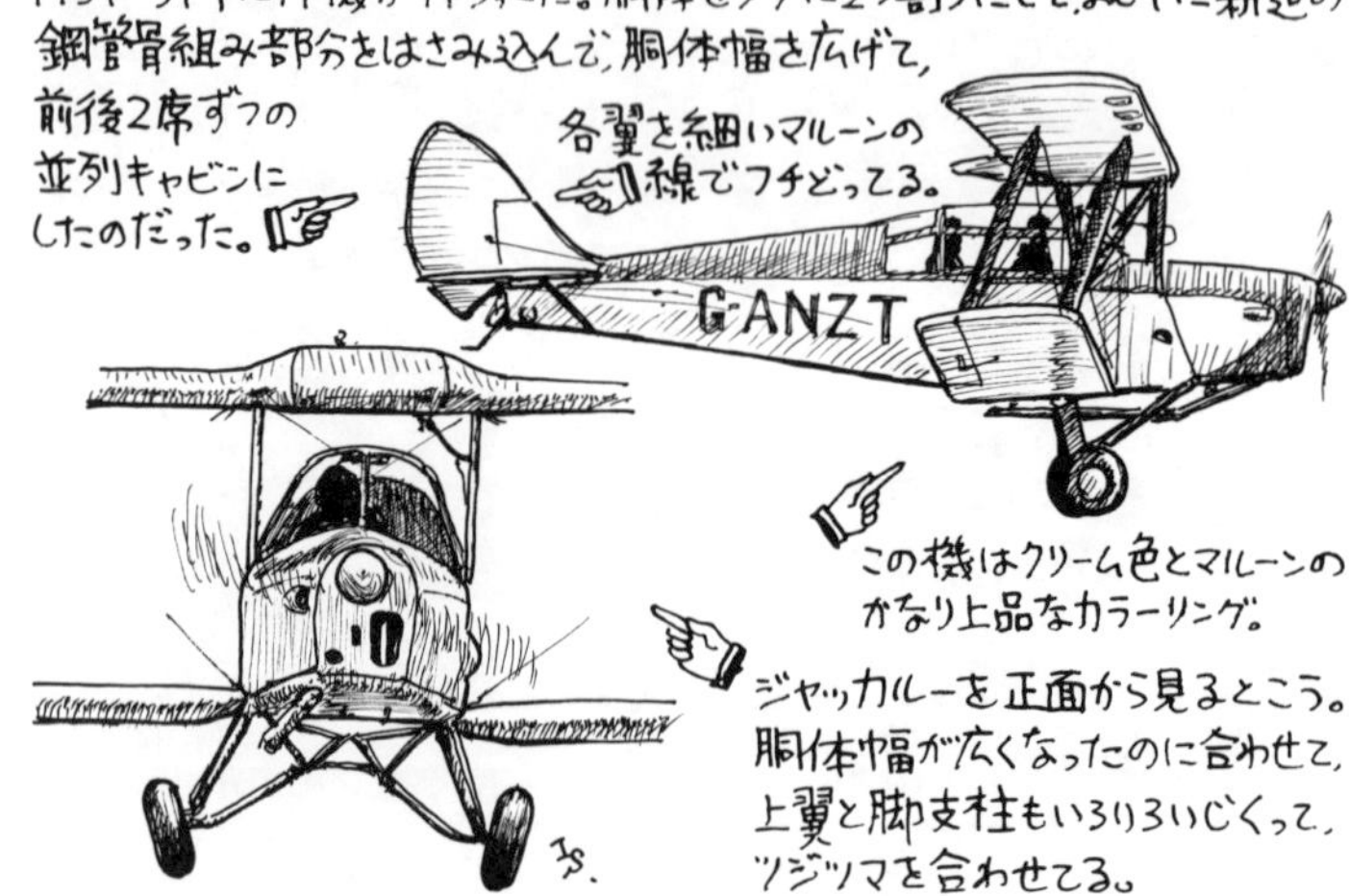

タイガーモスを改造して、4人乗りにした、スラクストン・ジャッカルー。

1957〜59年に19機が作られた。胴体をタテに2つ割りにして、まん中に新造の鋼管骨組み部分をはさみ込んで、胴体幅を広げて、前後2席ずつの並列キャビンにしたのだった。

各翼を細いマルーンの線でフチどってる。

G-ANZT
この機はクリーム色とマルーンのかなり上品なカラーリング。

ジャッカルーを正面から見るとこう。胴体幅が広くなったのに合わせて、上翼と脚支柱もいろいろいじくって、ツジツマを合わせてる。

散布機」案もあった。これじゃ化学兵器を使うことになっちゃうから、もしこのタイガーモス対人農薬散布機が実戦に使われていたら、おそらく当然ドイツ側も毒ガスやら何やら使い出したことだろう。

幸いにして、タイガーモスで訓練を受けた「かくも少数」のパイロットたちが、ハリケーンやスピットファイアでドイツ空軍を防ぎきってくれたおかげで、ドイツ軍はイギリス侵攻をあきらめて、タイガーモスも爆撃機やパラシュート切りや、対人農薬散布機にならなくて済んだのだった。

もうちょっとまともな使い方としては、ビルマ（ミャンマー）戦線ではタイガーモスが負傷兵後送に使われた。後部座席から後ろの胴体の上面を開くようにして、そこに担架を収容して、上から蓋を閉めて飛んでったんだそうだ。負傷兵は楽じゃなかったろうな。

タイガーモスの派生形として、ラジコン操縦の無人標的機デハヴィランド・クイーンビーがあるんだけど、ごめん、それを書いてるスペースがないんで、そっちはまたいつか。

タイガーモスは第二次大戦後も訓練学校や予備役訓練学校、大学飛行訓練スコードロンで使われて、1950年からデハヴィランド・チップマンクに替わられていった。退役したタイガーモスは民間に払い下げられて、いまも自家用機として飛んでいる機体も少なくない。それにタイガーモスは映画にもいろいろ出演してる。有名なところじゃ『超音ジェット機』があるし、『サンダーバード6号』じゃいわば主役メカだった（そうか？）。「アラビアのロレンス」じゃ外見をいじってそれらしくしたタイガーモスが、トルコ軍のフォッカーD.Ⅶやルンプラー C.Ⅴに扮してる。

あとがき

『蛇の目の花園』第3巻をお届けします。今回は隔月誌スケール・アヴィエーションの2010年1月号に掲載した「ブリストル・バッカニア」から2014年9月号掲載の「デハヴィランド・タイガーモス」まで28回、26アイテムを収録しています。イギリスの飛行機については、有名機や傑作機は日本でもそれなりに本が出ていますし、ダメ飛行機の方は『世界の駄っ作機』でいろいろ書かせていただいています。『世界の駄っ作機』自体、日ごろ知名度の低いイギリス機についていろいろ書きたいという下ゴコロがあったのですが、そうなると有名でもダメでもないイギリス機についても書いてみたくなって、スケール・アヴィエーション誌に『とっても蛇の目なコイだから』という変な題名で連載を始めさせていただきました。それを単行本化するに際して『蛇の目の花園』という、少しはマシな題名に改め、現在は連載の方もこの題名になっています。

数年前にイギリスへ行った時、ヘンドンの空軍博物館とセント・オールバンズ近郊のデハヴィランド博物館に、『蛇の目の花園』の1巻と2巻を寄贈してきました。デハヴィランド博物館では、デハヴィランド社のモス・シリーズが収録されていたこともあって、とても喜んでもらえました。空軍博物館では、寄贈に際して「所有権移転書」という書類を書かされたのですが、その時に書名欄に『Janomeno-Hanazono (The Flower Garden of Roundels)』と書いたら、博物館の担当者が英語に訳した書名『The Flower Garden of Roundels』を見て、吹き出しそうになるのを堪えていたのを憶えています。やっぱりヘンな題名なのかなあ。気に入ってるんですけどね。

それとやはり数年前、イギリス空軍のユーロファイター・タイフーンが日本との共同訓練のため青森県の三沢基地に飛来した際にも、取材に行って、タイフーン部隊の広報担当の方に『蛇の目の花園1巻』をプレゼントしました。「この本はロシーマス基地に持ち帰って、部隊の記念品の棚に飾らせてもらうよ」と仰っていただきました。イギリスの博物館や空軍基地に『蛇の目の花園』が置かれているとは光栄の極みです。

おかげさまで『蛇の目の花園』もすでに連載は100回を超えました。模型雑誌の連載コラムなのに、キットの出ていない機種や計画だけで終わった機種を採り上げたり、まるで模型製作の足しにならない内容で、ときどき申し訳なく思ったりします。スケール・アヴィエーション編集部の方々も困ってるんじゃないでしょうか。とはいえこんなコラムでも塗装や接着剤が乾くまでのヒマつぶしや、資料探しの箸休めにでもお楽しみいただければ幸いです。今製作中の模型や部屋に積んであるキットの他にも、へぇー、イギリスじゃこんな飛行機が考えられたり飛んだりしていたんだねぇ、と飛行機好きの方々に思っていただけるよう、寛大なご容赦のほどをお願いいたします。

そのスケール・アヴィエーションの連載コラムに加えて、3巻では月刊モデルグラフィックス誌に掲載したスピットファイアへのオマージュのコラムを収録いたしました。スピットファイアについては『蛇の目の花園』でもいくつかの型を採り上げて、3巻にもMk.21を書きましたが、もちろんスピットファイアの全てを語り尽くすには厚い本のまるまる1冊でも足りませんので、ここではほんのサワリだけ。やっぱりスピット、いいですよねえ。

それと雑誌掲載からずいぶんが経ちましたので、F-35Bライトニングについては最近の展開を新たにコラムとして書き加えました。当時はいろいろモメていたのが、この「あとがき」を書いている2019年1月の時点では、とうとう空軍の№617スコードロンが作戦運用承認を得るまでになりました。その一方、1巻で採り上げたトーネイドはいよいよ退役が近づきました。ここでは「トンカへの頌歌」としてトーネイドについてもコラムとして書いておきました。

さて、この3巻でもカバーの絵は佐竹政夫さんにお描きいただきました。収録機の中から、タイガーモスとライトニングの出会いです。片やパイロットの五感で飛ばす練習機、片やコンピューターとセンサーとデータリンクの塊り、2018年に100周年を迎えたイギリス空軍の歴史を象徴するような光景…とはいっても架空ですけど。いつも美しいカバーをありがとうございます。

素晴らしい序文をお寄せいただいたのは、モータースポーツ・ジャーナリストとして活躍されている小倉茂徳さんです。小倉さんとは畏友の浜田一穂さんを通してお目にかかりました。小倉さんはF1レースなどでいろいろなイギリス人とご親交をお持ちですし、飛行機もお好きなので、本書にぴったりの序文です。お礼申し上げます。

デザインと装丁はいつもお世話になっている井上則人さんです。実はこのコラムの原稿は毎回分量がばらばらで、絵も大きさや縦横がまちまちです。その連載原稿を内容と時代に沿って並べ直し、ページに収めるために、井上さんには多大なご苦労をおかけしました。お疲れさまでした、と申し上げるとともに感謝いたします。

そして一番感謝しなければいけないのは、このコラムを楽しんで読んでくださっている読者の皆さんです。まだまだ書きたいイギリス機はたくさんありますので、読者の皆さんのお許しあれば（おっと、編集部はいいのか？）もっと続けていきたいと思っております。

2019年1月　岡部いさく

The Special Issue of The Infamous Airplanes of The World
'Janome Gardens 3' Written by Isaku OKABE

岡部いさく（おかべ・いさく）
駄作家。1954年1月、さいたま市生まれ。学習院大学フランス文学科卒。航空雑誌、艦艇雑誌の編集員を経てフリーランスに。著書に『蛇の目の花園1～2巻』、『世界の駄っ作機1～8巻』（「岡部ださく」名義）、『英国軍艦勇者列伝』、訳書に『パンツァー・イン・ノルマンディー』（いずれも大日本絵画刊）などがある。文林堂『世界の傑作機』や、軍事評論家として艦艇雑誌に寄稿。インターネット配信番組などで軍事解説を行う。

世界の駄っ作機 番外編 蛇の目の花園3

発行日 2019年3月27日　初版第1刷

著者 岡部いさく

発行人 小川光二

発行所 株式会社 大日本絵画
〒101-0054 東京都千代田区神田錦町1丁目7番地
電話／03-3294-7861（代表）
http://www.kaiga.co.jp

編集 株式会社 アートボックス
〒101-0054 東京都千代田区神田錦町1丁目7番地
電話／03-6820-7000（代表）
http://www.modelkasten.com/

装幀・割付 井上則人デザイン事務所

印刷 大日本印刷 株式会社

製本 株式会社 ブロケード

ISBN978-4-499-23257-9 C0076

※定価はカバーに表示してあります